Du vélocipède à la bicyclette
dans les livres et revues de 1817 à 1939

Gérard De Smaele

Du vélocipède à la bicyclette
dans les livres et revues de 1817 à 1939

Le cheval bleu

Préface de Raymond Henry

L'Harmattan

Layout : André Tourneux

Dépôt légal : KBR, Bruxelles, 2018
Sabam, 2018

5-7, rue de l'Ecole-Polytechnique, 75005 Paris

http://www.editions-harmattan.fr

ISBN : 978-2-343-15295-0
EAN : 9782343152950

À sa venue, le vélo était une machine à échelle humaine.

Avec le moteur et la technologie, on devait pouvoir libérer l'homme de ses contraintes.

C'était sans compter avec les faiblesses de l'âme.

À tous les chevaliers de la pédale !

Gérard DE SMAELE

Fauroeulx, 2018

Blue Horse

Blue Horse (en couverture) est une œuvre de l'artiste afro-américain BK Adams, alias « I AM ART » (États-Unis, °1972). Réalisée en 2009 et offerte par son auteur au Smithsonian National Museum of African American History and Culture (Washington, D.C.), l'œuvre est en fibre de verre, résine artificielle, toile de canevas, feuilles d'aluminium, métal, bois, fourrure artificielle, acrylique, fil textile, vinyle, mousse polyuréthane. Ses dimensions sont de 221 × 213.4 × 87.6 cm. Elle pèse 110,2 kg.

Selon BK Adams, ce « Cheval bleu » évoque la transformation. Conçue comme une représentation métaphorique du temps, de l'espace et du lieu, cette sculpture symbolise aussi l'évolution des moyens de transport terrestre depuis le cheval. Pour son créateur, l'association entre la bicyclette, le cheval et le chiffre 3 fait référence à une histoire personnelle. Dans sa prime jeunesse, BK Adams, inspiré par le mythe d'Icare, avait entrepris de dévaler à vélo un à-pic. L'expérience prit fin sur un lit d'hôpital, sur lequel il resta immobilisé plus de huit semaines. Une fois rétabli, le jeune garçon se tourna désormais vers le dessin, un moyen d'expression jugé plus raisonnable. BK Adams cite cette expérience comme l'élément décisif de son orientation future, celle qui l'a converti en artiste.

L'histoire des moyens de transport individuels nous dévoile le lien étroit entre le destin du cheval et celui de la bicyclette, qui au XIXe siècle se mua en une lutte de plus en plus serrée. Après une collaboration millénaire entre l'homme et l'équidé, ce dernier n'en sortit malheureusement pas vainqueur. Les amis des animaux jugèrent cependant qu'on lui avait rendu sa liberté, laissant l'homme poursuivre seul sa périlleuse aventure.

Nous remercions l'artiste de son aimable autorisation de reproduction.

http://bkadamsiamart.tumblr.com/bio

Préface

« Tiens, encore un livre sur le vélo », pensez-vous. Oui, encore un. Mais peut-être pas tout à fait comme les autres.

Non, ce n'est pas une de ces multiples biographies de gloires cyclistes présentes ou passées, ou d'autres qui le sont moins ; non, ce n'est pas le récit d'un de ces voyages autour du monde devenus banals à force de répétition malgré leurs péripéties attendues.

Ce n'est pas non plus – catégorie moins populaire et plus scientifique – le fruit de patientes et savantes recherches historiques comme ont su les conduire Keizo Kobayashi, Jacques Seray, Claude Reynaud, Francis Robin et quelques autres. Cet ouvrage ne fait pas un sort à une légende, n'éclaire pas dans le détail un événement particulier ou l'une des multiples inventions qui ont conduit à la bicyclette ; il ne met pas au jour le vrai visage d'un personnage célèbre, ne fouille pas les débuts du vélocipède et n'analyse pas la première randonnée cycliste.

Mais il n'est pas sans rapport avec toutes ces recherches : il réunit leurs résultats épars dans des publications de référence pour proposer à un public moins averti une chronologie de faits, de mécanismes et d'images. Il me rappelle un peu cette *Histoire de la littérature française* qui était autrefois la bible des classes littéraires de première et terminale du lycée ; les auteurs et leur œuvre y étaient sommairement présentés et analysés, de sorte qu'en un seul volume on disposait d'un panorama complet et chronologique de la littérature française. Cette approche me paraît être l'un des intérêts de cet ouvrage. Il dresse le cheminement de l'évolution du cycle, par ses voies royales et dans quelques-unes de ses impasses mécaniques.

Il s'adresse non pas aux spécialistes – puisqu'il s'appuie sur les travaux de ces spécialistes – mais aux passionnés de l'évolution du vélo qui souhaitent aller au-delà de la simple curiosité et que les nombreuses références inciteront à s'aventurer plus loin encore dans la « culture vélocipédique ». En ce sens, il a une dimension pédagogique et vulgarisatrice en phase avec la place que prend, par la force de la logique, le vélo dans notre société inquiète des méfaits de la pollution et des causes du réchauffement climatique. On semble découvrir ses bienfaits sur la santé, on s'aperçoit qu'il peut en toute simplicité rapprocher les hommes et solutionner des problèmes de circulation devenus insolubles. Il est de toutes les publicités. Les hommes politiques lui font les yeux doux. Bien sûr, on est habitué à ce que leurs paroles ne soient pas toujours suivies d'effets. Mais c'est un signe. Un signe que le vélo a la faveur des hommes de bon sens et, par voie de conséquence, de plus en plus de ceux qui devraient en être pourvus. Les voies cyclables (ou prétendues telles) ne se multiplient-elles pas dans les villes ?

Cet ouvrage, sans en avoir l'air, s'inscrit dans cette évolution des mentalités, par son auteur et par son contenu.

Son auteur : Gérard De Smaele, spécialiste de la restauration des œuvres sur papier (affiches, estampes, reliures…) et du banjo à cinq cordes, qui a publié plusieurs ouvrages sur ce sujet pour le moins peu commun. Après une licence en éducation physique, il bifurque et se tourne vers la musique. Mais on y gagne difficilement sa vie. La reliure l'attire. Une formation le conduit à un poste de restaurateur de livres anciens et d'œuvres d'art sur papier à la Bibliothèque royale de Belgique à Bruxelles. Il passe vingt-cinq années à l'atelier de restauration des estampes de cet établissement situé en face d'un autre bel immeuble ancien qui abrite le musée des instruments de musique… qui est le lien avec le banjo, mais pas avec le vélo ! Rien ne le destinait donc à s'intéresser d'aussi près au vélo sinon qu'il est cycliste, un cycliste quotidien, sincère et solitaire, dans l'air du temps.

Son contenu : il répond en somme à un besoin diffus de la société de connaître le passé, l'évolution de cet instrument dont la pratique revient « furieusement » (aurait-on dit au début du XXe siècle) à la mode. Beaucoup n'ont comme souvenir du vélo que le tricycle de leur première enfance, à la suite duquel ils sont passés au VTT sans se poser de question. Les questions viennent maintenant. Cette aspiration nouvelle n'est pas sans rapport avec l'actuel intérêt pour la généalogie. Voici en quelque sorte une généalogie du vélo. Dans la pensée collective, le vélo ancien est de moins en moins perçu comme un « vieux vélo » (bon pour la déchèterie), mais comme un « vélo vintage » ou, plus dignement, une « antiquité », un réel objet de musée.

Cette chronologie historique et pédagogique a deux composantes : l'une mécanique, l'autre esthétique. La mécanique – ses progrès et ses impasses – est le fil de l'évolution à travers les remous de la société et de l'Histoire. Mais la dimension esthétique s'inscrit aussi dans le regard de la société sur les objets et ceci d'autant plus qu'ils s'adressent à une clientèle cultivée disposant d'un certain pouvoir d'achat. Mais, même sans cela, on ne peut pas empêcher un modeste artisan de réaliser un bel objet chaque fois qu'il en a la possibilité : le sens de l'esthétique est universel et s'impose souvent à l'utilitaire. Si la machine à courir du baron Drais n'éveille pas particulièrement les sens, reconnaissons-le, comment rester insensible devant les draisiennes zoomorphes du musée Vélo-moto de Domazan et le véloce finement gravé de la Compagnie parisienne, exposé dans le même musée ?

Cet ouvrage réunit en un seul volume, comme en un musée imaginaire, les images des cycles importants ou curieux exposés, restaurés, conservés par les musées et les collectionneurs, publiés dans les livres, et donne pour chacun les explications mécaniques et le cheminement historique. L'abondance des illustrations et leur qualité ajoutent un attrait qui devrait séduire tous les publics. Il aurait pu s'appeler : *Les machines cyclistes dans les livres et les musées.* Il s'est imposé à l'esprit de l'auteur après la publication de *Le cyclisme dans les livres et les revues, entre deux expositions universelles (Paris, 1867-Bruxelles, 1958)*, il part d'une démarche cette fois technique parallèle à celle, littéraire, du précédent ouvrage. En fait, il aurait pu le précéder, en ce sens que la réalisation de l'objet vélocipède a précédé sa pratique et que celle-ci a devancé la littérature qu'elle a suscitée. Il n'empêche, savourons le cheminement de cette aventure technologique qui nous conduit de la machine à courir du baron Drais jusqu'au vélo bien accompli de 1939.

Raymond HENRY

Depuis sa création en 1990, Raymond Henry est une figure familière de la Conférence internationale des historiens du cycle (ICHC). L'historien de la Fédération française de cyclotourisme est de par ses écrits (nous renvoyons le lecteur à la bibliographie de notre ouvrage) l'âme et la mémoire du cyclotourisme en France, une mission qu'il a assumée avec autant de rigueur que d'humanité. Sa poignante biographie de Paul de Vivie, dit Vélocio (Saint-Étienne, MAI-FFCT, 2005), est elle aussi un opus incontournable de la littérature cycliste. C'est encore lui qui prêtera main-forte au Musée d'Art et d'Industrie de Saint-Étienne lors de la réinstallation de ses collections de cycles, en 2001, dans une structure fraîchement rénovée. Qui mieux que lui pouvait s'y retrouver dans ce que l'on a appelé le « tas de ferraille », les archives mécaniques laissées par le maître Vélocio. *Du vélocipède au dérailleur moderne : la surprenante histoire des changements de vitesse*, édité par ce même musée (1998 et 2003), est un autre monument de la littérature technique se rapportant au vélo. Profitons-en pour souligner que cet apport fut décisif lors de l'élaboration du *Dancing Chain* de Frank Berto (2003).

D'autre part, la collection personnelle de vélos de Raymond Henry est une véritable « réserve précieuse » (voir *The Golden Age of the Handbuild Bicycles* de Jan Heine, 2008). Lors d'expositions ponctuelles, son propriétaire aime en faire partager toutes les subtilités. Pour cet ancien instituteur – qui a consacré sa vie à la part noble du cyclisme –, les enfants sont un public de prédilection. Ils deviendront bientôt grands. Bénis seront ceux qui l'auront écouté et auront eu le privilège de scruter les machines en sa présence.

Mêlant la théorie à la pratique, notre homme est, entre autres équipées, un fervent « diagonaliste de France », un pédaleur au long cours dont la compagnie est appréciée de ses camarades de route. Si Vélocio coule des jours paisibles au paradis des cyclistes, l'ami Raymond est son représentant sur terre…

Introduction

« Un cycliste doit toujours être plus poli qu'un piéton, parce qu'il occupe une situation plus élevée. »

Louis Baudry de Saunier, *Recettes utiles et procédés vélocipédiques*, Paris, 1893.

Pour l'amateur soucieux de culture vélocipédique, littérature cycliste et mécanique sont deux domaines complémentaires. Ainsi, notre précédent ouvrage *Le cyclisme dans les livres et les revues* (Paris, L'Harmattan, 2015) trouvera son prolongement naturel dans une présentation des cycles et de leur évolution. La documentation consultée en vue de la préparation de ce premier livre nous a forcément mené à une succession de machines ayant eu cours depuis bientôt deux siècles. Constituent-elles un ensemble d'objets de collection, qui avec le temps seraient devenus inertes ? Sont-elles, somme toute, semblables ou différentes les unes des autres, animées chacune d'un mouvement bien particulier ? À nos yeux, ces assemblages mécaniques, dont la vocation première reste de nature fonctionnelle, peuvent aussi être contemplés pour l'harmonie de leurs lignes et leurs qualités plastiques. Dans une institution, telle que le Musée national du Sport – récemment relocalisé à Nice –, quelques spécimens emblématiques côtoient d'ailleurs une multitude d'œuvres d'art et, en plus de ce caractère esthétique, éveillent en nous un bel enthousiasme physique, mélange de sensations kinesthésiques et proprioceptives, de dynamisme et de joie de vivre.

De leur côté, les plus anciennes productions de vélocipèdes témoignent aussi d'une époque héroïque qui, en repoussant l'horizon du possible, avait expérimenté le sentiment d'une nouvelle liberté de déplacement. Les débuts de l'« auto-mobilité » étaient accompagnés d'émotions et d'espoirs qui de nos jours restent encore d'actualité. Mais rappelons-nous que sans le moteur humain ces machines à rouler ne seraient rien, dès lors aussi gauches que l'albatros sur le pont. Sans la magie du système neuromusculaire de leurs utilisateurs, elles ne pourraient tenir en équilibre et poursuivre leur trajectoire. Ajoutons pour finir que sans l'expérience vécue, sans l'« âme cycliste », aucune envolée n'aurait jamais eu cours. À l'instar du pataphysicien Alfred Jarry (1873-1907), nous réaffirmerons que le vélo est bien une extension de l'homme, le stade ultime de son évolution.

Marcel Duchamp (1887-1968) trouvait sa « roue de bicyclette » apaisante. Il est vrai qu'à sa vue, le regard se trouve irrépressiblement fasciné. Tout comme l'artiste, elle nous aspire dans son sillage. À notre époque égarée, individualiste, matérialiste à outrance, l'Art finit par régner en souverain, bientôt absolu. Une roue – une fumisterie ? – tourne tête en bas sur un tabouret, prête à dépasser celles d'un « Tour de souffrance »[1], ou celles d'Hommes, de voyageurs en quête de dépassement de soi. Le Tour est-il joué ? Peu importe, face à la route, nous gardons d'intimes convictions et la confiance envers les énergies vitales qui nous sont données.

Avec *Le retour de la bicyclette*, le chercheur Frédéric Héran (Paris, La Découverte, 2015) a souligné l'impact inattendu du vélo sur la société moderne. Sa naissance à la fin du XIXe siècle amorce de nouvelles transformations dans les modes de vie et les mentalités, comme le soulignent encore les théories étayées dans les *Cahiers de la médiologie*, présidés par Regis Debray (1998). Lors de la récente soutenance de thèse de l'Irlandaise Una Brogan (2016), cette idée fut une fois de plus remise sur le métier[2].

Pour l'artiste afro-américain BK Adams, dit I M ART, le cheval de fer est devenu bleu et est pour son auteur un symbole personnel de métamorphose. L'histoire n'est que changements, ce que le vélo n'a cessé d'illustrer... La bicyclette est dans l'air du temps. Portés par les politiques cyclables – merci à ceux qui y travaillent au quotidien –, il nous reste à nous mettre en selle. Puisse ce livre en susciter l'envie et nous inspirer, ou nous rendre, le goût du vélo.

Le collectionneur – Un musée virtuel du cycle

L'ensemble des machines cyclistes présentées ci-dessous s'apparente à une collection[3] ou pourrait du moins en être l'ébauche. Il constitue en quelque sorte un musée virtuel transformant, malgré lui, le signataire de ce livre en collectionneur. Un collectionneur est avant tout un homme dont le désir, le besoin même, est de choisir, rassembler, classer, chercher la pièce rare, unique. Petit à petit, la connaissance aidant, il continuera dans la voie dans laquelle il s'est engagé, ou s'orientera dans une thématique plus pointue. Au fil du temps, il deviendra plus exigeant, éliminera les pièces médiocres ou de

---

[1] Cf. André Reuze, *Le tour de souffrance*, Paris, Fayard, 254 p.

[2] Una Brogan, *Le vélo dans la littérature : les modernités alternatives d'un moyen de transport à propulsion humaine en Grande-Bretagne et en France, 1880-1920*, Université de Paris 7, automne 2016. En plus de Frédéric Héran, voir aussi *Bike Boom* de Reid Carlton (3rd ed., 2017) ; *Bike Nation : How Cycling Can Save the World* de Peter Walker (2017) et d'autres auteurs dans notre bibliographie.

[3] Une liste de près de 200 collections de cycles est répertoriée et mise à jour sur le site de Robert Štěrba : http://www.sterba-bike.cz/section/contacts?lang=EN.

moyenne importance et recherchera la qualité avant la quantité. Il consacrera une partie importante de son budget à la formation d'une bibliothèque technique et réalisera, après de longues années, des acquisitions de plus en plus valables. Mais, constituer une importante collection n'est pas une simple question de moyens et d'organisation, c'est aussi une affaire de goût et de talent. Si les collectionneurs privés peuvent se trouver limités dans leurs actions, le conservateur de musée est quant à lui lié à d'autres contingences : l'orientation donnée par son institution, la priorité accordée à l'histoire locale ou nationale. Idéalement, tout collectionneur devrait pouvoir jouir d'une liberté totale pour former sa collection. En constituant un « musée virtuel du cycle », c'est de ce privilège que nous ferons usage, débarrassés de bien des contraintes, qu'elles soient d'ordre financier, matériel, logistique, administratif, hiérarchique…

Une collection rassemble des objets reliés entre eux par un thème, un concept, une idée, et sous-entend l'activité qui consiste à réunir, maintenir et gérer cet ensemble. Ses motivations, ses ambitions peuvent être diverses, mais supposent d'être animé par la curiosité et par la passion, dont elle est le fruit. Des conservateurs du patrimoine, investis d'une mission culturelle, on attendra une impartialité et une rigueur, renforcées de compétence et de conscience professionnelle. Les divers éléments d'une collection ainsi rassemblés sont la base matérielle et le point de départ d'une étude, selon les critères scientifiques. Expertisés, mis en ordre, ils racontent une histoire. Une véritable collection est aussi l'œuvre de l'imagination, et donc bâtie sur la vision de son instigateur. Sans but, sans ligne directrice, sans méthode, sans discernement, nous serions face à une accumulation plus ou moins hétéroclite d'objets, livrée aux aléas du hasard.

Une collection se distingue aussi par son originalité. Les domaines encore peu étudiés devront être soumis à de longues et patientes recherches. Mais, on ne commence pas une collection sérieuse sans documentation, sans bagage technique, sans organisation, en méconnaissant tout de l'histoire, des sources et du marché. Les pièces une fois accumulées, il faudra passer du stockage à la gestion de la collection, ce qui, arrivé à un certain stade, deviendra une réelle affaire de spécialistes : la muséologie avec ses principes de classement et d'organisation ; la muséographie pour la conception des espaces muséaux ; la scénographie pour les aspects matériels, techniques et didactiques de l'aménagement des expositions.

Les mécaniques cyclistes

Comme le rappellera notre conclusion, littérature et mécanique cycliste sont deux approches qu'il est souhaitable d'intégrer dans une vision globale du cyclisme. Paul de Vivie (1853-1930), ardent défenseur du cyclo-tourisme en France et fondateur de la revue *Le Cycliste*, était pétri de mécanique cycliste. N'empêche que le personnage se trouvait tout aussi féru de philosophie. Ses articles traitaient de tous les aspects de sa passion pour le vélo, qu'ils soient d'ordre intellectuel, scientifique ou autres. Tout comme l'artisan et l'artiste, le cycliste actif sera amené à s'intéresser à son matériel – « son outil de travail » –, ce qui lui permettra en retour de nourrir son goût pour la chose cycliste.

Écrire une histoire générale du cyclisme serait une tâche fastidieuse. Bien que nous soyons toujours amenés à y faire référence, ce propos ne sera pas le thème central de ce livre. D'éminents auteurs se sont attelés à cette tâche, tels que Pryor Dodge, David Herlihy, Andrew Ritchie, Jacques Seray ou Hans-Erhard Lessing[4]. Insistons à ce sujet sur l'importance de rechercher des publications récentes ou actualisées. Comme notre titre l'indique, nous nous sommes plus particulièrement engagés à aborder cette histoire sous l'angle de l'évolution technique. Précisons aussi que sans vouloir sembler nous désintéresser des productions de cycles d'après la Seconde Guerre mondiale, nous avons limité notre sujet à la période qui fut le cadre d'une évolution majeure des concepts : de 1817, année de l'apparition de la draisienne, à 1939. Pour son exposition, montée en 2016, le Palais de Compiègne a qualifié d'« épopée fantastique »[5] le premier siècle du « deux roues ». Même si d'aucuns estiment arbitraire le choix de notre dernière date, on admet néanmoins qu'à partir de ce moment les principes de base de la bicyclette moderne sont acquis, et qu'elle se présente dès lors sous une forme que nous pouvons raisonnablement considérer comme aboutie. Les années qui suivront seront marquées par l'amélioration de détails, par la recherche de nouveaux matériaux et la mise en œuvre d'un outil de production plus performant. Les différentes implications et conséquences économiques qui en résulteront dépassent le cadre de notre analyse.

Bien que d'importantes questions techniques restent encore à résoudre, le pas technologique franchi de 1861 à 1900 par l'industrie du cycle est énorme. Force est toutefois de constater que même si le design contemporain se montre

[4] Pryor Dodge, *La grande histoire du vélo*, Paris, Flammarion, 1996 ; David V. Herlihy, *Bicycle : The History*, New Haven, London, Yale University Press, 2004 ; Andrew Ritchie, *King of the Road*, Berkeley, California, Ten Speed Press (London, Wildwood House), 1975 ; Jacques Seray, *Deux roues : la merveilleuse histoire d'une machine nommée vélo*, Vélizy, Seray, 2013 ; Hans-Erhard Lessing, *Das Fahrrad : Eine Kulturgeschichte*, Stuttgart, Klett-Cotta, 2017, 272 p.

[5] Maria-Anne Privat-Savigny, Élise Fau, *L'épopée fantastique : cycles & motos, 1820-1920*, Compiègne, RMN, 2016, 67 p. Catalogue de l'exposition, du 8 avril au 25 juillet 2016.

particulièrement créatif[6], la plupart des machines actuelles ont un ancêtre commun dans le dernier tiers du XIXe siècle, et que beaucoup d'innovations prétendument modernes ne sont souvent que le recyclage, sous une forme adaptée, de réalisations plus anciennes. Remonter dans le temps nous réservera son lot de surprises : les pistes cyclables, les voies cyclables aériennes, les parkings à deux étages, le vélo pliant, voire électrique… ne sont-ils pas nés au XIXe siècle ?

L'évolution générale des cycles

De manière schématique, l'évolution technique du cycle au XIXe siècle et au début du XXe siècle peut se résumer en quelques grandes étapes :

- de 1817 à 1820 et les années suivantes : l'ère de la draisienne ;
- de 1861 à 1870 : l'ère du vélocipède ;
- de 1871 à 1884 : l'ère du grand bi, du tricycle et des bicycles de sécurité ;
- de 1885 à 1899 : l'émergence de la bicyclette à chaîne ; on assiste à la définition de la géométrie du cadre et à l'invention du bandage pneumatique ;
- de 1900 à 1939 : les derniers grands perfectionnements par la roue libre, les freins sur jantes (qui en sont le corollaire) et les changements de vitesse.

Nos rubriques sont classées par ordre chronologique. Notons cependant qu'une invention n'est souvent qu'une réponse à d'autres inventions qui lui sont antérieures. Un nouveau concept, qu'il soit technique ou scientifique, est souvent le fruit du dialogue entre inventeurs à travers le cours du temps. Intuition, conception, brevet, fabrication, succès commercial, amélioration, disparition, renaissance… ne sont-ils pas les phases successives d'un même processus ? Nos jalons, nos dates repères ne doivent donc être considérés qu'à titre purement indicatif. Ils ne visent qu'à retracer la perspective historique dans laquelle chaque objet technique se situe.

L'évolution technique du cycle – distincte de celle de son utilisation et de son histoire sociale – est le fruit d'un grand nombre d'expérimentations, de mises à l'épreuve sur la route et en course. Elle témoigne du potentiel technologique et des ressources industrielles du moment. C'est aussi dans l'intervalle de temps que nous nous sommes assigné que l'on assiste à une

---

[6] *Bike to the Future*, brochure accompagnant l'exposition éponyme, présentée au Design Museum de Gand, du 25 mars au 23 octobre 2016, 111 notices ; Pascal Mageren, *Bike Inspired Creativity. La créativité liée au vélo*, 2015 ; Will Jones, *The Bicycle Artisans*, Berkeley, California, Gingko Press, 2014.

mutation radicale des modes de déplacement terrestres, marquée par la totale disparition du cheval.

Dans le cadre de cet ouvrage, il ne saurait être question de passer en revue l'entièreté des prototypes et des modèles qui ont existé. Si chacun renferme sa signification propre et mérite sa place dans l'évolution, nous n'en dresserons cependant pas l'inventaire exhaustif. Une telle démarche alourdirait inutilement le propos et risquerait de nous perdre dans un dédale inutilement compliqué. Face à la profusion des machines, accordons la priorité aux références les plus représentatives, de manière à mettre en évidence le fil conducteur de cette aventure technologique.

Les machines insolites et extravagantes furent nombreuses et n'eurent souvent pour seul but que de divertir le public : vélo géant, vélo-conférence, vélo-Tour Eiffel, vélo à propulsion par réacteur, etc. Regardons-les pour ce qu'elles sont. Toutes sortes d'applications ont été imaginées à partir du mouvement d'un pédalier[7]. Ce thème sérieux et amusant s'intègre dans le cadre des recherches du Human Power Movement et a déjà fait l'objet d'études séparées[8].

Au lecteur curieux de retrouver d'autres modèles de cycles anciens nous recommanderons les publications de Tony Hadland et Hans Lessing (*Bicycle Design*, 2014), Nick Clayton (*The Birth of the Bicycle*, 2016), Raymond Henry (*Du vélocipède au dérailleur moderne*, 2003) et Frank Berto (*The Dancing Chain*, 2009) ; ainsi que la lecture d'auteurs contemporains tels que Pryor Dodge, David Herlihy et Jacques Seray, déjà mentionnés. Nous ajouterons aussi les noms de Roger Street, Keizo Kobayashi, Claude Reynaud, Jean Durry, Jan Heine, Andrew Ritchie, Paul Farren, Michaël Embacher, etc.

Des publications anciennes citent et commentent les machines cyclistes : celles des Français Louis Baudry de Saunier, Philippe Darryl, Louis Lockert ; des Anglais Henry Sturmey, H.W. Bartleet, Harry Griffin, George Hillier ; de l'Américain Charles Pratt, etc.

On consultera également les anciens journaux et périodiques spécialisés, tels que *Le Vélocipède illustré*, *Le Véloce Sport*, *La Bicyclette*, *Le Cycle*, *La Nature*, *Le Cycliste*, *La Revue du Touring-Club de France*, etc. Les titres de la presse française spécialisée sont répertoriés dans l'ouvrage de Bernard Déon et

---

[7] Voir par exemple James C. McCullagh, *L'énergie du pédalier*, traduit par Catherine Gréco, Besançon, Éditions de la Lanterne, 1982 (1977), 143 p. (titre original : *Pedal Power*).

[8] Arnfried Schmitz, Tony Hadland, *Human Power: the Forgotten Energy*, *1913-1992*, Coventry, Tony Hadland, 2000, 127 p. ; David B. Perry, *Bike Cult: The Ultimate Guide to Human. Powered Vehicles*, New York, Four Walls Eight Windows, 1995. L'International Human-Powered Vehicle Association a été fondée en 1976 par Jack Lambre et Chester Lambre.

Jacques Seray, *Les revues cyclistes* (1996). Les anciennes revues anglophones sont également importantes, telles que *The CTC Gazette*, *Bicycles and Tricycles*, *The Irish Cyclist*, *The Irish Tricyclist*, *The Mechanic Magazine*, *The Engeneer*, *The Cycle Age*, *The Referee*, *Wheel and Wheelings*, etc. On y trouvera les comptes rendus des différentes éditions du « Stanley Show », la plus grande vitrine du cycle du XIXe siècle.

Les composants des cycles font l'objet de deux monographies : pour la période d'avant-guerre, *100 Years of Bicycle Components and Accessory Design*, de Noguchi-san, et un livre consacré aux dessins de Daniel Rebour, parus après la guerre dans la presse spécialisée[9]. Divers annuaires destinés aux professionnels sont aussi intéressants à consulter[10].

Les marques et les fabricants de cycles anciens sont innombrables. Des études et des répertoires ont été établis par des chercheurs et par les membres passionnés du Veteran-Cycle Club (V-C C), du Wheelmen, de l'Historische Fahrräder et de l'International Veteran Cycle Association (IVCA). De nombreuses monographies portant sur des marques particulières sont actuellement disponibles : Rover, Singer, Humber, Pedersen, Sunbeam, Peugeot, Raleigh, Terrot, Moulton[11]...

Notons aussi qu'un précieux corpus est constitué par les actes des conférences de l'ICHC, dont nous reparlerons plus loin. Au sujet de toutes ces références, le lecteur est invité à parcourir la bibliographie en fin d'ouvrage.

---

[9] Noguchi-san, *100 years of Bicycle Components and Accessory Design: Authentic Reprint Edition of The Data Book*, San Francisco, Van der Plas Publications, 1998 et 2000, 209 p. – Première édition japonaise en 1983, éditée précédemment en 4 volumes, plus un autre titre : *The Joyful Bicycle* ; Rob Van der Plas, Frank Berto, *Rebour : The Bicycle Illustrations of Daniel Rebour*, San Francisco, CA, Cycle Publishing, 2013, 28 p.

[10] Par exemple : *Annuaire général de la vélocipédie (1892-1893)*, 1892, 600 p. ; *Annuaire général de la vélocipédie, des machines à coudre et des industries qui s'y rattachent*, Paris, Didot-Bottin, 1925, 2196 p. ; *L'industrie des cycles et automobiles. Bulletin officiel de la chambre syndicale de l'industrie des cycles automobiles de Saint-Étienne et du Bassin de la Loire*, 1898 à 1971.

[11] Pour le XIXe siècle, voir par exemple Nick Clayton, Glynn Stockdale, « Index of Makes and Makers of Bicycles », *The Boneshaker*, n° 106, 1984 ; *An Index of Makes and Makers of Ordinary bicycles*, Orphans Press Ltd., 1984, 12 p. ; Nick Clayton, « Index of Makes and Makers of Boneshakers Cycles », *The Boneshaker*, n° 115, 1987, p. 15-18 ; Charles Hetzel, *List of American Bicycle Brands Prior to 1918*, http://www.thewheelmen.org ; Ray Miller, *Encyclopedia of Cycle Manufacturers up to 1918*, 2d ed., Birmingham, John Pinkerton Memorial Fund, 2009. Une liste des premiers fabricants de vélocipèdes est parue dans *Le Vélocipède illustré* des 9, 23 et 26 décembre 1869, ainsi que dans les éditions des 23 et 29 mai 1870.

Les brevets[12]

Les premiers producteurs de cycles étaient de modestes artisans pour lesquels il n'existe parfois pas, en dehors des brevets, de documents d'archives. Une source indispensable à la recherche provient évidemment de la consultation de ces brevets, délivrés pour la France par l'INPI, les autres nations disposant de leurs propres sièges administratifs de protection des droits des brevets des inventeurs, tels le US Patent Office, pour les États-Unis[13] ; l'Intellectual Property Office, pour le Royaume-Uni[14] ; le German Patent and Trademark Office, pour l'Allemagne ; l'Italian Patent and Trademark Office pour l'Italie, etc.

Nous ferons autant que possible appel aux dessins qui accompagnent ces brevets. Accompagnés de descriptions, ils se montrent plus précis que les illustrations fournies par les catalogues des fabricants. Nous savons cependant qu'ils éludent l'histoire des technologies ainsi que les implications économiques et sociales des inventions. De plus, le fait qu'une machine soit brevetée ne veut pas dire que celle-ci soit largement utilisée, entrée en production, ni même qu'elle ait vu le jour. Cependant, le brevet montre toujours qu'une solution a été recherchée et qu'un problème a été analysé par quelqu'un à un moment donné. Un brevet pourra aussi influencer plus tard un autre inventeur et stimuler un changement. Parfois, l'absence de succès peut être imputée à une faiblesse inhérente au concept, mais beaucoup de projets ont simplement échoué à cause d'autres facteurs comme le coût de production, la mode, un mauvais marketing ou management, l'absence d'une technique de production appropriée. Il se peut aussi qu'une invention soit simplement en avance sur son temps, ou que les producteurs n'ont pas été à la rencontre des véritables besoins des utilisateurs et que le problème de l'auto-mobilité personnelle n'a pas été pris en compte.

Entre les différentes vogues pour le cycle (de 1817 à 1820 ; de 1867 à 1870 ; de 1885 à 1900), ce sont surtout les sportifs qui ont sauvegardé l'intérêt pour le cyclisme. Leurs préoccupations ne sont toutefois pas compatibles avec celles des usages pratiques : l'inconfort, le risque de chute, une position fatigante, une absence de protection contre les intempéries, l'absence d'éclairage et de multiplication… ont pu freiner la diffusion du vélo.

---

[12] Voir la rubrique « brevet » sur Wikipédia.

[13] Le Veteran-Cycle Club a mis en ligne tous les brevets américains de 1860 à 1889 : http://veterancycleclublibrary.org.uk/ncl/pics/Patents%20US%20searchable%201860-89%20(V-CC%20Library).pdf. Voir aussi *USPO Supplements: Patents and References, 1789-July 1893* ; *USPO Periodical: Cycle Patents Monthly, 1892-1896* ; Ulrich Herzog, *Fahrradpatente*, Kiel, Moby Dick, 1984.

[14] Recherches sur « Google Patents » : http://www.google.fr/advanced_patent_search.

Une invention offre une nouvelle solution technique à un problème technique. Toutes les innovations proviennent d'inventions mais toutes les inventions ne sont cependant pas des innovations. L'inventeur – qu'il soit personne physique ou personne morale – peut introduire auprès de son office national une demande de brevet. Celui-ci est un titre de propriété industrielle qui protège son titulaire à partir d'une certaine date et pour une durée limitée. Il convient de noter qu'il ne constitue pas une autorisation d'exploitation. En effet, le droit d'exploitation peut être soumis à d'autres formalismes, comme la certification ou l'autorisation de mise sur le marché.

De nos jours, une demande de brevet couvre éventuellement plusieurs États, mais à la délivrance il existe toujours autant de brevets nationaux que d'États où une protection est recherchée. En France, jusqu'à la Convention de Paris en 1883, les dépôts n'étaient recevables que pour un territoire, un pays donné. Le droit des brevets des inventeurs et de leur exploitation s'applique sur le terrain industriel et fait l'objet d'une législation complexe, qui au fil du temps s'est élargie au niveau international.

Dans le cadre des machines antiques qui nous occupent, retenons que pour être brevetable une invention devait répondre à une exigence de nouveauté ; que le brevet, à défaut d'être accordé à l'inventeur, était octroyé après une recherche au premier déposant ; et qu'il incombait aux bénéficiaires d'introduire les plaintes éventuelles auprès des tribunaux. Contenant l'illustration et la description précise de leur contenu, les brevets intéressent au premier chef les chercheurs et les collectionneurs et constituent un élément essentiel d'attribution et de datation d'une invention ou d'un procédé de fabrication. À partir d'un premier dépôt fixant les principes fondamentaux d'une invention ou l'amorce d'une technologie, il est fréquent qu'au fil du temps ce premier brevet soit complété. À l'aide de cet outil, il est souvent possible de retracer l'histoire d'une technologie ou d'une invention[15].

Les brevets n'ont pas pour unique objectif de défendre les inventeurs, ils favorisent aussi la diffusion et le développement des inventions. Le titulaire d'un brevet peut parfois abuser de son monopole pour empêcher la diffusion de perfectionnements. L'inventeur de la draisienne aurait par exemple pu employer un brevet pour interdire la vente de vélocipèdes par un tiers. Commercialement, une telle démarche n'est cependant pas raisonnable, le détenteur du brevet antérieur ayant intérêt à ce que son invention se développe afin d'obtenir les licences qu'il est en droit de réclamer. La licence de brevet se définit comme le contrat par lequel le titulaire du brevet autorise un tiers, le

---

[15] *Les cycles de l'innovation : la propriété industrielle illustrée par l'histoire du vélo, des origines à nos jours*, catalogue d'exposition rédigé par Juliette Jover, Paris, Institut national de la propriété industrielle, 2003, 90 p.

licencié, à exploiter le brevet en tout ou partie, en contrepartie d'une rémunération appelée « redevances » ou « royalties ».

De 1817 à 1939, certaines périodes furent particulièrement fertiles en expérimentations. De nombreux systèmes n'ont fait qu'une brève apparition. D'autres inventions sont apparues bien avant que leur mise en exploitation ne soit possible, et bien que tous les brevets, ainsi que tous les prototypes, n'aient pas débouché sur une production industrielle, il est souvent arrivé que des idées inexploitées refassent surface plus tard, à un moment plus favorable à leur utilisation. Ce fut le cas du pneumatique, de la roue libre, du différentiel... Une collection de cycles est l'endroit idéal pour mettre en exergue les concepteurs d'inventions fondamentales[16].

[16] Pour approfondir la question des brevets se rapportant aux cycles, voir Tony Hadland et Hans-Erhard Lessing, *Bicycle Design : An Illustrated History*, Cambridge, Massachusetts, The MIT Press, 2014.

LES MACHINES CYCLISTES

UN MUSÉE VIRTUEL

1

Ca. 1500 – La bicyclette de Léonard de Vinci

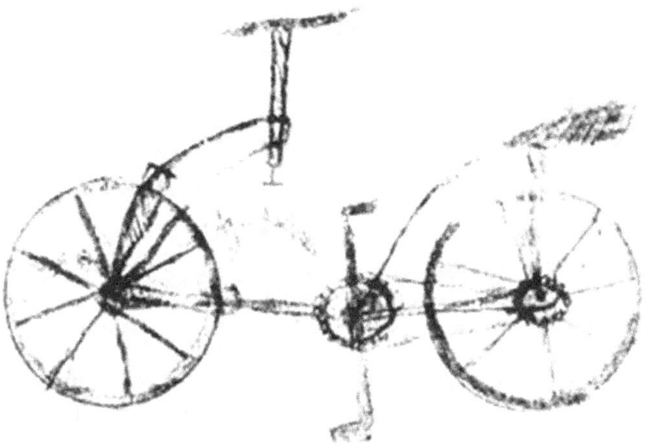

Dessin prétendument attribué à Léonard de Vinci. Codex Atlanticus, 1478-1518.

La littérature cycliste ancienne traîne derrière elle quelques vieilles « casseroles ». Conséquence des antagonismes entre les grandes nations européennes (France, Allemagne, Angleterre, Italie), quelques mythes et contre-vérités ont pris racine dans de nombreux livres consacrés au cyclisme. Finalement, ce n'est que bien après la fin de la Seconde Guerre mondiale que le thème des origines du vélo a réellement pu retenir l'attention d'auteurs se pliant aux exigences de la méthodologie des sciences historiques.

Les recherches modernes ont commencé en 1955, lorsque fut fondé en Angleterre le Southern Veteran-Cycle Club, qui sera renommé Veteran-Cycle Club. Son périodique trimestriel *The Boneshaker* sera le premier à se consacrer à l'histoire du cyclisme. Aux États-Unis, le club des Wheelmen et sa revue éponyme *The Wheelmen* furent créés en 1967. Depuis 1990, les conférences internationales des historiens du cyclisme (ICHC) se sont tenues chaque année dans différents pays, publiant dans leurs actes (*Cycle History*) le résultat des recherches les plus récentes sur le sujet. Dès 1991, le Musée d'Art et d'Industrie de Saint-Étienne, fort d'un musée du cycle entièrement rénové, a œuvré pour sa part à renforcer la coopération internationale entre spécialistes. Sur cette nouvelle base a été reconstituée la véritable histoire des origines du vélo, dont les zones d'ombre se sont considérablement réduites.

L'histoire, certes, est une science, mais la situation évoquée ci-dessus illustre parfaitement un des pièges auxquels elle peut se trouver confrontée : servir les orientations idéologiques et les politiques du moment. En attendant, si les chercheurs contemporains ont réussi à rétablir la véracité des faits, la littérature spécialisée reste à jamais entachée d'erreurs (parfois volontaires !), longtemps répétées sans la moindre vérification. Le recours aux livres anciens nécessite donc toujours un minimum de précaution.

À en croire certains auteurs, Léonard de Vinci (1452-1519) aurait été, aux alentours de 1500, le premier concepteur d'une bicyclette à chaîne. Pour autant qu'il y ait réellement pensé, comment le génie de la Renaissance italienne aurait-il imaginé la bicyclette ? L'ingénieur qu'il était nous a accoutumé à des visions d'une imagination technique très en avance sur son temps. Par ailleurs, on ne serait pas vraiment surpris de trouver un croquis de vélo dans les archives d'un maître dont les limites de la créativité nous semblent si éloignées. La réponse à notre question proviendra de ce qui s'est avéré être le produit d'un faussaire !

Après la mort de l'artiste, un volumineux ensemble d'écrits, de dessins scientifiques et techniques, datant de 1478 à 1518, a été monté, collé, et relié en un recueil de douze albums, passé à la postérité sous le nom de *Codex Atlanticus* ou *Codice Atlantico*. Ces grands volumes sont conservés à la Bibliothèque Ambrosienne de Milan depuis 1636.

Entre 1962 et 1970, la restauration du *Codex* par des moines de l'abbaye Santa Maria de Grottaferrata mit au jour le verso de feuilles contrecollées, jusqu'alors resté inconnu. *The Unknown Leonard*, publié en 1974[17], fit ainsi connaître à travers le monde le croquis d'une bicyclette[18]. On crut d'abord y reconnaître la main maladroite d'un élève de Léonard de Vinci. L'Italie du milieu du XXe siècle, qui était au cœur du cyclisme, se glorifiait d'une représentation si ancienne. Toutefois, après avoir suscité beaucoup de débats passionnés, l'analyse de la chronologie des faits et des aléas récents subis par le codex, mena à conclure que ce dessin n'était finalement rien d'autre qu'une fourberie de facture récente[19]. En attendant, l'idée que Léonard de Vinci avait bel et bien inventé la première bicyclette à chaîne avait fait son chemin et ne fut rectifiée qu'un quart de siècle plus tard.

Pour la petite histoire, des modèles fac-similés de cette bicyclette furent réalisés d'après ce croquis. Ces interprétations matérielles trônent encore au

---

[17] Ladislao Reti (ed.), *The Unknown Leonard*, New York, McGraw-Hill, 1974 (1st ed.), 319 p.
[18] Un premier fac-similé de ces dessins a été publié par Giovani Piumati entre 1894 et 1904.
[19] Hans-Erhard Lessing, « The Evidence Against "Leonardo's Bicycle" », in ICHC, vol. 8, p. 49-56.

Museo Leonardiano à Vinci ainsi qu'au Nationaal Fietsmuseum Velorama à Nimègue (Pays-Bas)[20]. Il ne reste plus qu'à leur adjoindre un petit moteur…

Les auteurs anciens, auxquels nous faisions allusion en commençant cette page, ont tenté de proposer d'autres exemples de deux roues en ligne, qui remonteraient à la nuit des temps, provenant par exemple de l'obélisque de Louxor, d'un vitrail de Stoke Poge… Eux aussi ne sont que mystifications, dénoncées par les historiens contemporains[21]. Nous commencerons par la plus importante et la plus tenace d'entre elles : le célérifère du comte de Sivrac[22].

Références

Dragoslav Andric, *Les bicyclettes*, 1990, p. 6-9.

Tony Hadland, Hans-Erhard Lessing, *Bicycle Design*, 2014, 563 p.

Keizo Kobayashi, *Histoire du vélocipède de Drais à Michaux 1817-1870 : mythes et réalités*, 1993.

Hans-Erhard Lessing, « The Evidence Against "Leonardo's Bicycle" », ICHC, vol. 8, p. 49-56.

James McGurn, *On Your Bicycle : an illustrated history of cycling*, New York, Facts on File Publications, 1987, 208 p.

Augusto Marinori, « Leonardo Da Vinci's Bicycle », in ICHC, vol. 2, 1991, p. 34-37.

Augusto Marinori, « The Bicycle of Leonardo », in Ladislao Reti (ed.), *The Unknown Leonardo*, New York, McGraw-Hill, 1974.

Vittorio Marchis, « Le vélo, le codex et les faussaires », in *Les Cahiers de médiologie*, n° 5, 1998, p. 23-31.

Ladislao Reti (ed.), *The Unknown Leonard*, New York, McGraw-Hill, 1974 (first ed.), 319 p.

---

20 Le musée s'est séparé de cette pièce vers 2012 et n'en présente plus qu'une maquette, accompagnée d'une notice rectificative.

21 Derek Roberts, *Cycling History: Myths and Queries*, Birmingham, Pinkerton, 1991, 99 p.

22 Remarque : En France, le Centre pour la restauration et la conservation des documents graphiques (CRCDG) a été créé pour aider à faire face aux dommages causés aux archives et bibliothèques par la guerre 1939-1945. Depuis lors, l'image du restaurateur a profondément changé. La restauration-conservation des œuvres d'art sur papier est, elle aussi, une discipline scientifique qui n'a réellement commencé à se développer que dans le dernier tiers du XXe siècle. Les pratiques empiriques ont mis du temps avant de disparaître et d'être remplacées par des procédés éprouvés scientifiquement. L'Italie n'a évidemment pas échappé à cet état de fait. Dans ce domaine, l'offre de formations professionnelles est relativement récente. On ne s'étonnera donc pas du manque de rigueur observé dans certains ateliers dans les années 1960.

Codex Atlanticus, folio 133 v.

Collections et musées

Bicycle Culture Center, Tokyo.

Biblioteca Ambrosiana, Milan, Italie.

Leonardo Museum, Vinci, Italie.

Velorama, Nimègue, Pays-Bas (jusqu'en 2012).

2

1790-1800 – Le célérifère du comte de Sivrac

Les célérifères.
In Louis Baudry de Saunier, *Histoire générale de la vélocipédie*, Paris, 1891, p. 5.

Jusque dans la seconde moitié du XXe siècle, en dehors des recherches récentes dont la bibliographie contemporaine fait état, l'histoire du vélo commence souvent par quelques contre-vérités : pour exemple, la prétendue première « bicyclette » du comte de Sivrac, datée de 1790-1800. Ceci nous ramène à une centaine d'années avant que la statue de Karl Drais[23] ne soit dévoilée à Karlsruhe en 1893 et avant l'élévation en 1894 du monument érigé (en réaction ?) à Bar-le-Duc en l'honneur de Pierre (1818-1883) et d'Ernest Michaux (1842-1882), « inventeurs et propagateurs » du vélocipède à pédales[24]. Même si la France, rapidement rejointe par l'Angleterre (James Starley eut son monument à Coventry) et les États-Unis, devient réellement le berceau du

---

[23] Voir 3. La draisienne du baron Karl Drais von Sauerbronn.
[24] Voir 8. Le vélocipède à pédales de Michaux ou la « Michaudine ».

cyclisme, on comprend aisément pourquoi les livres anciens édités en Allemagne – où était née la draisienne[25] – ne se rallient pas à cet avis.

Dans l'atmosphère revancharde qui règne en France après 1870, il est mal venu qu'un certain Karl Friedrich Drais von Sauerbronn (1785-1851) soit reconnu comme étant à l'origine de la vélocipédie. En 1868, alors que l'association éphémère des Michaux et des Frères Olivier lance la première entreprise industrielle du cycle, on veut convaincre le public que le concept fondateur est bien l'œuvre d'un Français. Le « célérifère » ou « vélocifère » du comte de Sivrac – qui étaient en réalité des voitures hippomobiles – auraient simplement été composés de deux roues en ligne, réunies par une poutre, sur laquelle un cavalier aurait pu prendre place. Cette machine sans direction aurait finalement été améliorée par le baron Drais… un noble lui aussi.

Le point de départ de cette fiction provient d'une confusion entre les termes « vélocifère » et « vélocipède », répandue dans divers articles dès 1869, répercutée en 1870 dans *Le Vélocipède illustré*, le grand organe des « vélocipédeurs » de l'époque. Cette allégation sera largement diffusée dès 1891 par les écrits de Louis Baudry de Saunier (1865-1938). Au passage, un certain Henri Sievrac, personnage ayant réellement existé et importateur d'un célérifère-voiture, fut transformé, de manière un peu grotesque par Baudry de Saunier en un personnage fictif : le comte de Sivrac[26]. À son époque, l'auteur était connu et apprécié, et le fait fut accepté comme tel par la plupart de ceux qui traiteront par la suite, et sans prendre la peine de le vérifier, de l'histoire du vélo[27]. Avant l'apparition du chemin de fer, les termes célérifère et vélocifère étaient pourtant bien connus et désignaient autant les véhicules que les lignes qui les utilisaient. Bien plus tard, la vérité une fois rétablie[28], le propagateur de cette fiction, aura du mal à se faire pardonner. Notons toutefois que Baudry de Saunier reste pour nous un auteur de talent, apprécié pour la qualité de l'ensemble de son œuvre, et qui rendit de fiers services à la cause du cyclisme.

Avec le temps, le mythe du célérifère sera tellement bien ancré dans les esprits, que des spécimens de bois et de fer finiront par prendre forme. Ces exemplaires tardifs sont bien entendu inspirés des descriptions imaginaires livrées par Baudry de Saunier et ses suiveurs. On en conserve quelques-uns

---

25 Voir 3. La draisienne du baron Karl Drais von Sauerbronn.

26 Pour plus de détails, voir J. Seray, *Deux roues : la merveilleuse histoire d'une machine nommée vélo*, Vélizy, Seray, 2013, p. 11-14.

27 Voir par exemple Philippe Daryl (1892), Louis Lockert (1896), Georges Kellner (1901) et Louis Bonneville (1938). Références ci-dessous.

28 Un débat amorcé par Henri d'Almeras (1910) et Charles Dollfus (1941), scientifiquement documenté par Walter Jeanes (1950) et plus tard par Jacques Seray (1976) et Keizo Kobayashi (1990), deux auteurs qui ont largement diffusé le résultat de leurs recherches. Voir références ci-dessous.

dans des musées et collections de cycles[29]. Si on hésite à les jeter au feu, c'est qu'ils valent encore pour l'anecdote. On peut en dire autant de la bicyclette de Léonard de Vinci et d'autres interprétations fantaisistes parsemant la littérature ancienne du cyclisme. Merci aux auteurs contemporains, au Veteran-Cycle Club, aux Wheelmen, aux conférenciers de l'ICHC, qui ont rétabli la véracité des faits historiques, sans oublier les recherches de Jacques Seray, s'appuyant sur la thèse de Walter Jeanes (1951), restée jusqu'alors méconnue.

Références

Henri d'Almeras, *La vie parisienne sous la Restauration*, Paris, Albin Michel, 1910.

Louis Baudry de Saunier, *Histoire générale de la vélocipédie*, Paris, Ollendorf, 1891.

Louis Bonneville, *Le vélo fils de France*, Nice, ETAC, 1938.

Philippe Daryl, *La vélocipédie pour tous*, Paris, Librairies-Imprimeries réunies, 1892.

Charles Dollfus, *Catalogue de l'Exposition rétrospective de la bicyclette au musée des Arts décoratifs de Paris*, 1941.

Walter Jeanes, *Des origines du vocabulaire cycliste français*, Paris, thèse Sorbonne, 1950.

Georges Kellner, *Notice sur l'Exposition centennale des moyens de transport : exposition universelle de 1900…*, Paris, Hachette et Cie, 1901, 104 p.

Kobayashi, *Histoire du vélocipède de Drais à Michaux, 1817-1870 : mythes et réalités*, Paris, thèse Sorbonne, 1990 – Tokyo, Bicycle Culture Center, 1993.

Louis Lockert, *Manuel de vélocipédie*, terminé par *L'Art de monter et de diriger la bicyclette*, par G. Rivierre, Paris, L. Mulot, Encyclopédie Roret, 1896.

Jacques Seray, « Naissance de la vélocipédie et d'une polémique », *L'Équipe*, 1976 ; in *Cyclisme magazine*, n° 100, 1976.

Jacques Seray, *Deux roues*, Vélizy, chez l'auteur, 2013.

Le Vélocipède illustré, revue fondée à Paris par Jacques Lesclide, 17 mars 1870.

Velox, Velocipedes, Bicycles and Tricycles: How to Make and How to Use Them, 1869.

[29] Nous n'avons pas pu lire la notice (rédigée en japonais) de l'exemplaire exposé au Bicycle Culture Center à Tokyo (vu en 2010), l'ancien employeur de Keizo Kobayashi.

3

1817 – La draisienne du baron Karl Drais von Sauerbronn

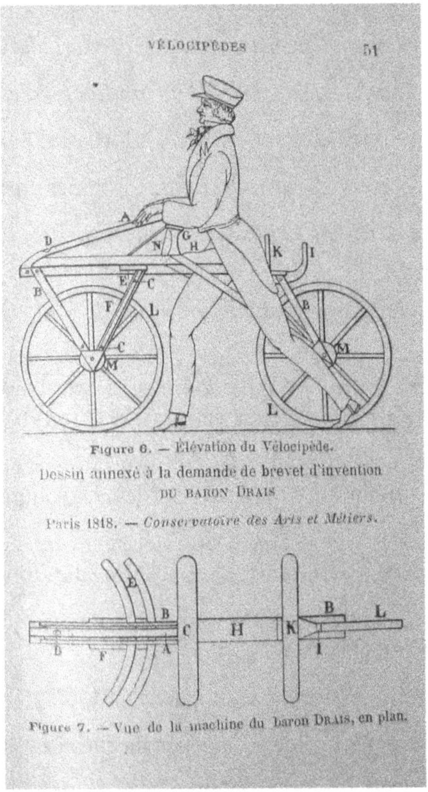
VÉLOCIPÈDES 51

Figure 6. — Élévation du Vélocipède.
Dessin annexé à la demande de brevet d'invention
DU BARON DRAIS
Paris 1818. — *Conservatoire des Arts et Métiers.*

Figure 7. — Vue de la machine du baron DRAIS, en plan.

« Machine à courir » ou « vélocipède » de Drais. Dessin d'après un prospectus édité par Drais en 1817 et sa demande de brevet introduite en France par son mandataire, Louis Joseph Dineur, en 1818.
In Louis Lockert, *Manuel de vélocipédie*, Encyclopédie Roret, p. 51.

La roue est une invention connue depuis l'Antiquité. Si l'idée d'en placer deux en ligne et d'y adjoindre une direction nous paraît d'une confondante simplicité, il aura cependant fallu attendre 1817 pour qu'elle germe dans l'esprit de Karl von Drais, un Badois qui aura par ailleurs une série d'autres inventions à son actif. Notons au passage que la draisine – le terme français –, qui désigne un engin à quatre roues, à propulsion humaine, destiné à l'inspection des voies de chemin de fer, ne lui est pas attribuée.

Examinée de plus près, la draisienne est déjà une machine relativement élaborée et aboutie. Si on l'actionne simplement à l'aide des pieds – elle fut nommée « machine à courir » par son inventeur –, son gouvernail permet la coordination des mouvements réflexes qui assurent la direction et l'équilibre de l'ensemble. Même si sa vogue ne fut que d'une durée relativement courte, de 1817 à 1820, son principe de base se trouvera assez rapidement propagé. Nous sommes encore loin d'une fabrication industrielle ou en série et, dans les ateliers d'artisans, de nombreuses variantes et interprétations verront le jour, dont des tandems, des modèles pour dames, ainsi que d'autres à trois roues et à porteur.

Certaines portent une plaque aux armes de la famille de Drais. Rarissimes et considérées comme originales, elles ont manifestement été construites selon les spécifications fournies par l'inventeur. Pour ses commandes, Drais faisait appel à la sous-traitance ; nous ne connaissons, à ce jour, aucun exemplaire qui proviendrait de son propre atelier. Le dessin qui accompagne son prospectus édité en 1817 et son brevet français de 1818 illustre, probablement le plus fidèlement, l'idée qu'il avait développée[30]. En 1817, un ouvrage de Carl Bauer[31] décrira lui aussi la draisienne, devançant d'un demi-siècle les tout premiers livres traitant du vélocipède.

Très peu de draisiennes de la première époque, d'avant les années 1820, sont parvenues jusqu'à nous. Une exposition montée au Technoseum de Mannheim en 2017, pour commémorer le deuxième centenaire de l'invention, en a rassemblé les meilleurs spécimens[32]. Cette même année, le musée fut aussi le point de ralliement de la 28e Conférence internationale des historiens du cycle.

Contrairement au comte de Sivrac, le baron Drais est bien un personnage « de chair et d'os ». Après le faux départ donné par le célérifère, la draisienne est donc une invention bien réelle. En juin 1817, son premier exploit fut le parcours joignant Mannheim au Relais de poste de Schwetzingen, et retour, soit 14 km couverts en un peu moins d'une heure. La même année, une demande de brevet, pour une « laufmachine » fut déposée en Allemagne par Drais, tandis qu'une autre demande pour un « vélocipède » fut introduite à

---

[30] Les auteurs spécialistes de la draisienne sont Keizo Kobayashi, Hans Lessing, Jacques Seray, Roger Street.

[31] Carl Johan Siegmund Bauer, *Beschreibung der v. Drais'schen Fahr-Maschine und einiger daran versuchten Verbesserungen*, 1817.

[32] *2 Räder-200 Jahre*, catalogue de l'exposition, Mannheim, 2016.

Paris en 1818 par son mandataire Louis Joseph Dineur (1769-1851)[33]. C'est Jean Garcin, un professeur de patinage sur glace, qui sera son représentant commercial à Paris. L'historien du cycle Hans-Erhard Lessing a d'autre part fort insisté sur le lien possible entre les mouvements des jambes du patineur et ceux de l'utilisateur de la draisienne. Il mit aussi en évidence la concordance chronologique entre la crise climatique de 1816 et l'invention de la draisienne. Drais voulait-il déjà amorcer la concurrence entre le cycle et le cheval ? On ne pouvait à l'époque s'empêcher de les comparer.

En 1818, on assiste à une première démonstration de la draisienne au Jardin du Luxembourg à Paris[34] : suivie par des badauds, elle fut raillée, laissant derrière elle un public de sceptiques[35]. En juillet, le baron vint en personne au Jardin de Tivoli, qui était le plus grand parc d'attractions et de divertissements de l'époque, pour démontrer les capacités de sa machine. L'expérience fut un peu plus probante, mais passé une certaine vogue, qui cessa dès 1820, le succès qui s'ensuivit en France ne sera que fort limité. N'empêche que la draisienne sera bientôt relancée par Johnson[36] en 1818 en Angleterre et dès 1819 aux États Unis. Relativement peu de machines semblables seront construites entre cette date et l'entrée en scène des Michaux dans les années 1860.

Références

Carl Johan Siegmund Bauer, *Beschreibung der v. Drais'schen Fahr-Maschine und einiger daran versuchten Verbesserungen*, 1817.

Keizo Kobayashi, *Histoire du vélocipède de Drais à Michaux 1817-1870, mythes et réalités*, 1990.

Hans Lessing, *Automobilität : Karl Drais und die unglaublichen Anfänge*, 2003.

Hans Lessing, Tony Hadland, *Bicycle Design*, 2014.

---

33 INPI, Machine dite vélocipède, br 1BA1091, 19.01.1818, Drais von Sauerbronn, mandataire Louis Joseph Dineur. L'historien Francis Robin a récemment fait remarquer que ce dernier, avocat et haut fonctionnaire, était originaire de Mons, une localité belge.

34 Keizo Kobayashi et Francis Robin ont organisé à Paris, le 2 avril 2018, la commémoration de cet événement historique.

35 Au Jardin du Luxembourg, la démonstration du 5 avril 1818 avait attiré près de 3.600 personnes. L'accès ayant été payant, une partie de la recette put servir à aider les victimes de l'incendie du théâtre de l'Odéon (20 mars 1818). Malheureusement, des enfants avaient pu courir aussi vite que la draisienne ! Pour en rire, *Les Vélocipèdes ou la poste aux chevaux*, un vaudeville d'Eugène Scribe (1791-1861) – l'un des auteurs dramatiques les plus joués du XIXe siècle en France et dans le monde entier –, fut représenté pour la première fois au Théâtre des Variétés, le 2 mai de la même année.

36 Voir 4. Le « hobby horse » de Denis Johnson.

Gérard Salmon, *Pour le bicentenaire de la draisienne. En mémoire du 12 juin 1817, le jour où le vélo vit le jour !* Pomeys, 2017, 24 p. + 22 p. d'annexes.

Jacques Seray, *Deux roues*, 2013.

Roger Street, *Dashing Dandies: The English Hobby-Horse Craze of 1818*, 2011.

Roger Street, *The Pedestrian Hobby-Horse at the Dawn of Cycling*, 1998, 195 p.

Roger Street, *Before the Bicycle: the Regency Hobby-Horse Prints*, 2014, 174 p.

2 Räder-200 Jahre, catalogue d'exposition, Mannheim, 2016, 352 p.

ICHC, divers articles.

Mechanics Magazine, 29 septembre 1832.

Draisienne avec plaque d'authenticité aux armes de la famille de Drais, 1817.
Deutsche Museum, Munich, inv. n° L 77391.
In Keizo Kobayashi, *Histoire du vélocipède de Drais à Michaux 1817-1870 : mythes et réalités*, 1990.

Plaque aux armes de la famille de Drais, sur une draisienne de fabricant inconnu, 1820. Paleis Het Loo, Apeldoorn.
Exposition « 2 Räder-200 Jahre », Mannheim, 2016-2017.
Photo : G. De Smaele, 2017.

Collections et musées

Musée Vélo-moto, Domazan, France.

Collection princière de Fürstenberg, Donaueschingen, RFA.

Collection Grandseigne, Sceaux, France.

Deutsches Museum, Munich, RFA.

Musée du Cinquantenaire, Bruxelles, Belgique.

Musée national du Sport, Nice, France.

Musée Niepce, Châlons-sur-Marne, France.

Musée du Palatinat de la ville de Heidelberg, RFA.

Paleis Het Loo, Apeldoorn, Pays-Bas.

Stadtmuseum Karlsruhe, RFA.

Technisches Museum, Vienne, Autriche.

Velorama, Nimègue, Pays-Bas.

4

1819 – Le « hobby horse » de Denis Johnson

Brevet de Denis Johnson, Angleterre, 22 décembre1818.
In Keizo Kobayashi, 1993, p. 60.

Les premières draisiennes avaient conduit quelques utilisateurs sur des parcours relativement importants, de l'ordre de 50 kilomètres, voire plus. L'inventeur, lui-même annonceur du cyclotourisme, avait imaginé fournir ce type de machines aux agents des postes ou à d'autres corps de métiers. Construites en bois, facilement copiées et diffusées, elles étaient cependant assez lourdes et certainement perfectibles. Il importait tout d'abord de les alléger. Passé 1820, la vogue française pour la draisienne s'estompa, mais le flambeau fut repris du côté de l'Angleterre et même aux États-Unis, où un certain William Clarkson déposa un brevet en 1819.

En décembre 1818, Denis Johnson (1760-1833) demanda, à Londres, une patente pour son vélocipède. Johnson, fabricant de fiacres, exerçait dans un atelier d'une certaine importance. Sa production totale sera estimée par Roger Street[37], le spécialiste de ce constructeur, à quelque 320 exemplaires, ce qui, compte tenu de la brièveté de la période d'activité, est digne d'une petite industrie. Johnson finit par couvrir tout le territoire britannique et ouvrit à Londres un manège pour l'écolage des pratiquants. Ses différents modèles avaient un aspect plus fin que celui de la draisienne originale et pesaient moins de 20 kilos. Pour ce faire, il fit appel au métal. Les roues, dont les jantes étaient cerclées de fer, étaient plus légères. Les vélocipèdes de Johnson remportèrent un vif succès et adoptèrent le nouveau nom de « hobby horse », amorçant ainsi ouvertement la concurrence entre le cheval de bois et d'acier et le vrai cheval à quatre pattes.

La machine de Johnson, dont on parla abondamment dans la presse, fut comme celle de Drais, la cible des caricaturistes, qui s'en amusèrent, le plus connu d'entre eux étant George Cruikshank (1792-1878), un artiste de grand renom en Grande-Bretagne. De nombreuses autres appellations furent attribuées à la draisienne anglaise : *dandy horse*, *swiftwalker*, *bicipede*, *pedestrian accelerator*, etc. Une version pour dame verra aussi le jour.

Références

Nick Clayton, *The Birth of the Bicycle*, 2016.

Paul & Charlie Farren, *Bicycling through Time*, 2013.

Keizo Kobayashi, *Histoire du vélocipède de Drais à Michaux 1817-1870 : mythes et réalités*, 1990.

Lessing, Hadland, *Bicycle Design*, 2014.

Jacques Seray, *Deux roues*, 2013.

Roger Street, *The Pedestrian Hobby-Horse*, 1998.

---

[37] Roger Street, *The Pedestrian Hobby-Horse*, Christchurch, Artesius Publications, 1998.

Vélocipède de Denis Johnson. Musée des sciences, Londres, inv. n° 1923-70

No. 1d. PEDESTRIAN HOBBYHORSE, 1819.

Représentation d'époque du « Hobby Horse » de Johnson.

Collections et musées

Alnwick Castle, Norththumberland, Angleterre.

Coll. Farren, Australie.

Mark Hall Cycle Museum, Harlow, Angleterre.

Science Museum, London, Angleterre.

Transport Museum, Coventry, Angleterre.

Velorama, Nimègue, Pays-Bas.

5

1821 – La draisienne à bras de Lewis Gompertz

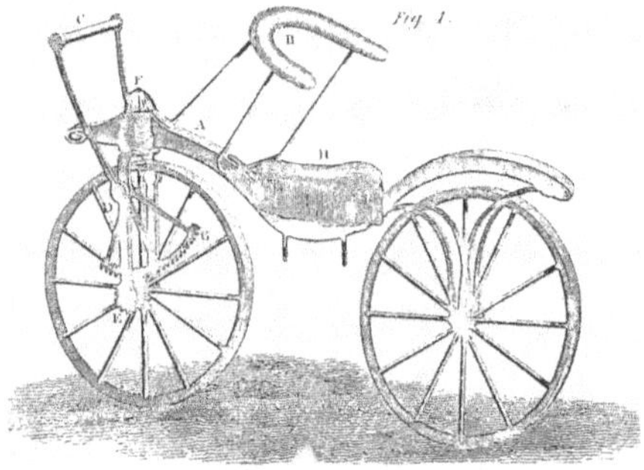

« An Addition to the Velocipede », in *The Repertory of Arts*, June 1821. Entraînement par traction des bras – la première roue libre. In Keizo Kobayashi, p. 66.

À l'instar de Nicéphore Niepce (1765-1833), l'ingénieur inventeur de la photographie dont nous ne connaissons qu'une seule machine, attribuée sans parfaite certitude, conservée au musée de Châlons-sur-Marne et datée approximativement de 1818, l'Anglais Lewis Gompertz (1783-1861) ne fit qu'une brève apparition dans l'histoire du vélo. Sa version de la draisienne n'apparaîtra que sur papier, dans divers magazines de l'époque et dans son brevet de 1821.

Si cette machine demeure d'une conception fort originale, le personnage reste célèbre dans un tout autre domaine : pour son engagement en faveur du bien-être animal et son adhésion au véganisme. Il voyait dans le deux-roues une possibilité de soulager la souffrance imposée à l'espèce chevaline, et non un moyen de se mesurer à elle. Notons qu'en France la SPA ne fut fondée qu'en 1895.

Pour perfectionner la draisienne originale, Denis Johnson avait déjà notablement résolu le problème de son poids. L'étape suivante sera de libérer les pieds de l'appui sur le sol et d'y adjoindre un mécanisme permettant la propulsion à l'aide de mouvements des membres. Contre toute attente et à l'opposé de (presque) toutes les tentatives qui suivront, Gompertz eut l'idée d'utiliser la force des bras, simultanément et en traction uniquement. Son mécanisme d'entraînement par la roue avant nécessite cependant la possibilité de réamorcer le mouvement, ce qu'il concrétise par la présence d'une roue libre dans le moyeu. Il fut ainsi le premier à introduire ce dispositif dans l'histoire du vélo : une application précoce du rochet, appelé « ratch » ou « ratch-wheel » en Angleterre, et « racagnac » en Belgique, dont le principe était connu depuis des siècles dans le monde de l'horlogerie.

Il faudra cependant encore patienter une vingtaine d'années avant qu'une première libération des pieds devienne réellement effective. Les tentatives de propulsion avec des leviers, de Kirkpatrick MacMillan (vers 1839), de McCall (vers 1860) – actuellement remises en cause –, de Dalzell et autres, qui aboutiront finalement aux pédales montées sur l'axe des vélocipèdes de Pierre Michaux en 1861. Nous sommes encore loin de la chaîne de la bicyclette. Quant à la roue libre, elle ne chassera le pignon fixe que dans les dernières années du XIXe siècle, faisant de Gompertz un illustre précurseur. Outre son brevet, aucun exemplaire ne nous est connu à ce jour.

Références

J. T. Goddard, *The Velocipede: Its History, Varieties, and Practice*, 1869.

Louis Lockert, *Les vélocipèdes*, 1896.

« An Addition to the Velocipede », in *The Repertory of Arts, Manufactures and Agriculture*, vol. 39, June 1821.

Les Bowerman, « Lewis Gompertz », in *The Boneshaker*, Autumn 1983, p. 24.

Les Bowerman, « Lewis Gompertz & His Additions to the Velocipede », *Cycle History*, ICHC, vol. 3, 1991, p. 1-20, 87.

Matthias Kielwein, Hans-Erhard Lessing, *Kaleidoskop. Früher Fahrrad und Mottorradtechnick: Dingler's Polytechnisches Journal, 1895-1908*, 2 vol., Leipzig, Maxime, 2005. In Vol. 1, p. 13-19.

Collections et musées

Aucun exemplaire connu.

6

1839 – Vélocipède à leviers et à bielles de McMillan / McCall (1869)

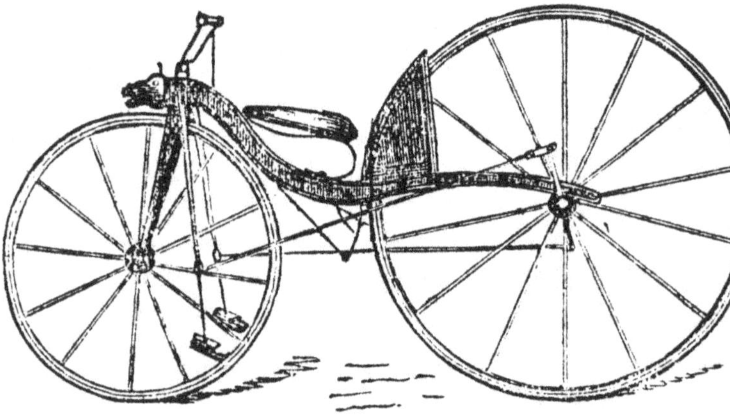

« The improved Kilmarnock velocipede », in *English Mechanic*, 11 juin 1869.
Considéré par certains comme le premier vélocipède à pédales.
In Keizo Kobayashi, 1993.

Les machines à leviers et à manivelles, d'abord des tricycles, ont été les premières à libérer du sol les pieds du vélocipédiste. Durant plus d'un demi-siècle, de nombreuses variantes de cette idée ont été adaptées aux deux roues, appliquant la force à la roue arrière, transformant ainsi la vélocipédie en un exercice d'équilibre. Aujourd'hui, on accorde l'antériorité de ce progrès à l'Écossais Gavin Dalzell (1811-1863)[38].

Cependant, dans les années 1890, alors que l'industrie anglaise du cycle dominait l'Europe et une partie du monde, et que l'on célébrait par un monument l'invention de la pédale par Pierre Michaux, certains Anglais à la recherche d'un « inventeur » ont prétendu qu'un de leurs compatriotes avait droit à la primauté de cette innovation.

En 1896, Thomas McCall (1834-1904) aurait fourni une réplique d'un de ses propres vélocipèdes, qu'il aurait construits plus tôt selon les principes

---

[38] Voir 7. Le vélocipède de Dalzell.

utilisés par MacMillan (1812-1878) vers 1845. Pour ce faire, McCall s'est manifestement basé sur ses propres dessins de machines, parus dans le *English Mechanic* (14 mai et 11 juin 1869). Il opta pour une roue arrière de plus grand diamètre, procurant plus de développement.

En plus d'être fragiles, ces premières machines à leviers étaient le fait d'artisans, et donc produites à un nombre extrêmement réduit d'exemplaires. En 1876, elles aboutiront chez Lawson à un modèle à leviers déjà proche de la bicyclette. Cependant, l'INPI conserve dans ses archives deux brevets de vélocipèdes à leviers et à entraînement par la roue arrière : celui de Claude Montagne déposé le 4 novembre 1868 et celui de Romain de Bray du mois d'août 1869. Une machine du même type, la Peyton & Peyton, est aussi née à Birmingham en 1869. Nous avons aussi retrouvé un brevet français de Viarengo de Forville, un ambassadeur italien. Toutes préfiguraient déjà le besoin latent d'améliorations dans le sens de la bicyclette moderne.

Bien qu'elle apparaisse chez beaucoup d'auteurs anciens comme étant la première draisienne à leviers et à bielles, la soi-disant machine de MacMillan, de 1839, un personnage pourtant bien réel, n'apparaît dans aucune collection. Et pour cause : les recherches récentes des historiens du cycle – Nick Clayton, Keizo Kobayashi, Jacques Seray, Nicolas Oddy, Alaster Dodds – convergent toutes vers l'idée que ce prétendu prototype à deux roues n'a jamais existé, l'innovation étant probablement à mettre en relation avec une manumotive, un tricycle actionné par les mains. La datation et l'attribution des exemplaires à leviers conservés par le Science Museum de Londres, le Glasgow Museum of Transport et le Burgh Museum de Dumfries ont souffert d'une mystification et d'une manipulation des sources historiques, ne résistant pas à la confrontation des faits.

Vue de France, l'histoire du vélo sera émaillée de germanophobie, puis d'anglophobie, et de la part des Anglais, de francophobie. À l'instar de l'affaire du célérifère du comte de Sivrac, c'est ici que les Anglais ont tenté de régler leurs comptes avec la France, en datant cette importante trouvaille avant la pédale de Michaux, longtemps arrêtée à 1855. Vers 1899, on apposa à Thornhill, sur la façade de la maison de MacMillan une plaque commémorative, sur laquelle on peut lire : « Ici, vers 1840, l'inventeur Kirkpatrick MacMillan construisit la première bicyclette. » Retenons que, jusqu'à présent, la première draisienne à leviers nous ramène à Dalzell[39], dans les années 1840, et rappelons une fois de plus qu'il est toujours prudent et utile de s'en référer aux publications récentes, notamment aux actes des conférences de l'ICHC.

---

[39] Voir 7. Le vélocipède de Dalzell.

Références

Cyril Caunter, *The History and Development of Cycles as illustrated by the collection of cycles in the Science Museum*, 1955 et 1958.

Nick Clayton, *Early Bicycles*, Aylesbury, Shire Publications, 1998.

Ian Jones, *The Safety Bicycle*, 2012.

Keizo Kobayashi, *Histoire du vélocipède de Drais à Michaux 1817-1870 : mythes et réalités*, 1990.

Andrew Ritchie, *The Origins of the Bicycle*, 2009.

Derek Roberts, *Cycling History: Myths and Queries*, 1991, 99 p.

Jacques Seray, *Deux roues*, 2013.

Vélocipède dit de McCall, Londres, Science Museum, inv. n° 1907-16. C'est une reproduction tardive par McCall, datant de 1896.

Collections et musées

Science Museum, London, Angleterre.

Transport Museum, Coventry, Angleterre – copie récente.

7

1840 (avant 1846) – Le vélocipède de Dalzell

Vélocipède dit de Dalzell avant restauration. – Vélocipède à leviers et à tiges. Photo, BnF, Est., If-2Fol., t. 3, p. 2, n° 6. In Keizo Kobayashi, 1993.

Ce vélocipède à tiges, un modèle unique, exposé à Glasgow, parvint au Musée des Transports à une date inconnue. Le cadre en bois étant vermoulu, son état fut modifié par une profonde restauration.

Elle est attribuée à l'Écossais Gavin Dalzell (1811-1863), un marchand de thé qui s'en servait pour ses livraisons et qui, selon des documents fournis par son fils James B. Dalzell, l'aurait soit acquise, soit construite avant 1846. Ce serait le premier vélocipède sur lequel il aurait été possible de se mouvoir sans toucher le sol (toujours à démontrer), prenant l'avantage sur les autres Écossais que sont MacMillan et McCall.

Références

Philippe Daryl, *La vélocipédie pour tous*, 1892.

Ian Jones, *The Safety Bicycle*, 1986.

Keizo Kobayashi, *Histoire du vélocipède de Drais à Michaux 1817-1870 : mythes et réalités*, 1990.

Vélocipède dit de Dalzell, Museum of Transport de Glasgow. On notera, sur cet exemplaire restauré et exposé, le montage illogique des bielles.

Collections et musées

Glasgow Museum of Transport, Scotland.

8

1861 – Le vélocipède à pédales de Michaux ou la « Michaudine »

Modèle Michaux de la première génération : vélocipède à pédales à corps ondulé.
In J. Paloque, *Étude sur la bicyclette*, Paris, Berger-Levrault, 1896, fig. 1.

Ce vélocipède Michaux de la première génération est semblable à celui représenté en 1868 sur le prospectus de la firme. Il date d'avant l'association de Michaux avec les Frères Olivier, celle qui lance la même année l'introduction du corps droit dans sa production. On notera : le cadre cintré en fonte malléable, le rayonnage à bâtons, les bandages métalliques des roues et le frein arrière.

L'introduction de la pédale est une invention majeure qui va amorcer la grande aventure du deux-roues. Avant de poursuivre, voici un rappel des principaux repères chronologiques de l'histoire du cycle :

- 1817 : invention de la draisienne, également appelée vélocipède ;
- 1861[40] : apparition de pédales sur les vélocipèdes de Michaux ;
- 1865 : Paris-Avignon, premier voyage à vélocipède ;
- 1867 : Exposition universelle de Paris, qui fait connaître le vélocipède à un plus grand nombre et à l'étranger ;
- 1868 : association entre Michaux et les frères Olivier et création de la première manufacture industrielle de cycles, Michaux et Cie ;
- 1869 : dissolution du partenariat. Les Frères Olivier continuent sous l'appellation Compagnie parisienne des vélocipèdes. Pierre Michaux reprend illégalement sous la raison sociale Michaux père Cie et sera condamné ;
- 1870 : la guerre franco-prussienne met un terme à l'entreprise des Olivier et à l'hégémonie française ;
- 1870-1884 : ère du grand bi, du tricycle et des bicycles de sécurité ;
- 1885 : production de la première bicyclette Rover de Starley ;
- 1888 : invention du bandage pneumatique par Dunlop. Pour le scientifique Carlo Bourlet[41], la bicyclette est inventée et on entre dans l'ère des perfectionnements.

Les premières productions des Michaux, celles des années entre 1861 et 1865, nous sont totalement inconnues. Le principe de deux roues en ligne du vélocipède du baron de Drais demeurera toujours le principe fondateur de l'expérience vélocipédique. Cependant, progresser sur une draisienne s'avérait être un exercice éreintant, et après une vogue d'assez courte durée, de 1817 à 1820, son usage tomba rapidement dans un oubli presque complet. Il y eut sans doute des tentatives pour la perfectionner, mais pour que l'invention puisse révéler tout son potentiel et s'imposer durablement, il fallait que le « cavalier » puisse mieux utiliser la force musculaire de ses jambes, libérer ses pieds du sol et se tenir en équilibre sur les deux-roues.

Bien que des recherches récentes proposent d'autres hypothèses[42], on admet généralement que la pédale à mouvement circulaire fut adaptée vers 1861 par Pierre Michaux (1813-1883), une invention d'apparence simple, à laquelle son jeune fils Ernest (1842-1882) semble être directement associé. Cette fois, la force motrice est appliquée au moyen de deux pédales et de manivelles reliées au moyeu de la roue avant, dont la fonction est à la fois motrice et directrice. Ce nouveau véhicule devint un moyen de locomotion

---

[40] Tout en sachant que cette date de 1861 est actuellement contestée. Voir la communication de Claude Reynaud à la conférence de Mannheim (ICHC, 2017). Aucune preuve réelle n'accrédite encore cette date.

[41] Carlo Bourlet, *La bicyclette, sa construction, sa forme*, 1899.

[42] Voir plus particulièrement David Herlihy, *Bicycle*, 2006.

individuel. Révélé au grand public et aux visiteurs étrangers par l'Exposition universelle de 1867, il connut sa plus grande vogue de 1868 à 1870. Dès 1867, Paris devint la capitale de la production du vélocipède à pédales, lequel sera perfectionné par de nombreux inventeurs et fabricants. L'enseigne de Michaux et celle de la « Michaux et Cie » (résultant de l'association de Michaux avec les Frères Olivier), et peu après celle de la « Compagnie parisienne » (des Frères Oliviers séparés de Michaux) seront synonymes de qualité. Elles exporteront leurs machines jusqu'à Londres et New York. Ces villes assisteront rapidement à l'éclosion de leur propre industrie. Suite au conflit de 1870, la France perdra son avance et mettra des années à reconquérir une place de choix parmi les grandes nations productrices de cycles.

D'autre part, en comparant le vélocipède au chemin de fer – autre emblème de la modernité –, Richard Lesclide, le fondateur du *Vélocipède illustré*, ouvrit un véritable débat éthique, voire « philosophique », dont l'écho se fait encore entendre au cœur de notre propre actualité : « Le chemin de fer va plus vite, sans doute ; mais c'est la vitesse brutale, mécanique, inintelligente. Le vélocipède est la vitesse individuelle émanant de l'homme même[43]. »

Nous ne sommes pas loin des fondements du Human Power Movement, qui verra le jour plus de cent ans plus tard, tandis que le médiologue Régis Debray mettra en évidence que les procédés techniques influencent directement notre culture et notre comportement[44]. Les moyens de transport modernes et la motorisation… ont manifestement modifié notre vision et notre rapport au monde.

Si le principe de la manivelle, d'une désarmante simplicité, était connu de longue date des rémouleurs – et des mécaniciens –, il a quand même mis près d'un demi-siècle avant de trouver son application au vélocipède des Michaux. Ne pouvant pas imaginer la portée future de leur trouvaille, la trouvant probablement trop simpliste, nos inventeurs n'estimèrent probablement pas nécessaire de la protéger par un brevet. Comme nous le verrons à propos de Pierre Lallement, le premier brevet pour un vélocipède à pédale ne fut déposé qu'en 1866, qui plus est aux États-Unis. Son corps « ondulé » – appelé à tort « cadre Lallement » – en fonte malléable est caractéristique des productions des premiers temps. Il sera remplacé en 1868 par un cadre plus rigide : le corps droit, en fer forgé embouti au marteau-pilon, selon un procédé résolument industriel mis au point par les frères Olivier.

Dès 1869, Richard Lesclide augure que l'invention sera portée à concurrencer le cheval. Trente ans plus tard, le journaliste Pierre Giffard, par

---

[43] Richard Lesclide (alias Le Grand Jacques), *Manuel du vélocipède*, 1869, p. 5.
[44] Voir la revue *Les Cahiers de médiologie*. Le numéro 20 est consacré au vélo.

ailleurs ardent défenseur de la bicyclette, la présentera comme un « bienfait social »[45]. Fondateur du premier Paris-Brest-Paris, une épreuve de 1.200 kilomètres, il prophétisera à son tour un changement radical dans les moyens de locomotion. *La fin du cheval*[46], paru en 1899, est un livre prémonitoire, qui prédit la proche disparition du cheval. Il écrit : « Nous voici au seuil d'un siècle qui verra l'homme se séparer du cheval. Ce sera la fin d'une collaboration vieille de plusieurs milliers d'années. »

La disparition graduelle du cheval provoquera un réel bouleversement de nos modes de vie. Pour le meilleur et/ou pour le pire[47] ? « … Incurable, la stupidité du cheval l'est, quoi qu'en pensent certains auteurs anciens. Elle tue chaque année un nombre incalculable d'humains… Le cheval est inintelligent, il est sale et coûteux[48]. »

Rejoignant Giffard, les saint-simoniens verront dans la bicyclette « le cheval du pauvre », véhicule autonome et instrument de progrès social.

Si la France a joué un rôle de premier plan dans les avancées technologiques de la fin du XIXe siècle, force est de constater que les plus pertinentes études universitaires traitant des origines du vélocipède d'avant 1870 sont nées de la plume de chercheurs étrangers : du Canadien Walter Jeanes (La Sorbonne, 1951), ainsi que du Japonais Keizo Kobayashi (École pratique des hautes études, 1990). Le thème du cyclisme serait-il considéré comme trop populaire pour être académique, et trop enraciné dans la consommation de masse pour prétendre à une portée artistique, voire philosophique ?

Références

Jacques Ballif, Jacques Ballif, *Exposition rétrospective du cycle au Salon de l'automobile, du cycle et des sports*, 1906, n° 7 bis.

Louis Baudry de Saunier, *Histoire générale de la vélocipédie*, 1891.

Catalogue du Conservatoire national des Arts et Métiers, 1953.

CNAM, *Jeux de vélos*, 1992.

---

45 Pierre Giffard, *La reine bicyclette*, Paris, Firmin Didot, 1891.

46 Pierre Giffard, *La fin du cheval*, Paris, 1899.

47 Plus proche de nous, l'universitaire Frédéric Héran (*Le retour de la bicyclette*, 2014) étudiera les effets dévastateurs de l'automobile sur notre environnement et nos villes modernes.

48 *Ibid.*, p. 3. Ironie du sort et comble de malheur, Aimé Olivier, après avoir été un des grands protagonistes du vélocipède, meurt accidentellement en 1874 : son cheval, effrayé par un chien, ayant renversé son conducteur… un cas de figure exposé par Giffard dans *La fin du cheval*.

L'épopée fantastique, Compiègne, 2016.

Walter Jeanes, *Des origines du vocabulaire français du cyclisme*, 1950.

Tony Hadland, Hans Lessing, *Bicycle Design*, 2014.

David Herlihy, *Bicycle*, 2006.

Keizo Kobayshi, *Histoire du vélocipède de Drais à Michaux 1817-1870 : mythes et réalités*, 1990.

Le vélocipède objet de modernité, MAI, 2008.

ICHC, divers articles.

Le Vélocipède illustré.

Vélocipède Michaux, 1865. – In Jacques Ballif, *Exposition rétrospective du cycle au Salon de l'automobile, du cycle et des sports*, 1906, n° 7 bis.

Collections et musées

Conservatoire national des Arts et Métiers, inv. n° 14.064-0001, Paris, France.

MAI de Saint-Étienne, France, dépôt du Musée national de la Voiture, inv. n° D50.2.12.

Musée Vélo-moto de Domazan, France. Ce musée possède aussi un vélocipède avec plaque de Sargent.

9

1866 – Le brevet de Pierre-Nicolas Lallement

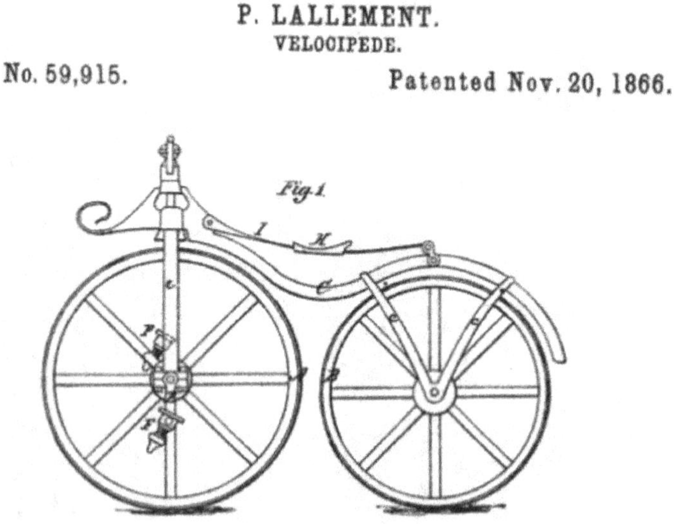

Premier vélocipède à pédales introduit aux États-Unis par P. Lallement. Corps dit ondulé, cintré ou « serpentine »[49] – US Patent Office : Patent number 59,915, brevet déposé en avril 1866 et attribué le 20.11.1866 à Pierre Lallement et James Carroll : Improvement in Velocipedes, New Haven, CT. – US Patent Office, V-C C Library.

Avec son cadre ondulé en fonte malléable[50], dont la double courbure épouse celle des roues, son rayonnage à bâtons et ses bandages métalliques, le spécimen breveté aux États-Unis en 1866 par Pierre Lallement (1843-1891) et James Carroll est le modèle de type courant du vélocipède de l'époque. Tout comme ceux des Michaux de la première génération, ils sont directement inspirés de la forme de la draisienne, mais avec un guidon simplifié. Ce modèle évoluera rapidement vers le vélocipède à corps droit du même Pierre

---

[49] Louis Lockert, *Manuel de vélocipédie*, 1896, p. 26.

[50] Mis à part le dessin accompagnant la patente de 1866, on n'en attribue aucun de ce type à Lallement, ceci tant en France qu'aux États-Unis.

Michaux et des Frères Olivier. Rentré en France en 1867, Pierre Lallement se ralliera lui aussi à cette forme.

Depuis Drais, et avant 1868, aucune demande de brevet pour perfectionnement du vélocipède ne fut introduite en France. Plus récemment l'attribution de l'invention de la pédale fut un sujet de controverse entre historiens du cycle[51]. On en est finalement arrivé à établir[52] que Pierre et Ernest Michaux ont bien été, en 1861, les inventeurs de la pédale[53] ; leur compatriote Pierre Lallement, aurait construit un vélocipède à pédales dès 1862 ou 1863, et celui-ci déposa en 1866 le premier brevet enregistré aux États-Unis. Il s'y développera par la suite une puissante industrie du cycle, dont la marque Columbia de la Pope Manufacturing Company (premiers bicycles américains en 1878), les cycles Victor de la Overman Company (fondée en 1882), et une myriade d'artisans, alimenteront le formidable « bicycle craze » de la fin du XIXe siècle.

Au départ, Pierre Michaux était le seul fabricant de vélocipèdes. Après quelques essais, c'est à partir de 1866 que d'autres constructeurs de plus en plus nombreux commencèrent à en produire à leur tour[54]. Le mécanicien Claude Jacquier compta parmi ceux de la première heure, tandis que Pierre Lallement fut un de ses ouvriers. C'est en 1865 que ce dernier quitta son employeur, pour aller tenter sa chance aux États-Unis.

Arrivé aux États-Unis en 1865, un vélocipède de sa fabrication dans ses bagages, Pierre Lallement se rendit à Ansonia et à New Haven dans le Connecticut. Il s'y associa avec le financier James Carroll pour déposer en 1866 le premier brevet de vélocipède à pédales de l'histoire. Ne trouvant pas d'industriel désireux d'exploiter le procédé, Lallement rentra en France en 1867, ceci après avoir cédé ses droits à Calvin Witty. Ce dernier en tirera profit, laissant fabriquer le vélocipède sous licence par un nombre croissant de constructeurs – on en comptait une trentaine –, dont les bien connus Pickering & Davis[55] et Wood Brothers, officiant à New York. Cette transaction aura

---

[51] Voir l'article de David Herlihy, in ICHC, vol. 4.

[52] Un fait remis en question par Claude Reynaud lors de la conférence de l'ICHC de Mannheim, en 2017. Voir note 43.

[53] Pour commémorer le 150e anniversaire de l'invention, elle fut le thème de la XXe conférence de l'ICHC, à Paris en 2011.

[54] Voir « Des brevets d'invention et de perfectionnement concernant les vélocipèdes », dans *Le Vélocipède illustré*, éditions du 9 et du 23 décembre 1869 – soit près de 150 noms avant 1870. Dans sa thèse, Keizo Kobayashi (1993) avance le chiffre de 150 fabricants avant 1870. Voir aussi Louis Bonneville, *Le vélo, fils de France*, 1938, p. 90 et suiv. ; Nick Clayton, « Index of Boneshaker Makers », in *The Boneshaker*, Winter 1987, p. 16-18 ; J.T. Goddard, *The Velocipede*, 1868, p. 28-30 et 48-68.

[55] Voir 16. Le vélocipède de Pickering & Davis.

permis à Lallement de financer l'ouverture de son propre commerce, situé avenue de Wagram à Paris. On lui devrait par ailleurs le premier catalogue illustré de vélocipèdes[56]. Pour lui comme pour d'autres constructeurs, la guerre de 1870 sera fatale. Les annonces publicitaires de Pierre Lallement sont bien présentes dans les premières livraisons du *Vélocipède illustré* de Richard Lesclide. Après cette guerre, il regagnera sa région natale. On retrouvera à nouveau sa trace aux États-Unis comme employé à la Pope Manufacturing Company. Finalement, il décède discrètement à Boston à l'âge de 47 ans.

C'est en mémoire de Pierre Lallement, et pour commémorer l'an 1 de l'industrie vélocipédique américaine, ainsi que le 150e anniversaire du dépôt du premier brevet aux États-Unis, que North Haven, ainsi que New Haven et Ansonia, dans le Connecticut, furent choisies en 2016 comme lieux de ralliement de la 27e conférence de l'ICHC. En 1998, l'histoire américaine du cycle se souvenant du pionnier arrivé de Paris, un monument dédié à Pierre Lallement avait déjà été dévoilé à New Haven.

Pierre Lallement eut un fils, qui confia un vélocipède ayant appartenu à son père au Musée des Beaux-Arts de Châlons-en-Champagne. On ne connaît cependant à ce jour que deux exemplaires portant la plaque de son entreprise. L'un d'eux fait partie de la collection de Claude Reynaud, au musée Vélo-moto du Château de Bosc, à Domazan, non loin d'Avignon.

Références

Louis Bouillon, *Pierre Lallement, mécanicien, et l'invention du vélocipède : un compatriote oublié*, Reims, Matot, 1907.

Carlo Bourlet, *La bicyclette. Sa construction, sa forme*, 1899.

Tony Hadland, Hans-Erhard Lessing, *Bicycle Design*, 2014.

David V. Herlihy, *Bicycle: the History*, 2004.

Keizo Kobayashi, *Histoire du vélocipède de Drais à Michaux, de 1817 à 1870 : mythes et réalités*, 1993.

Le vélocipède, MAI, p. 174 – brevet.

Charles Pratt, « Pierre Lallement and his Bicycle », in *Outing and the Wheelman: An Illustrated Monthly Magazine*, vol. 3, Boston, MA, The Wheelman Company, octobre 1883, mars 1884, p. 4-13.

Claude Reynaud, *Vélos de légende*, Genève, 2013, p. 82-83.

Jacques Seray, *Deux roues*, Vélizy, 2013, p. 71-73.

Le Centaure, septembre 1868, p. 144, description du cadre droit de Michaux.

[56] D'après Louis Baudry de Saunier dans *Le cyclisme théorique et pratique*.

David V. Herlhy, ICHC, 1992.

Outing and the Wheelman, October 1883.

Pierre Lallement en 1869.

Collections et musées

Musée des Beaux-Arts et d'Archéologie de Châlons-en-Champagne, France.

Musée Vélo-moto de Domazan, Château de Bosc, France

10

1868 – Le vélocipède à leviers de Claude Montagne

Le bicycle de M. Montagne.

« L'ancêtre de la bicyclette » – Vélocipède à leviers de Claude Montagne.
In Louis Baudry de Saunier, *Histoire générale de la vélocipédie*, Paris, Ollendorf, p. 99 ; *Le cyclisme théorique et pratique*, Paris, La Librairie illustrée, p. 108-109.

Le vélocipède de Claude Montagne, breveté en 1868[57], transmet le mouvement à la roue arrière par l'intermédiaire de leviers et de bielles. Selon Louis Baudry de Saunier, nous sommes ici en présence d'un véritable ancêtre de la bicyclette : « Messieurs, saluez ici la grand-mère de votre bicyclette[58]. »

Nous savons aujourd'hui que les tentatives antérieures d'application de mécanismes à leviers, les manumotives et les pédomotives, ont essentiellement concerné des tricycles et des quadricycles, tout comme par exemple le « vélocipède à trois roues, avec frein, leviers, arrêt excentrique » fabriqué par Benon en 1868[59]. La même année, l'ingénieux mécanisme de pédalage alternatif développé par Claude Montagne se retrouve, probablement pour la première fois, sur un vélocipède à deux roues.

Tout en restant marginales – car on en retrouve relativement peu dans les collections –, d'autres machines de la même veine et de la même époque nous sont également connues, par exemple : celle du Français Romain de Bray (1869), du constructeur Peyton & Peyton en Angleterre (1869)[60], et du Franco-Italien Viarengo de Forville, qui déposa un brevet en France. Baudry de Saunier mentionne même des systèmes de transmission similaires, placés sur

---

[57] Brevet 82.885, 1868, INPI.

[58] Louis Baudry de Saunier, *Histoire générale de la vélocipédie*, 1891, p. 99.

[59] Benon, *Origine du vélocipède*, Paris, 1868, p. 17.

[60] Voir Claude Reynaud, *Vélos de légende*, p. 88-91. L'observation plus attentive de ce vélocipède à leviers révèle un système à 9 vitesses (voir *infra*).

la roue avant, comme le vélocipède de Sargent, une inversion du bicycle de Montagne, dont la roue arrière était directrice. Ceux-ci réapparaîtront plus tard comme étant des premières tentatives de bicycles de sécurité[61]. *Le cyclisme théorique et pratique* cite aussi le bicycle à leviers de M. Gache et le « bicycle de vitesse »[62], à pédalier rotatif indépendant de l'axe de la roue avant.

Références

Louis Baudry de Saunier, *Histoire générale de la vélocipédie*, 1891.

Louis Baudry de Saunier, *Le cyclisme théorique et pratique*, 1892.

Benon, *Origine du vélocipède*, 1868.

Tony Hadland, Hans Lessing, *Bicycle Design*, 2014.

Claude Reynaud, *Vélos de légende*, 2013.

Jacques Seray, *Deux roues*, 2013.

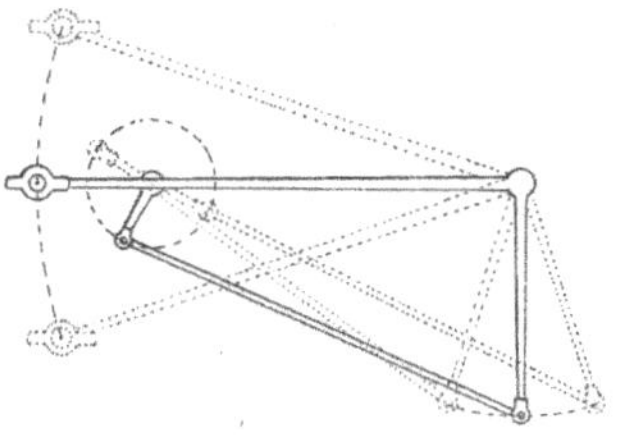

Mécanisme du bicycle de M. Montagne.

Mécanisme du bicycle de M. Montagne.
In *Le cyclisme théorique et pratique*, Paris, La Librairie illustrée, p. 108-109.

Bicycle Sargent. Dessin de Daniel Rebour. In *Le Cycle*, juin 1961.

[61] Voir 40. Le « Facile » de Ellis & Co.
[62] Louis Baudry de Saunier, *Le cyclisme théorique et pratique*, Paris, La Librairie illustrée, p. 100 et 107.

11

1868 – Le vélocipède Poncet et la jambe étrière Berruyer

Vélocipède équipé d'un « caducêtre » ou « jambe étrière de Berruyer ».
Vélocipède Poncet, ca. 1866 (*sic*).
In Jacques Ballif, *Exposition rétrospective du cycle au Salon de l'automobile, du cycle et des sports*, 1906.

« Enfin, le Véloce vient d'atteindre son âge viril. Il n'a plus besoin d'être soutenu par son cavalier, quand il est au repos. Il se tient debout tout seul et il se place en stature droite stable pour permettre à son cavalier de monter et de descendre. Ce progrès est la conséquence de nos jambes étrières, que la nécessité nous a fait trouver, qui sont tels que dorénavant le Véloce ne pourra pas être considéré comme complet, s'il n'est pas muni de cet appendice. [...] Pour monter : tenir le Véloce droit, serrer le frein, abattre le pied de l'étrier à terre et enfourcher comme pour monter à cheval... » (A. Berruyer, *Manuel du véloceman*, 1869, p. 19 et 55).

Parmi les nombreuses marques de vélocipèdes produits artisanalement avant la guerre de 1870, ce vélocipède à corps droit et de marque Poncet date probablement de 1868 ou de 1869. La « jambe étrière » brevetée en 1868 par l'architecte Alfred Berruyer –fabricant à Grenoble et précurseur des pistes cyclables – est décrite en 1869 dans son *Caducêtres ou jambes étrières pour vélocipède*, et dans son *Manuel du véloceman*[63], parmi les premiers ouvrages traitant de vélocipédie. Ce dispositif, adaptable à tous les vélocipèdes, permet de monter et de descendre de machine tout en étant à l'arrêt, et de faire stationner le vélocipède sans devoir rechercher un appui.

Rappelons que les vélocipèdes de type Michaux à corps ondulé, dits de première génération, ressemblaient encore à la draisienne. Ils étaient suffisamment bas que pour laisser aux pieds du cavalier la possibilité d'atteindre le sol. Les vélocipèdes à corps droit de la seconde génération présentaient des roues plus grandes, de sorte que le cavalier se trouvait plus en hauteur, ce qui nécessitait un apprentissage.

Plusieurs brevets de stabilisateurs pour une aide au démarrage furent déposés en France avant 1870, mais il faudra cependant attendre 1869 pour que le marchepied fixé au vélocipède apparaisse et se généralise. Il sera alors affermi au cadre ou au moyeu arrière, généralement du côté gauche.

L'exemplaire de Poncet, exposé à Paris en 1906, est actuellement conservé au Musée des Arts et Métiers à Paris, mais Cadot, fabricant à Lyon, semble avoir été, dès 1868, le premier à utiliser le marchepied. Le vélocipède Poncet est aussi muni d'un frein commandé par la rotation du guidon, qui diffère cependant de celui trouvé sur les vélocipèdes Michaux et de la Compagnie parisienne.

Références

Jacques Ballif, Jacques Ballif, *Exposition rétrospective du cycle au Salon de l'automobile, du cycle et des sports*, 1906.

Alfred Berruyer, *Manuel du véloceman*, 1869.

Alfred Berruyer, *Caducêtres ou jambes étrières pour vélocipède*, Grenoble, F. Allier, 1869.

Nadine Besse, Anne Henry, *Le vélocipède objet de modernité*, 2008.

Tony Hadland, Hans Lessing, *Bicycle Design*, 2014.

Keizo Kobayashi, *Histoire du vélocipède de Drais à Michaux 1817-1870 : mythes et réalités*, 1990.

[63] Alfred Berruyer, *Manuel du vélocemen : notice, système, nomenclature, pratique, art et avenir des vélocipèdes*, Grenoble, Typographie de F. Allier, 1869, 84 p. ; *Caducêtre ou jambe étrière pour vélocipède*, Grenoble, F. Allier, 1869, 8 p.

La jambe étrière de A. Beruyer.
In Alfred Berruyer, *Manuel du véloceman*, Grenoble, Allier Frères et Fils, 1869, p. 41.

Collections et musées

Musée des Arts et Métiers, inv. 14.065, Paris.

12

1868 – Le vélocipède à corps droit de Michaux et Cie

La première entreprise industrielle de vélocipèdes en France. Vélocipède à pédales. Catalogue illustré de la maison Michaux et C°, après l'association entre Michaux et les Frères Olivier, 1868. Bibliothèque du Tourisme et des Voyages, Paris.

Dans le milieu des années 1860, les frères Olivier, Aimé (1840-1919) et René (1843-1875), originaires d'Avignon, sont étudiants à l'École Centrale des Arts et Manufactures à Paris, aussi connue sous le nom d'École Centrale, d'où ils sortent respectivement en 1864 et en 1866. Ces fils issus d'une famille d'industriels de la chimie, installée près d'Avignon, y découvrent Pierre Michaux et son vélocipède. Ces futurs ingénieurs disposent de moyens financiers. Sportifs accomplis, ils vont s'intéresser de près à cette machine, et auront la volonté de contribuer à son développement. Avant de se lancer dans une telle aventure, il fallait en tester l'efficacité. En 1865, ils se lancent avec un de leurs amis, le centralien et futur associé George de La Bouglisse (1842-

1907), dans un voyage de Paris à Avignon, réputé comme étant la première expédition cyclotouriste de l'histoire[64].

Diplômés, c'est en 1868 que les Olivier vont officiellement s'associer à Pierre Michaux et créer la société Michaux & Cie. Un an plus tard, le désaccord entre les deux parties donnera naissance à la Compagnie parisienne, la plus importante manufacture de cycles de l'époque : 150 ouvriers et un grand nombre de forges… Sa prospérité sera brève : l'engouement initial pour le vélocipède se tarit dès la fin de l'année 1869 et le conflit qui débute en juillet 1870 lui portera le coup fatal. Durant cette guerre, les locaux et les installations des Oliviers seront bombardés et mis à disposition de l'armée française. À l'issue des hostilités franco-allemandes, les Olivier quitteront le secteur. Entre-temps, Pierre Michaux avait volé de ses propres ailes, sous une nouvelle raison sociale, « Michaux père et Cie », et le non-respect des termes du contrat de rupture avec les Olivier, lui vaudra un procès. Reconnu fautif, il sera condamné par le tribunal à une forte amende et terminera, après sa faillite, totalement ruiné.

L'outil de production de vélocipèdes élaboré par l'association Michaux et Cie et ensuite par la Compagnie Parisienne, avait été scientifiquement étudié et rationalisé. Dès leur rencontre avec Michaux, les frères Olivier avaient apporté de nombreux perfectionnements : comme le cadre droit et le frein mouflé (ou frein à moufle). Avec ces modifications, l'aspect général des vélocipèdes dégagera une impression de plus grande finesse et de plus de légèreté. D'autres inventeurs seront aussi actifs et d'importants perfectionnements ne tarderont pas à voir le jour : le corps creux, le rayonnage métallique, la jante (pleine puis creuse) et le bandage caoutchouc. Si on améliore déjà sensiblement le confort de l'utilisateur, il faudra tout de même encore attendre l'arrivée des bicyclettes à chaîne en1885, et résoudre quantité d'autres problèmes, avant que le vélo se répande plus largement comme moyen de locomotion autonome utilisable par tous. L'ère du grand bi sera une voie sans issue, mais assurera avec le tricycle la transition entre le vélocipède et la bicyclette. Le poids des machines, l'inconfort des trépidations de la route et l'insécurité ont été des entraves à la franche expansion de la vélocipédie. Quant au prix, le problème se résoudra de lui-même dès lors que les usines de cycles pourront, pour satisfaire à une demande croissante, compter sur des moyens de production de plus en plus rationalisés.

---

[64] Pour commémorer le 150e anniversaire de ce voyage, la conférence de l'ICHC de 2015 fut organisée à Entraigues-sur-la-Sorgues, localité proche d'Avignon et de l'ancien site industriel de la famille Olivier.

Références

Jacques Ballif, *Exposition rétrospective du cycle au Salon de l'automobile, du cycle et des sports*, 1906.

Catalogue Michaux, 1868.

Keizo Kobayashi, *Histoire du vélocipède de Drais à Michaux 1817-1870 : mythes et réalités*, 1990.

Le Centaure, septembre 1868.

Vélocipède Michaux de la Compagnie parisienne, 1868 (1869). Corps droit, rayons directs, jantes en fer, caoutchoucs pleins.
In Jacques Ballif, *Exposition rétrospective du cycle au Salon de l'automobile, du cycle et des sports*, 1906, n° 15.

Collections et musées

CNAM, Paris, France - inv. 14.064.

MAI, Saint-Étienne, France.

Velorama, Nimègue, Pays-Bas

13

1868 – Le véloce à bandages caoutchouc de Clément Ader

Premiers bandages en caoutchouc plein – premier corps creux, formé de bandes de tôles soudées – fourches creuses – premiers cale-pieds – graisseurs hermétiques à siphon – galets antifriction sur le moyeu de la roue avant.

Vélocipède Ader, ca. 1868.
In *Exposition rétrospective du cycle au Salon de l'automobile, du cycle et des sports*, Paris, décembre 1906, n° 12.

Ce vélocipède de Clément Ader, produit vers 1868, fut montré lors de l'exposition du cycle, organisée par le Touring-Club de France à Paris en 1906, pour laquelle le Conservatoire national des Arts et Métiers avait consenti un prêt au Salon de l'automobile, du cycle et des Sports. C'est ainsi qu'on en retrouve la photographie dans l'album offert par Jacques Ballif, secrétaire à la rédaction de la *Revue mensuelle du TCF*, à la bibliothèque du Touring-Club de France. Cette dernière rassemblait une imposante collection de littérature vélocipédique, qui fut transférée à la Bibliothèque du tourisme et des voyages (Bibliothèque Germaine Tillon) suite à l'arrêt de l'association en 1983.

Cette machine représente pour l'époque d'avant 1870 une réalisation particulièrement bien conçue. Elle se montre comme étant la première à être dotée de bandages en caoutchouc vulcanisé, un concept novateur qui évoluera vers le caoutchouc creux (Hutchinson dès 1872) et le pneumatique gonflable

(Dunlop dès 1888). Clément Ader était un esprit prolifique, et son « véloce-caoutchouc » ne sera pas la moindre de ses inventions : on mentionnera sur ce vélocipède un ensemble de particularités originales, qui en font une machine déjà en avance sur son temps : un cadre creux allégé, composé de bandes de tôle soudées entre elles ; des fourreaux de fourches creux ; une roue avant surdimensionnée, comme celle des futurs vélocipèdes de transition ; une longueur réglable des manivelles ; des cale-pieds ; des graisseurs hermétiques à siphon sur le moyeu de la roue motrice ; un dispositif anti friction à galets pour réduire les frottements dans ce même moyeu. Ader était issu d'une famille versée dans la menuiserie, ce qui nous explique pourquoi les rayons de notre exemplaire sont si savamment agencés.

Ce vélocipède, proposé à la vente en un modèle unique, produit loin de Paris, était distribué par correspondance. Il fut utilisé en course par son concepteur et rencontra un certain succès dans la région toulousaine dont Ader était originaire. Cet exemplaire fut offert au CNAM par le fabricant en 1893.

Avant de s'envoler vers d'autres horizons, l'ingénieur français Clément Ader (1841-1925) a bâti l'essentiel de sa fortune dans l'exploitation commerciale de la téléphonie naissante et l'invention du « théâtrophone »[65]. Si notre homme a gravé son nom dans l'histoire des débuts de l'aéronautique[66], on s'en souvient moins bien de nos jours pour l'empreinte qu'il laissa dans le monde de la vélocipédie. C'est en se rendant à Paris pour visiter l'Exposition universelle de 1867, qu'il découvrit le vélocipède. Séduit, il en fit l'acquisition et rentra dans sa bonne ville de Muret, en Haute-Garonne, pour ouvrir son propre atelier de fabrication de cycles. Ses modèles étaient bien naturellement inspirés de ceux de Michaux. Il en pressentit très vite les principales faiblesses et entreprit d'indispensables améliorations.

Pour remédier à l'inconfort, Clément Ader sera le premier à remplacer le bandage métallique des roues du vélocipède par un cercle de caoutchouc plein. Il était de section angulaire et encastré dans une rainure aménagée dans la jante en bois. Suite à une demande déposée à la fin de l'année 1868[67], un brevet lui sera délivré l'année suivante. Par la suite, on retrouvera la trace du

---

[65] En 1880, Ader crée la Compagnie générale des téléphones de Paris, qui déploie le premier réseau téléphonique de la capitale. Le « théâtrophone » est un procédé créé par le même Ader en 1881, qui permettait grâce à ce réseau d'écouter l'Opéra Garnier de chez soi. Il s'étendra à d'autres scènes, mais fut freiné par des problèmes de droits d'auteur. Par l'usage collectif du téléphone, le théâtrophone représente la première forme de diffusion culturelle, qui perdurera jusqu'à l'arrivée de la radio.

[66] On se rappellera que les frères Orville (1871-1948) et Wilbur (1867-1912) Wright avaient, avant de devenir les pionniers américains de l'aviation, débuté leur carrière dans un atelier de bicyclettes, à Dayton dans l'Ohio.

[67] INPI, dépôt 83.112 du 24.11.1868.

constructeur Ader au travers d'annonces publicitaires parues dans *Le Vélocipède illustré* de Richard Lesclide. Elles seront publiées jusqu'à l'éclatement du conflit franco-prussien en 1870, circonstance qui mit un point final à son activité de vélociste.

Ader faisait confectionner ses bandages en caoutchouc à Paris, ce qui favorisa la propagation de son idée, vite reprise par les Jacquier et autres constructeurs. Le prolifique ingénieur laissa une autre trace à la postérité, celle du cadre creux, adopté ensuite sous forme de tubes par le constructeur Meyer, une conception bien plus légère que le corps plein des Michaux et de la Compagnie parisienne des Frères Olivier.

Références

Jacques Ballif, *Exposition rétrospective du cycle au Salon de l'automobile, du cycle et des sports*, 1906.

Nadine Besse, *Le vélocipède objet de modernité*, 2008.

CNAM, *Catalogue du musée*, Section DA, Transports sur route, 1953.

CNAM, *Jeux de vélos*, 1992.

Claude Reynaud, *Vélos de légende*, 2013.

Jacques Seray, *Deux roues*, 2013.

Le Vélocipède illustré.

Vélocipède Ader, ca. 1868, CNAM, inv. 12525-0001. Don de M. Ader en 1893.

Collections et musées

Collections : CNAM, Paris, France, inv. 12525.

14

1868 – Le tricycle « La Parisienne »

Véhicule de promenade, à leviers et direction par un « dirigeoir » terminé par une poignée. « La Parisienne », fabricant inconnu, France, ca. 1869.
National Fietsmuseum Velorama, Nimègue, Pays-Bas.
Photo G. De Smaele, 2017.

Vers la fin des années 1870, le succès remporté par le vélocipède inspira aux fabricants de proposer des véhicules à trois et à quatre roues. Le modèle qui semble avoir remporté le plus de succès est un tricycle à leviers, appelé « La Parisienne ». Il eut principalement la faveur de la gent féminine. Le siège et la transmission convenaient particulièrement aux vêtements des élégantes, qui se promenaient dans les parcs.

Plusieurs exemplaires de la « Parisienne » se trouvent conservés au National Fietsmuseum Velorama de Nimègue, ainsi qu'un autre au musée de Domazan[68]. Sur certains modèles, un long levier, qui nous rappelle les pédo-

---

[68] Voir Claude Reynaud, *Vélos de légende*, 2013, p. 60-61.

manumotives déjà connues dans les années 1850, agissait sur le vilebrequin, tandis que l'autre main maintenait le dirigeoir, une tige terminée par une poignée, que l'on nommait aussi « queue de vache ».

Références

Claude Reynaud, *Vélos de légende*, 2013.

Nouveau steeple-chase. Lithographie de A. Morlon.
Musée de la Voiture, Compiègne. Inv. MV1316.

Collections et musées

Coll. Claude Reynaud, Domazan, France.

Musée de la voiture, Compiègne, France.

Velorama, Nimègue, Pays-Bas.

15

1868 – Le pédalier à chaîne de Charles Desnos-Gardissal

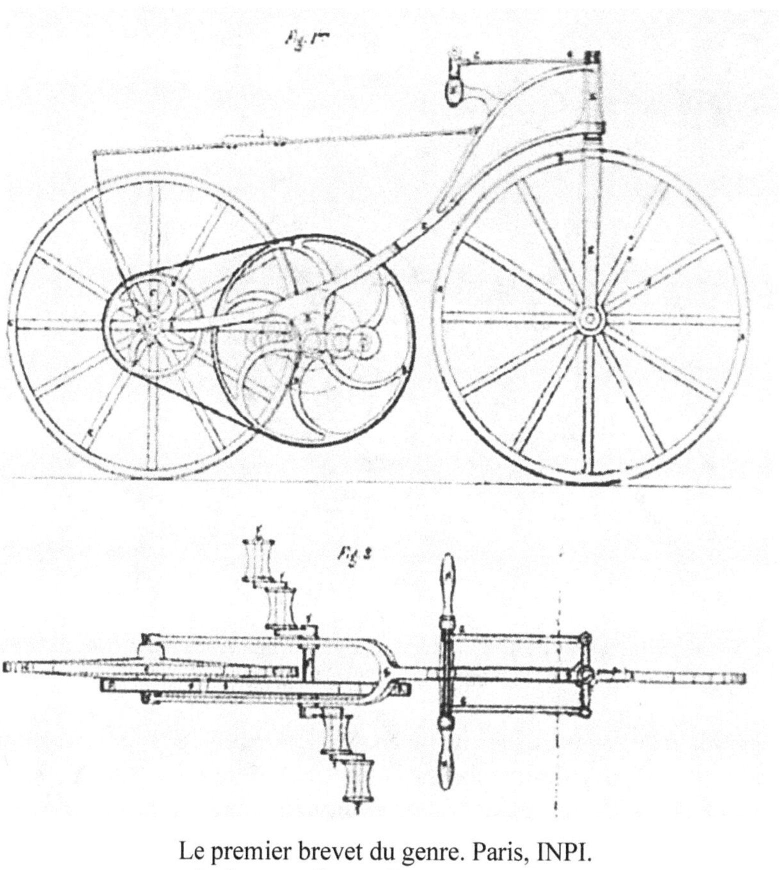

Le premier brevet du genre. Paris, INPI.
In Jacques Seray, *Deux roues*, 2013.

L'historien Jacques Seray a établi une coïncidence, un lien entre Desnos-Gardissal et Eugène Meyer[69].

[69] Jacques Seray, *Deux roues*, 2013, p. 102.

16

1869 – Le vélocipède de Pickering & Davis

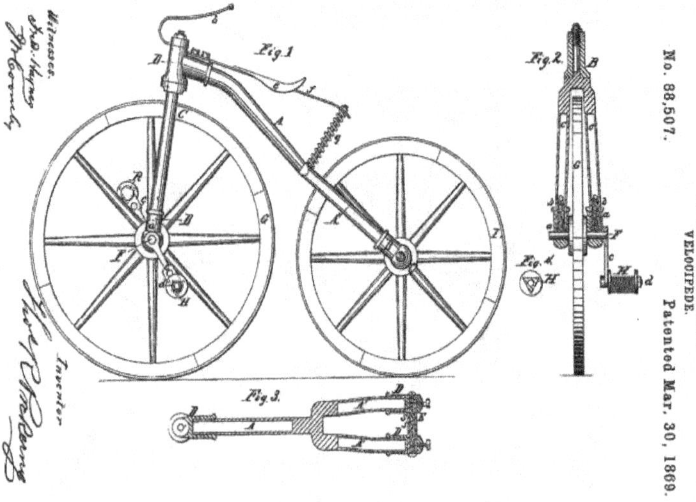

Les vélocipèdes à suspension. Vélocipède Pickering & Davis, brevet de1869.
US Patent Office, V-C C Library.

L'ingénieur Thomas Pickering, né en Angleterre en 1831, personnalité bien connue dans le monde des machines à vapeur, émigra tôt à New York, pour y devenir, en 1868, le premier fabricant d'un vélocipède dont le cadre était un tube creux. Les fourches l'étaient aussi et contenaient une réserve d'huile destinée à lubrifier l'axe des roues. En 1869, ce vélocipède sera exporté des États-Unis vers l'Angleterre, sous le nom de « American velocipede ». La selle était montée sur un ressort amortisseur à boudin, faisant en réalité partie du fonctionnement d'un frein. C'est en poussant de son poids sur la selle qu'un patin venait s'appliquer sur le bandage de la roue arrière. Bien que le Pickering jouissait d'une excellente réputation, ce système peu opérant fut aussitôt remplacé, en Angleterre, par un frein de type Michaux, actionné par l'intermédiaire d'une corde tendue par la rotation du gouvernail. Contrairement aux vélocipèdes de Michaux, les composants du Pickering & Davis étaient interchangeables.

Seuls neuf exemplaires du Pickering & Davis seraient encore connus de nos jours, dont un conservé au Musée National des Arts et Métiers à Paris.

Avant 1870, le vélocipède, que les Anglais nommaient aussi « velocipede », devint vite un « boneshaker ». Le « secoueur d'os » présentait manifestement un défaut majeur, celui de transmettre dans les bras du cavalier les secousses et trépidations causées par les irrégularités du sol. Pour y remédier, toute une série de brevets fut déposée. Sur les vélocipèdes Michaux à corps droit, la selle était fixée sur une lame métallique faisant ressort. Certains modèles de la Compagnie Parisienne furent aussi équipés de poignées en caoutchouc, voire d'un gouvernail amortisseur de chocs. Avant même que n'apparaissent les rayons métalliques (en suspension), des ressorts en lames d'acier, placés sous l'axe de la roue avant, eurent leurs partisans, tandis que d'autres utilisaient des systèmes de suspension à ressorts logés dans les pattes de la fourche, ou directement dans la douille de direction. Bien que les grandes roues soient de ce point de vue jugées très confortables, le grand bi aura lui aussi occasionnellement recours à ce dernier procédé.

Le manque d'amortissement des chocs et des trépidations constituait un réel frein à l'expansion du vélocipède et même plus tard de la bicyclette. Jusqu'à l'apparition du bandage pneumatique de Dunlop, le problème restera une importante préoccupation pour les constructeurs. Caoutchoucs pleins, suspensions, rayons métalliques, ressorts et autres cadres articulés… furent autant de réponses apportées à cette question.

Références

L'épopée fantastique, 2016.

Jeux de vélos, 1992.

Grace Guide to the British Industrial History – website.

Tony Hadland, Hans Lessing, *Bicycle Design*, 2014.

Keizo Kobayashi, *Histoire du vélocipède de Drais à Michaux 1817-1870 : mythes et réalités*, 1990.

Claude Reynaud, *Vélos de légende*, 2013.

J.T. Goddard, *The Velocipede, Its History, Varieties and Practice*, 1869.

Vélocipède Pickering & Davis. Coll. Velorama, Nimègue, Pays-Bas.

Suspension par lames de ressorts. Coll. MAI, Saint-Étienne.
Photo : G. De Smaele, 2014.

Collections et musées

CNAM, Paris, France - Inv. 18.806.

MAI, Saint-Étienne, France - vélocipède E. Defeutrelle.

Palais de Compiègne, France - vélocipède Benon, ancienne coll. Reynaud.

Velorama, Nimègue, Pays-Bas.

17

1868 – Le vélocipède à chaîne de Meyer-Guilmet

Vélocipède Meyer-Guilmet, ca. 1868.
In Jacques Ballif, *Exposition rétrospective du cycle au Salon de l'automobile, du cycle et des sports*, 1906, n° 15.

De 1868 à 1870, les brevets concernant le vélocipède furent nombreux, allant du monocycle au quadricycle, en passant par les vélocipèdes aquatiques, à glace, à voile… et ceci tant en France qu'en Grande-Bretagne et aux États-Unis d'Amérique. On y retrouve tous les mécanismes de transmission : par leviers, par engrenages, par courroie, par chaîne. La plupart ne dépassèrent cependant pas le stade de la planche à dessin. L'enjeu de la machine ici présente est de taille, car si elle s'avérait correctement datée, elle serait la toute première bicyclette à transmission par chaîne à avoir réellement existé et roulé sur le sol de notre planète.

En France, des recherches sur la transmission par chaîne ou par courroie ont commencé très tôt. On explora cette voie dès 1868, comme le montre un brevet de Charles Desnos-Gardissal daté d'octobre de cette même année[70]. Dans sa thèse, Keizo Kobayashi (EPHE, 1990) évoque d'autres inventeurs ayant travaillé sur ce même principe : Charles Dubos (bi-vélocipède à plusieurs places, 1868[71]), Mougeol (vélocipède à chaîne et stabilisateur, 1869[72]), Emile Viarengo de Forville (vélocipède bi-chaîne, 1874[73]), Louis Mazas (vélocipède tricycle dont une des roues est un énorme pédalier, 1875[74]). Les chaînes de l'époque devaient encore être améliorées en vue de pouvoir supporter une force plus importante, ce qui expliquerait notamment le peu de succès de ces prototypes.

Après 1870, tandis que les Frères Olivier abandonnent la production de vélocipèdes, l'Angleterre va ravir la suprématie de la France et créer une florissante industrie vélocipédique. Coventry, Londres, Wolverhampton et Nottingham deviendront les grands centres de production, remarquables tant par la qualité de leurs produits que par l'ingéniosité de leurs innovations. Il est communément admis par les historiens que la bicyclette à chaîne de l'Anglais Lawson, brevetée en 1879[75], et présentée au salon de 1880, est bien celle qui servira de point de départ à la conception de la Rover, la première bicyclette commercialisée à partir de 1885 par les Anglais John Kemp Starley[76] et William Sutton. Cette transmission par chaîne de la force à la roue arrière représente un jalon primordial de l'histoire du cycle, une étape décisive pour sortir de l'impasse du grand bi et libérer la diffusion du vélo, efficacité pouvant maintenant rimer avec sécurité.

La bicyclette à chaîne dite « Meyer-Guilmet », conservée à Paris au Conservatoire national des Arts et Métiers, est datée sur son cartel de 1869. Avant d'entrer au musée en 1907, elle apparut pour la toute première fois à l'exposition rétrospective du cycle organisée à Paris par le TCF en 1906, et aurait été réalisée par le fin vélociste Eugène Meyer (1844-1907), sur les recommandations de l'horloger Guilmet. L'exécution grossière de ce prototype – d'ailleurs inutilisable – ne rappelle en rien l'excellente facture qui

---

[70] Brevet n° 82.082, 23 octobre 1868, INPI. Voir 15. Le pédalier à chaîne de Charles Desnos-Gardissal.
[71] Brevet n° 80.106, 8 avril 1868, INPI.
[72] Brevet n° 86.676, 2 août 1869, INPI.
[73] Brevet n° 101.848, 10 janvier 1874, INPI. On notera aussi un premier brevet en 1871, non repris par Kobayashi.
[74] Brevet n° 110.680, 15 décembre 1875, INPI.
[75] Brevet n° 3934, 30 septembre 1879, INPI.
[76] John Kemp Starley (1855-1901). Il était le neveu de John Starley (1831-1881), pionnier et père de l'industrie du cycle en Angleterre.

caractérise les productions de Meyer. Seuls les moyeux portent la marque « Meyer et Cie », société formée en 1869. Par comparaison avec d'autres vélocipèdes de cette époque, d'autres éléments pourraient éventuellement aussi lui être attribués, mais le cadre semble plein, alors que Meyer avait en 1869 commencé à utiliser des tubes creux ! D'éminents experts se sont penchés sur cette machine[77]. D'aucuns pensent à un montage de circonstance pour l'exposition de 1906 (Kobayashi, 1990), tandis que les conclusions de Nick Clayton, qui furent exposées à la première conférence de l'ICHC à Glasgow en 1989, et l'argumentation de Jacques Seray (*Deux Roues*, 1988 et 2013), s'orientent dans le sens d'une machine construite par Meyer avant 1870. Finalement, les incertitudes liées à sa provenance et la facture hétérogène de l'ensemble divisent encore aujourd'hui les experts sur son authenticité et sa datation. Cette interrogation est encore un sujet de désaccord entre partisans et opposants de l'attribution de cette bicyclette à Meyer en 1869. Selon Claude Reynaud, l'analyse la plus récente des soudures du cadre laisserait aussi penser à un montage plus tardif, d'après 1892[78]...

Si la question peut encore être approfondie, il n'en demeure pas moins que cet exemple ne représente pas la première application de la chaîne à la bicyclette, mais tout au plus une des nombreuses tentatives anciennes, laissées sans suite, de la transmission par chaîne à la roue arrière. Nous sommes une fois de plus dans une bataille d'historiens : avec cette machine, les Français auraient-ils tenté une ultime tentative de devancer les Anglais ?

La bicyclette Meyer-Guilmet est un bel exemple de l'importance des enjeux de la restauration des objets appartenant au patrimoine historique, dont les principes fondamentaux doivent toujours rester présents à l'esprit : n'entreprendre aucune opération irréversible, éviter les interventions qui pourraient nuire aux recherches futures, consigner un dossier des actions engagées... Conjointement à la conservation préventive, les restaurations ont pour but la conservation des objets. L'approche de leur matérialité doit soutenir la recherche historique, dans le champ de la datation et de l'attribution des objets matériels, tandis que les méthodes d'investigation scientifique actuelles permettent de mieux comprendre les œuvres. On sera facilement tenté de « refaire » un vélo ancien : décaper, repeindre, reconstituer, mais dans le cas des machines historiques, les motivations d'ordre purement esthétique, voire économique, peuvent conduire à de regrettables pertes d'informations. La prudence reste de mise, sans oublier que nous ne sommes peut-être pas encore conscients d'indices qui seront pris en compte dans le futur.

---

[77] Jacques Seray, Keizo Kobayashi, Nick Clayton.

[78] Tony Hadland, Hans Lessing, *Bicycle Design*, 2014, p. 76.

Références

Horace Bartleet, *Bartleet Bicycle Book*, 1931.

Catherine Berto-Lavenir, *Voyage à vélo*, 2011.

Bonneville, *Le vélo « fils de France »*, 1938.

Catalogue du Conservatoire national des Arts et Métiers, Section DA, Transport sur route, 1953.

Tony Hadland, Hans Lessing, *Bicycle Design*, 2014.

Keizo Kobayashi, *Histoire du vélocipède de Drais à Michaux 1817-1870 : mythes et réalités*, 1990.

Gérard Salmon, « Note sur Meyer-Guilmet : expertise », *La Vélocythèque*,

Seray, *Deux roues*, 2013.

L'Auto, 8 octobre 1906 (avec son propriétaire Leviel).

Nick Clayton, « La bicyclette Meyer-Guilmet », ICHC, 1990.

Revue du TCF, décembre 1906.

Bicyclette Meyer-Guilmet. Conservatoire des Arts et Métiers, Paris, inv. 14.014.

Collections et musées

CNAM, Paris, France – inv. 14.014.

18

1869 – Le vélocipède de Jules-Pierre Suriray

Vélocipède Suriray, ca. 1869. Vélocipède de transition[79] avec grande roue motrice, bandages caoutchouc, moyeux à billes et à rochet.
In Jacques Ballif, *Exposition rétrospective du cycle au Salon de l'automobile, du cycle et des sports*, 1906, n° 16.

Les vélocipèdes relativement fins et légers sont des machines destinées aux courses. C'est dans cette optique que l'artisan parisien Jules-Pierre Suriray eut l'idée de monter des roulements à billes sur les moyeux. Même s'ils furent considérablement améliorés par la suite, l'innovation de Suriray représentera une grande avancée technologique pour l'époque. Le vélocipède de James Moore, probablement fabriqué par Tribout, et sur lequel il remportera la première grande course cycliste courue de ville à ville, de Paris à Rouen, organisée en novembre 1869[80], était équipé de moyeux Suriray, fraîchement brevetés en août de la même année.

---

[79] Voir 24. Le bicycle « Ariel » de James Starley et William Hillman.
[80] Bien que d'aucuns le considèrent comme une randonnée, notons que la Paris-Versailles fut organisée en 1867 et rééditée en 2017 pour commémorer son 200e anniversaire. (Divers liens sont à rechercher sur Internet.)

Les vélocipèdes de Suriray sont généralement montés sur roues libres, ce qui n'est cependant pas le cas de l'exemplaire conservé au CNAM à Paris.

Références

Jacques Ballif, *Album de l'Exposition rétrospective du cycle au Salon de l'automobile, du cycle et des sports*, 1906.

Nadine Besse, *Le vélocipède objet de modernité*, 2008.

CNAM, *Catalogue du musée*, Section DA, Transports sur route, 1953.

L'épopée fantastique, 2016.

René Geslin, *Paris-Rouen*, 1969.

Tony Hadland, Hans Lessing, *Bicycle Design*, 2014.

Keizo Kobayashi, *Histoire du vélocipède de Drais à Michaux 1817-1870 : mythes et réalités*, 1990.

Jacques Seray, *Deux roues*, 2013.

Le Vélocipède illustré.

Vélocipède Suriray conservé au CNAM, Paris, inv. 14.016.

Collections et musées

CNAM, Paris, France – inv. 14.016.

Palais impérial, Compiègne, France – provenance Coll. Reynaud.

19

1869 – Barberon et Meunier : « le véloce à double marche »

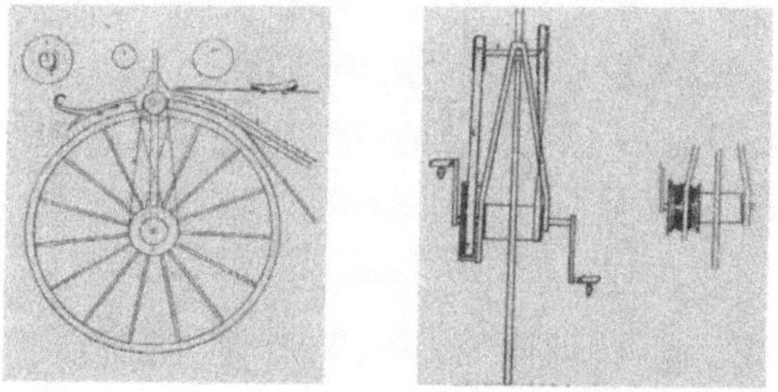

Brevet du véloce à double marche de Barberon et Meunier, 1869.
In Raymond Henry, *Du vélocipède au dérailleur moderne*, 2003, p. 19.

Alors que la roue libre et le roulement à billes étaient déjà connus depuis longtemps, les inventeurs et les fabricants vont les appliquer au vélocipède. En plus de ces deux dispositifs, le moyeu pouvait encore être amélioré par l'ajout d'un troisième mécanisme : celui de la multiplication. Pour augmenter la distance parcourue par coup de pédale, on chercha à faire tourner la roue à une cadence plus rapide que celle du pédalage. Ainsi, de nombreuses demandes de brevets furent déposées avant 1870. De plus, la notion de changement de vitesse naissait, mais l'application de ce concept mit beaucoup plus de temps à prendre place, laissant l'évolution du vélocipède s'engager dans la voie du grand bi.

Pour aborder autant le plat que la montée, le besoin de pouvoir disposer de développements adaptés au profil de la route s'est tout de suite fait sentir. Le vélocipède ne se fait vraiment connaître et ne se répand qu'à partir de 1868. Cette même année, deux demandes de brevets pour des changements de vitesse sont déjà introduites par Constant Hazard et par Charles Dubos (mais ici pour un tandem tricycle aménageable pour plusieurs personnes)[81]. Des prototypes ont probablement existé et été expérimentés. Cependant, en dehors de ces brevets, nous ne possédons aucune trace de leur diffusion commerciale. L'année suivante apparut le vélocipède à deux vitesses de Barberon et Meunier. Ce « véloce à double marche » a quant à lui véritablement été commercialisé. Nous en tenons la preuve de par le témoignage d'un

[81] Raymond Henry, *Du vélocipède au dérailleur moderne*, 2003, p. 18-19.

utilisateur, un certain Dr Matthieu, publié bien plus tard à travers la revue *Le Cycliste*[82], éditée par Paul de Vivie, le personnage qui deviendra l'ardent défenseur de la polymultiplication dans le milieu des cyclotouristes.

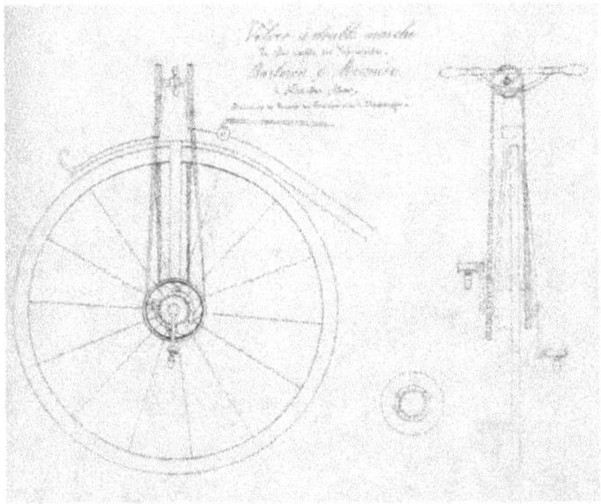

Feuillet publicitaire.
In Nadine Besse et Anne Henry, *Le vélocipède objet de modernité*, 2008, p. 117 ; Tony Hadland et Hans Lessing, *Bicycle Design*, 2014, p. 232.

Le premier brevet déposé en août 1869 par Barberon et Meunier, établis à Nérondes, une petite localité dans le Cher, ne fait pas encore appel à la transmission par chaîne, mais à une courroie en cuir, un procédé déjà appliqué aux machines-outils de l'époque.

Ce brevet fait état de deux poulies de diamètres différents, montées chacune sur un rochet (une roue libre), fixées de part et d'autre de l'axe de la roue motrice du vélocipède. Elles sont chacune reliées par une courroie à deux autres poulies solidaires d'un même axe, et placées de part et d'autre de la fourche. D'un côté, cette courroie est croisée, et on change tout simplement de développement en rétropédalant. En pédalage en avant, on est en prise directe sur l'axe de la roue motrice, et la petite poulie tourne en roue libre. Le développement correspond alors à la circonférence de la roue, ce qui est adapté à une route qui monte. En rétropédalage, la grande poulie entraînera la plus petite dans le sens de la marche. Le développement est alors double du premier, ce qui conviendra pour le plat.

Le feuillet publicitaire du même fabricant offre une variante plus simple de ce système. Elle utilise les mêmes poulies et roues libres au moyeu, mais ici la courroie court d'un côté à l'autre du vélocipède, en passant par dessus deux poulies folles montées sur un axe perpendiculaire au guidon. On change

[82] *Ibid.*, p. 19 ; *Le Cycliste*, mars 1919.

également de vitesse en rétropédalant. Tout ceci n'est pas très compliqué, mais, comme pour l'œuf de Colomb, il suffisait d'y penser.

Un additif du 11 octobre 1869 décrit un mécanisme fonctionnant par déplacement d'une courroie ou d'une chaîne sur trois jeux de disques lisses ou dentés. Un autre additif datant de janvier 1870 revient au principe du rétro-direct, et comporte deux roues d'engrenage et une courte chaîne pour inverser le mouvement, tandis qu'un additif intermédiaire, datant du 30 octobre 1869, anticipe déjà les moyeux à engrenages. « Ainsi, toute l'histoire à venir des changements de vitesse se trouve préfigurée en un saisissant raccourci dans les brevets de 1869 et 1870 de Barberon et Meunier[83]. » L'idée du rétropédalage resurgira bien des années plus tard avec la « rétro-directe », répandue et défendue par ses adeptes dans le premier tiers du XXe siècle[84].

Références

Frank Berto, *The Dancing Chain*, 2009.

Nadine Besse, Anne Henry, *Le vélocipède objet de modernité*, 2008.

Tony Hadland, Hans Lessing, *Bicycle Design*, 2014.

Keizo Kobayashi, *Histoire du vélocipède de Drais à Michaux 1817-1870 : mythes et réalités*, 1990.

Raymond Henry, *Du vélocipède au dérailleur moderne*, 2003.

Le Vélocipède illustré.

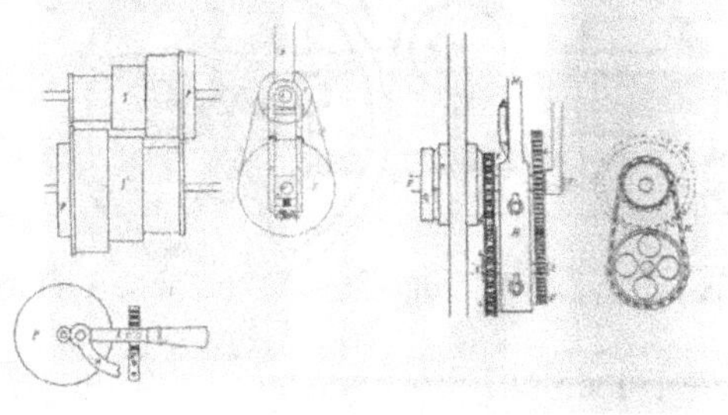

Additifs au brevet de Barberon et Meunier, INPI, 1869 et 1870.
In Raymond Henry, *Du vélocipède au dérailleur moderne*, p. 20 ; Tony Hadland et Hans Lessing, *Bicycle Design*, 2014, p. 232.

[83] *Ibid*, p. 20.
[84] Voir 87. La « Rétro-directe » Hirondelle.

20

1869 – La bicyclette Peyton & Peyton

Publicité pour le Peyton & Peyton, 1869. Vélocipède à leviers, à 9 vitesses.

Le brevet de ce vélocipède fut cédé en 1869 par Bourne à Peyton & Peyton, et sera fabriqué par la Bordesley Works, une fabrique anglaise située à Birmingham. Avec sa transmission à la roue arrière, il n'est cependant pas, à proprement parler, un vélocipède. On notera que le catalogue de la firme n'insiste pas sur le fait que son « improved bicycle » présente en fait 9 vitesses ou réglages du développement. Le catalogue mentionne aussi qu'avec ce système, on ne risque pas de se blesser au contact de la roue avant, un problème résolu par ailleurs par le vélocipède Phantom[85].

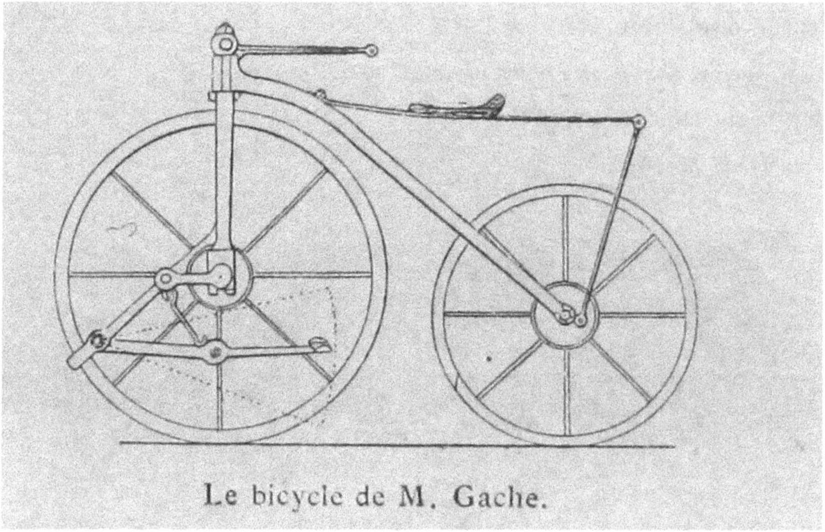

Le bicycle de M. Gache, 1869. Transfert du même système à la roue avant.
In Louis Baudry de Saunier, *Histoire générale de la vélocipédie*, p. 83.

Les leviers et les bielles sont perforés en trois points, ce qui permet de configurer 9 vitesses, par simple modification des bras de leviers, ce que rappelleront, trois décennies plus tard, la Svéa et la Lévocyclette Terrot[86].

Le bicycle de M. Gache, dont l'*Histoire générale de la vélocipédie* de Baudry de Saunier fait état, applique le système de leviers à la roue avant du bicycle. L'auteur le ramène à 1869, et justifie ce mécanisme par une meilleure position des pédales. Faute de pouvoir asseoir la selle au sommet de la roue, les pédales sont placées sous la selle. Elles seront alors déportées plus en arrière[87]. De la sorte, le cycliste peut mieux se servir de son poids, comme ce sera finalement le cas avec le grand bi. Ce véloce de Gache était par ailleurs convertible par l'enlèvement des leviers et leur replacement par des pédales. Le concept des leviers n'est pas sans rappeler « Le Facile » [88] et l'« Extra-ordinary », des bicycles de sécurité apparus dans les années 1870.

[85] Voir 21. Le « Phantom » de Reynolds & Mays.
[86] Voir 89. La « Lévocyclette » Terrot.
[87] Louis Baudry de Saunier, *Histoire générale de la vélocipédie*, p. 83.
[88] Voir 40, Le « Facile » de Ellis & Co.

Références

Louis Baudry de Saunier, *Histoire générale de la vélocipédie*, 1891.

Tony Hadland, Hans Lessing, *Bicycle Design*, 2014.

Claude Reynaud, *Vélos de légende*, 2013.

Andrew Ritchie, *The Origins of the Bicycle*, 2007.

Jacques Seray, *Deux roues*, 2013.

Le Vélocipède illustré

Mécanisme à 9 vitesses du Peyton & Peyton, 1869.
Photo : site web du musée de Domazan.

Collections et musées

Coll. Claude Reynaud, Domazan, France.

Velorama, Nimègue, Pays-Bas.

21

1869 – Le « Phantom » de Reynolds & Mays

« The Phantom ». Axe de la direction placé entre les deux roues.
In *Le Vélocipède illustré*, 26 juillet 1869.

En ces premiers temps de la vélocipédie, tout restait à inventer. On comprend par exemple que, le cavalier étant assis loin en arrière du guidon et la roue avant étant motrice, il éprouve une gêne dans les virages serrés : ses pieds risquent de se prendre dans les rayons et ses jambes de se frotter à la jante. L'engin bénéficiera d'un perfectionnement, peut-être inspiré par l'Américain Laubach, breveté en 1869 en Angleterre par Reynolds & Mays. Le vélocipède Phantom est une des premières machines à rayons métalliques. Ce rayonnage à tringles sera rendu réglable peu après sur l'Ariel de James Starley et William Hillman[89]. Toutefois, même plus tard, on retrouve[90] des exemplaires conservant les rayons de bois et le cerclage métallique des roues de charron.

Le Phantom – surnommé en France « le bicycle qui tourne tête sur queue » – est composé de deux parties articulées autour d'un axe vertical. Des tringles connectent le guidon à la partie arrière du vélocipède, et se croisent sur le cadre pour inverser le mouvement d'orientation des roues. Conçu pour tourner plus facilement, ce vélocipède ne représente pour certains qu'un vélo potentiellement pliable et facile à ranger. L'inventeur déposa la même année un brevet en France, mais, *in fine*, cette ingénieuse idée n'eut pas le succès

[89] Voir 24. Le bicycle « Ariel » de James Starley et William Hillman.
[90] Voir le « Phantom », fabriqué en Grande-Bretagne par Beck & Candlish en 1871, exposé au Velorama de Nimègue.

escompté, car l'ensemble manquait de stabilité et de solidité. On notera aussi l'absence de frein.

Également dirigé par la roue arrière, le vélocipède de M.C. Donald, venu tout droit de New York, est quant à lui construit sur un plan plus sophistiqué. L'illustration parue en primeur dans *Le Vélocipède illustré* du 25 mai 1869 nous dispense d'une longue description de son fonctionnement. Un autre avantage de ce vélocipède américain de Donald est de permettre l'abaissement de la selle et d'offrir ainsi plus de sécurité à l'utilisateur. La direction est actionnée par un balai manœuvré latéralement, qui entraîne l'orientation de la roue arrière. Ce système préfigure au lointain le principe appliqué dans les années 1880 à la direction des cycles et tricycles de la marque anglaise Quadrant.

Références

Dragoslav, *Les bicyclettes*, 1990.

Baudry de Saunier, *Histoire générale de la vélocipédie*, 1891.

Nadine Besse, Anne Henry, *Le vélocipède objet de modernité*, 2008.

Joseph Firth Bottomley, *The velocipede: Its Past, Present and its Future*, 1869

Nick Clayton, *Early Bicycles*, 1998.

Tony Hadland, Hans Lessing, *Bicycle Design*, 2014.

Louis Lockert, *Les vélocipèdes*, 1896.

Le Vélocipède illustré, 27 mai 1869.

Le Vélocipède illustré, 26 juillet 1869.

Vélocipède perfectionné de M.C. Donald.
In *Le Vélocipède illustré*, 27 mai 1869.

Collections et musées

Velorama, Nimègue, Pays-Bas.

22

1869 – La bicyclette de Romain de Bray

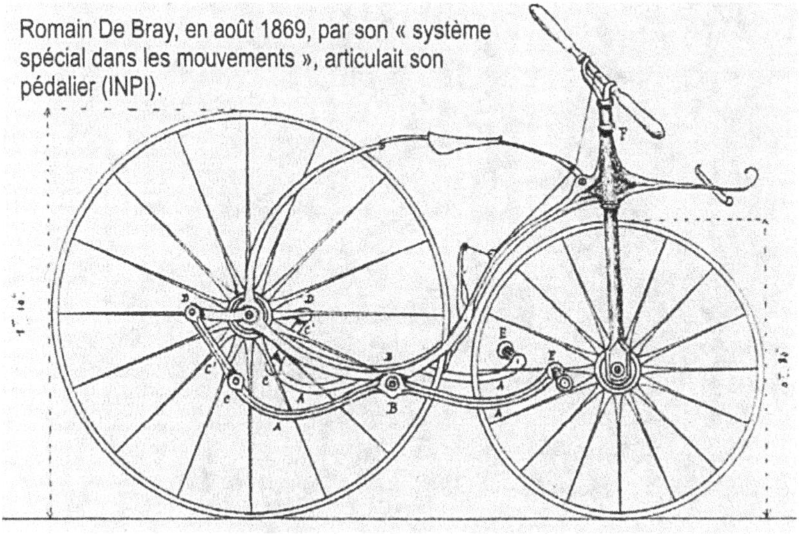

Vélocipède de Romain de Bray. Brevet du 28 août 1869, INPI. Transmission à leviers et roue arrière motrice.
In Jacques Seray, *Deux roues*, 2013, p. 58.

Dans le sillage de Claude Montagne[91], Romain de Bray, résidant à Rennes, dépose le 28 août 1869 un brevet pour un vélocipède à leviers et roue motrice à l'arrière. Le certificat d'addition, déposé le 29 août 1870, en pleine guerre entre la France et l'Allemagne, restera sans lendemain pour l'inventeur[92].

Références

Jacques Seray, *Deux roues*, 2013.

[91] Voir 10. Le vélocipède à leviers de Claude Montagne.
[92] Jacques Seray, *Deux roues*, 2013, p. 58-59.

23

1870 – Le vélocipède de transition d'Eugène Meyer

Vélocipède de transition d'Eugène Meyer, 1869-1870.
Collection François Haguet, France.
In Jacques Seray, *Deux roues*, 1re éd., 1988, p. 103.

À l'issue de la guerre de 1870, après la faillite de Michaux et le retrait de la scène industrielle des Frères Olivier, Eugène Meyer reste un des seuls constructeurs français à demeurer actifs. De lui, et bien qu'elle soit toujours controversée, le public se souviendra d'une bicyclette à chaîne, échouée au Musée des Arts et Métiers à Paris, et qui lui sera attribuée[93].

Par-delà cette pièce historique, restant jusqu'ici exceptionnelle, on retiendra d'Eugène Meyer qu'il fut surtout un des plus mémorables constructeurs de deux roues de son temps. Actif à Paris de 1869 à 1883, cet artisan méticuleux a construit des vélocipèdes, des vélocipèdes de transition et de type grand bi, encore cités de nos jours comme faisant partie des

[93] Voir *supra*, 17. Le vélocipède à chaîne de Meyer-Guilmet.

productions les plus abouties de l'époque. Il conçut une roue légère, à rayons métalliques directs (non croisés) et réglables, dont le caoutchouc se logeait dans le profil d'une jante en fer, ainsi que des grands bis au cadre creux, plus légers et d'une grande beauté. Ces machines sont facilement reconnaissables aux moyeux estampillés à son nom et au design de leurs manivelles identifiables entre toutes.

Eugène Meyer est un grand nom de la vélocipédie, qui aura favorisé la vulgarisation du grand bi en France, et qui sera finalement suivi, tout comme la jante creuse de Jules Truffault, par l'Angleterre. Il sera aussi le seul chez qui on pourra suivre la transformation graduelle du vélocipède vers le grand bi.

Références

Nick Clayton, *The Birth of the Bicycle*, 2016.

Tony Hadland, Hans Lessing, *Bicycle Design*, 2014.

Claude Reynaud, *Vélos de légende*, 2013.

Jacques Seray, *Deux roues*, 1re éd., 1988.

Le Vélocipède illustré.

Moyeu et manivelles Meyer & Cie ; moyeu estampillé Meyer & Cie ; vis de réglage des rayons, ca. 1870. Collection François Haguet, Paris.
Photos : G. De Smaele, 2012.

Collections et musées

Coll. Haguet, Paris, France – collection privée.

24

1870 – Le bicycle « Ariel » de James Starley et William Hillman

« Ariel bicycle », l'ancêtre du grand bi anglais, avec son système de levier pour tendre simultanément les rayons.
In Nick Clayton, *Early Bicycles*, 1998, p. 12.

L'« Ariel » est un célèbre modèle de bicycle anglais, breveté par James Starley et William Hillman en 1870 et par la Smith, Starley & Co. en 1872. Léger, entièrement construit en métal, corps et fourche creux, doté de jantes pleines et de caoutchoucs pleins, cette machine fut, grâce aussi à son prix abordable, un franc succès commercial, un des premiers de la naissante industrie anglaise du cycle. Jusqu'en 1877, plusieurs milliers d'exemplaires sortiront des ateliers de la firme Haynes & Jefferies établie à Coventry.

Nous porterons notre attention sur le système très particulier de rayonnage et de mise en tension des roues. Les rayons doubles sont constitués de fines tringles pliées en deux. Ils passent à travers des œillets montés sur la jante métallique [94] et sont définitivement fixés de part et d'autre du moyeu.

[94] Ce qui rappelle le système breveté par Reynolds en 1869, tandis que la jante était en bois.

Contrairement au bicycle de Grout, dont l'extrémité des rayons était filetée, il n'y a ici aucune possibilité de réglage individuel des rayons : la mise en tension est réalisée simultanément par la rotation du moyeu. Ce dernier était traversé par un levier, lui-même tendu par une tige reliée à la jante.

Loin de représenter la solution idéale, ce montage présentait cependant l'avantage de la simplicité, tandis que le freinage par rétropédalage pouvait entraîner une tension exagérée dans les rayons, ainsi qu'une possible déformation de la jante. C'est quand même sur un bicycle Ariel que le champion James Moore – vainqueur du Paris-Rouen en 1869 –, établira, en Angleterre en 1873 un record, parcourant sur piste 14 miles et 440 yards en une heure, soit 22,73 km. Le coureur s'était cette fois présenté sans les « coussinets à boules » – nom donné aux roulements à billes, comme ceux de Suriray – qui l'avaient avantagé en 1869 lors du Paris-Rouen[95]. Au début des années 1870, le réglage de ces roulements s'avérait encore trop délicat. Ce n'est que quelques années plus tard que cette technologie sera maîtrisée et verra son application généralisée à tous les cycles.

À la fin des années 1860 apparaissent en France les premiers vélocipèdes dits « de transition ». La lourdeur du cadre et des roues cerclées de fer freinait alors la diffusion du vélocipède et contraignait celui-ci à un usage confiné dans les domaines sportif et récréatif. Le rayon en tension, métallique et réglable individuellement, breveté par Eugène Meyer en 1868 introduisit l'usage de roues plus légères et d'un plus grand diamètre, avec des jantes métalliques et des caoutchoucs pleins.

En 1870, bien que connue outre-Manche par les dirigeants de la Coventry Machinist's Company – la firme qui employait à ce moment James Starley et William Hillman –, l'idée de Meyer ne se répandit pas immédiatement en Angleterre. En attendant, alors que le vélocipède de transition circulait déjà en France, James Starley (1830-1881) s'y imposait avec son Ariel, dont le rayonnage rappelle ceux des vélocipèdes « Phantom »[96] et de William Grout (1835-1915). En dépit de la rusticité de ses rayons, l'Ariel n'en demeure pas moins une machine remarquable pour son temps : le caoutchouc plein, la jante pleine et le corps creux étant en phase avec les derniers perfectionnements de l'époque. En fin de production, Haines & Jefferies modifiera l'Ariel pour la doter de rayons indépendants.

Bien que les premiers grands bis aient d'abord été fabriqués en France, ce sont les Anglais qui les ont perfectionnés et commercialisés à grande échelle. De fil en aiguille, et pour les historiens du cycle, c'est à l'Ariel que revient le

---

[95] Voir 18. Le vélocipède de Jules-Pierre Suriray.
[96] Voir 21. Le « Phantom » de Reynolds & Mays.

titre d'ancêtre du grand bi. James Starley sera par la suite consacré comme père de l'industrie du cycle en Angleterre.

Références

Dragoslav Andric, *Les bicyclettes*, 1990.

Louis Baudry de Saunier, *Histoire générale de la vélocipédie*, 1891.

Horace Bartleet, *Bartleet's Bicycle Book*, 1931.

Nick Clayton, *Early Bicycles*, 1998.

Nick Clayton, *The Birth of the Bicycle*, 2016.

Philippe Daryl, *La vélocipédie pour tous*, 1892.

Prior Dodge, *La grande histoire du vélo*, 1996.

Paul and Charlie Farren, *Bicycling Through Time*, 2013.

W. F. Grew., *Cycle Industry*, 1921.

Tony Hadland, Hans-Erhard Lessing, *Bicycle Design*, 2014.

David Herlihy, *Bicycle*, 2004.

George Lacy Hillier, *Cycling*, 1887…

Keizo Kobayashi, *Histoire du vélocipède de Drais à Michaux 1817-1870 : mythes et réalités*, 1990 + vélocipède de L. Rives.

Louis Lockert, *Manuel de vélocipédie*, 1896.

Damien Kimberley, *Coventry Bicycle Heritage*, 2015.

Tom Norton, *Historic Cycles*, 1972.

Claude Reynaud, *Vélos de légende*, 2013.

Jacques Seray, *Deux roues*, 2013.

David Gordon Wilson, *Bicycling Science*, 2004.

Mechanics Magazine, 5 octobre 1872.

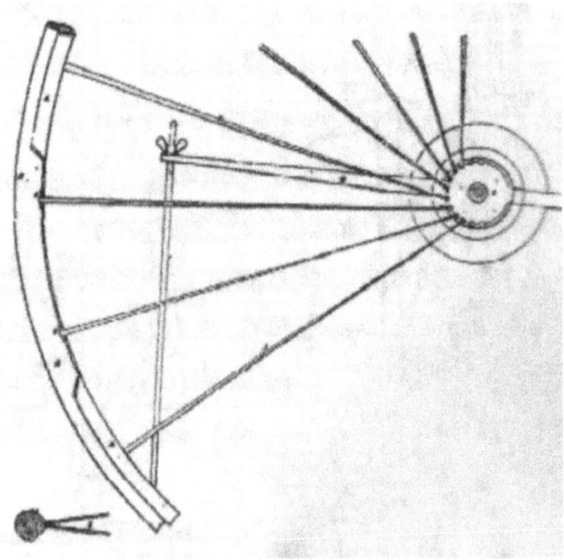

Dessin du brevet du bicycle Ariel et illustration du principe de la tension de ses rayons, 1872.

L'Ariel exposé au Transport Museum, Coventry.
Photo : G. De Smaele, 2017.

Collections et musées

Collection Claude Reynaud, Domazan, France.

Collection Farren, Australie.

Collection Tom Norton, Llandrindod Wells, Angleterre.

Transport Museum, Coventry, Angleterre.

25

1870 – Le monocycle de Jackson

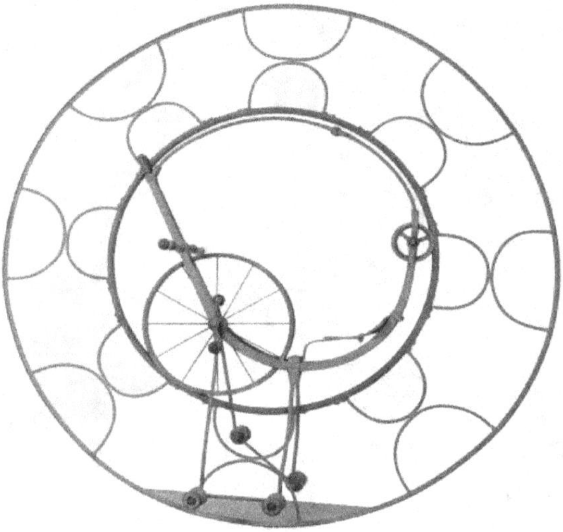

Monocycle de Jackson, 1870. Monocycle non acrobatique, à conduite intérieure.
Photo : site du MAI de Saint Étienne.

Arrivé en France, l'Anglais William Jackson adresse sa première demande de brevet en 1869. Elle concerne un « système de vélocipède à quatre roues, permettant d'imprimer à l'appareil une puissance de locomotion plus considérable, sans exiger plus de force physique que dans les systèmes connus jusqu'à ce jour ». En février 1870, c'est pour un « système de vélocipède à une seule roue » que son mandataire Mac Kean apparaît. Ce monoroue, d'un diamètre de deux mètres, à l'intérieur duquel le cavalier est assis, ne revêt pas le caractère ardu du monocycle des acrobates de music-hall[97], tels que ceux utilisés par les Dan Canary, Gouget ou Walter, qui firent les belles soirées des Folies-Bergères[98].

---

[97] Dans *L'acrobatie et les acrobates* (Paris, Delagrave 1903), Georges Strehly y consacre tout un chapitre.

[98] Louis Baudry de Saunier, *Le cyclisme théorique et pratique*, p. 99.

Monocycle américain. In *Almanach du vélocipède illustré*, 1869-1970, non paginé.

L'engin de Jackson présente un système de bielles qui relie les pédales à des manivelles actionnées par les pieds, mais aussi par les mains. Le changement de direction s'obtient en inclinant la machine du côté désiré. Vu pour la première fois lors d'une course à Rouen le 29 mai 1870, ce monocycle participe à une démonstration entre Paris et Versailles le 16 juin de la même année, conduit par le fils de William Jackson, âgé de 14 ans. En juillet, il figure dans une course du Vésinet, franchissant deux mille mètres en sept minutes et reçoit alors du Véloce-Club une médaille d'or commémorative[99]. Il va de soi que cette invention a essentiellement revêtu un caractère ludique ou de curiosité, et qu'elle ne fut créée que pour le divertissement des spectateurs.

Le « modèle français », un monocycle décrit par Louis Baudry de Saunier dans *Le cyclisme théorique et pratique*[100], présente une sorte de patin censé l'empêcher de basculer en avant.

---

[99] Voir le site web du MAI de Saint-Étienne.

[100] Louis Baudry de Saunier, *Le cyclisme théorique et pratique*, 1892, p. 95.

La « roue écureuil » sera quant à elle le nom attribué au « monocycle américain », commenté dans *L'Almanach du Vélocipède illustré* de 1869-1870. L'auteur, Richard Lesclide, en fera une présentation pour le moins ironique : « Ce monocycle est admirable ; on ne lui reconnaît qu'un inconvénient : celui de tenir fréquemment son cavalier les jambes en l'air. À cela près, il mérite tous les éloges. »

Pour cette même époque, la littérature spécialisée en mentionne plusieurs modèles, basés sur le principe des leviers ou des pédales. Les exemplaires réels sont cependant rarissimes, et très peu représentés dans les collections. Un de ces monocycles, tardif, de la marque Gladiator[101], daté de 1891 et muni de pneumatiques fut encore présenté au Salon du cycle et de l'automobile en 1906. Le principe d'équilibre d'une grande roue unique fut même utilisé en version sociable, pour deux utilisateurs placés l'un à côté de l'autre. Le « pédocaèdre » montré en 1855 à la première Exposition universelle de Paris en fut le pressentiment.

L'inventif Rousseau sera en France un des premiers constructeurs de monoroues, finalement présentes tant en Europe qu'aux États-Unis. En plus d'un très bel exemplaire de Jackson, le Musée d'Art et d'Industrie de Saint-Étienne a le privilège de conserver le monocycle de Brescia, d'origine italienne et fabriqué entièrement en bois à la fin du XVIIIe siècle.

Références

Richard Lesclide, *Almanach du Vélocipède illustré*, 1869-1870.

Jacques Ballif, *Exposition rétrospective du cycle au Salon de l'automobile, du cycle et des sports*, 1906.

Louis Baudry de Saunier, *Le cyclisme théorique et pratique*, 1892.

Nadine Besse, *Le vélocipède objet de modernité*, 2008.

Philippe Daryl, *La vélocipédie pour tous*, 1892.

MAI, site du musée.

Claude Reynaud, *Vélos de légende*, 2013.

American Mechanic.

La Nature : monocycle Gauthier, acrobate Dan Canary, monocycle américain, monocycle de Rousseau.

Le Vélocipède illustré, première année, n° 5, 1869 ; 17 avril 1870.

---

[101] Voir J. Ballif, *Salon du cycle et de l'automobile*, 1906, n° 34.

Monocycle de Brescia, à sangles et manivelles. Italie, fin du XVIIIe siècle.
Photo : site web du MAI de Saint-Étienne.

Monocycle Gladiator : pneumatiques, transmission par engrenages, 1891.
In Ballif, 1906, n° 34.

Collections et musées

CNAM, Paris, France.

Coll. Reynaud, Domazan, France.

MAI de Saint-Étienne, France.

26

1870 – Vélocipède à double entraînement de Jacquier

Vélocipède à double entraînement, à pédales et à leviers de Jacquier, Paris, 1870.
Velorama de Nimègue, Pays-Bas.
Photo : G. De Smaele, 2017.

À Paris, Claude Jacquier s'était spécialisé dans les voitures et les chevaux mécaniques, et avait été, dans les années 1860, un des premiers employeurs de Pierre Lallement[102]. Ce ne sera cependant qu'à partir de 1869, avec l'ouverture des colonnes du *Vélocipède illustré*, qu'il sera mentionné comme constructeur et inventeur de vélocipèdes. Dans les années 1870, il fabriquera en association avec Joseph Levassor des vélocipèdes, des tricycles et des voitures pour malades.

Ce spécimen à double entraînement – l'un à pédales fixées sur le moyeu avant et l'autre à leviers agissant sur la roue arrière – est un exemplaire unique et pour le moins singulier, pour lequel nous ne possédons aucun document concernant son utilisation. En 2008, lors de l'exposition *Le vélocipède objet de modernité*, présentée au Musée d'Art et d'Industrie de Saint-Étienne, deux hypothèses ont été avancées par les spécialistes[103] : la première est celle d'un

[102] Voir 9. Le brevet de Pierre-Nicolas Lallement.
[103] Nadine Besse, *Le vélocipède objet de modernité, 1860-1870*, 2008, p. 134-135.

tandem dont le conducteur utiliserait les pédales en prise directe sur la roue avant, alors que le passager agirait sur les leviers ; la seconde penche vers celle d'une machine à une seule place, dont le conducteur aurait le choix, en fonction du profil de la route, entre deux développements. Le diamètre de la roue avant est de 82 cm, et celui de la roue arrière, de 120 cm ; nous sommes donc bien en présence d'une machine à deux vitesses. De plus, la longueur des manivelles est réglable. Pour une longueur de 232 cm, ce vélocipède, conservé au National Fietsmuseum Velorama de Nimègue, accuse un poids de 43,7 kg.

Le Velorama possède également un autre vélocipède de la même veine, construit en France par Thibaud Merken[104], un ancien fabricant de navettes de métiers à tisser, daté de la même époque que le Jacquier. Cette pièce unique, de 48 kg, avait été construite pour lui et son fils. Les cavaliers assis dos à dos devaient pédaler l'un vers l'avant et l'autre à reculons. En fonction du choix de la roue directrice, le guidon arrière était bloqué par une molette. De la sorte, on disposait du choix entre deux développements.

Références

Nadine Besse, *Le vélocipède objet de modernité, 1860-1870*, 2008, p. 134-135.

Vélocipède tandem de Thibaud Merken, France, ca. 1869. Velorama de Nimègue.
Photo : G. De Smaele, 2017.

Collections et musées

National Fietsmuseum Velorama, Nimègue, Pays-Bas.

[104] *Ibid.*, p. 159.

27

1871 – Le vélocipède à vapeur de Perreaux

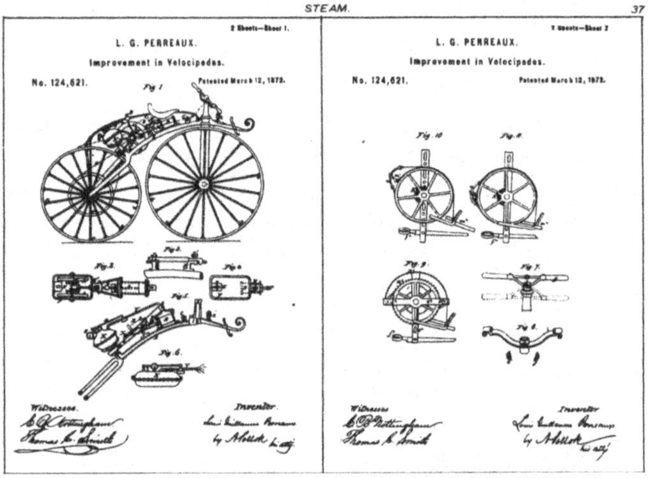

Le premier vélocipède à moteur. Patent for improved Michaux-Perreaux steam velocipede. March 12, 1872. Source : *The Digest of United States automobile patents from 1789 to July 1*, 1899. Compiled by J.T. Allen, Publ. H.B. Russell & Cy, 1900.

L'ingénieur français Louis-Guillaume Perreaux (1816-1889), dont l'esprit fertile marqua son siècle, fut fait en 1877 chevalier de l'Ordre national de la Légion d'honneur. Il avait consacré son existence à une suite impressionnante d'inventions, dont un bateau sous-marin à air comprimé et un canon qui portera son nom.

Bien que nous ayons fait le choix de nous attarder aux seuls véhicules à propulsion humaine, un concept inattendu vient cependant croiser notre cheminement historique. Perreaux déposa en décembre 1868 un brevet pour un vélocipède de type Michaux, équipé d'un moteur, qu'il appela « vélocipède à grande vitesse »[105], complété par la suite par trois certificats d'addition. Un prototype, sera construit en 1871, dans lequel une vapeur sèche – générée à l'aide de tubes enroulés autour d'une chaudière – fait tourner un volant par l'intermédiaire d'un piston. La force ainsi produite est alors transmise à la roue

[105] Le vélocipède motorisé Hanlon date de 1869 (Andric, p. 125) ; Keizo Kobayashi évoque également un supposé vélocipède à moteur de l'Américain Roper (Kobayshi, 1993, p. 150).

arrière par l'intermédiaire de deux poulies et de deux courroies en cuir. Présenté lors de l'Exposition universelle de Vienne en 1873, ce vélocipède surprend par sa précocité. En plus du moteur, celui-ci nécessitait une autre innovation capitale dans la future évolution vers la bicyclette : la transmission du mouvement à la roue arrière. Les bandages pneumatiques étaient encore inconnus, et bien que sa machine ait réellement abouti, Perreaux était manifestement trop en avance sur son temps. Son vélocipède à moteur ne sera rejoint que bien plus tard par les premiers constructeurs de vélos et de tricycles motorisés, de motos et finalement d'automobiles.

L'exemplaire conservé au Musée départemental du domaine de Sceaux est bien la première moto de l'histoire : un enfant unique et résolument prématuré. La marche du progrès est inexorable, et si le XIXe siècle est celui de grandes découvertes et d'inventions majeures, le XXe siècle verra la réalité dépasser la fiction et surpasser les rêves les plus audacieux. Dans *Robur le conquérant*, un roman d'anticipation paru chez Hetzel en 1886, Jules Vernes fait état d'un Monsieur Perreaux, inventeur d'une machine de mesure micrométrique… et moins de cent ans plus tard, on marchait sur la lune.

Références

Nadine Besse, Anne Henry, *Le vélocipède objet de modernité*, 2008.

Tony Hadland, Hans Lessing, Bicycle Design, 2014.

Keizo Kobayashi, *Histoire du vélocipède de Drais à Michaux 1817-1870 : mythes et réalités*, 1990.

La Nature.

Vélocipède à moteur de Louis-Guillaume Perreaux, ca. 1871. Musée départemental du domaine de Sceaux, inv. 64.24.5. Photo : site du musée.

Collections et musées

Musée départemental du Domaine de Sceaux - inv. 64.24.5.

28

1875-1885 – Les tricycles

Fig. 1. — Tricycle à pédales rotatives et siège en arrière.

Fig. 2. — Siège en avant et pédales sous le cavalier.

et les dispositions réciproques de mille façons différentes, le problème à résoudre étant, comme pour toutes les machines : obtenir le maximum de rendement avec le minimum de travail. C'est pourquoi il y a actuellement sur le marché anglais plus de trois cents machines présentant chacune quelque

Fig. 3. — Le *Monarch*, tricycle sans chaines ni engrenages.

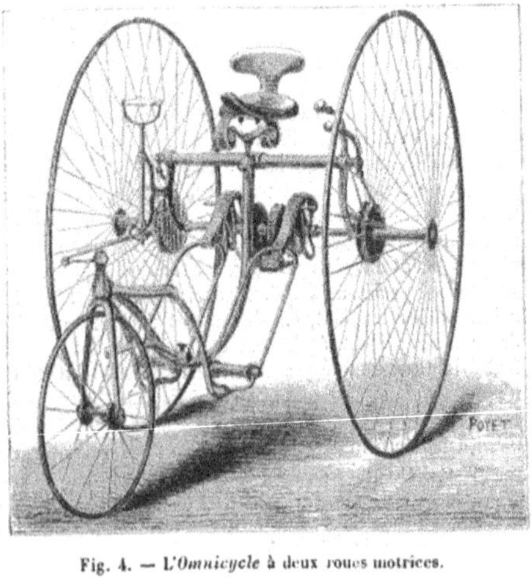

Fig. 4. — L'*Omnicycle* à deux roues motrices.

La recherche de la stabilité. Tricycles. In *La Nature*, 5 mai 1883.

Les véhicules à trois et quatre roues sont apparus bien avant l'invention de la draisienne. Le tricycle est en dehors de notre propos, celui-ci étant relatif à une machine trouvant son équilibre sur deux roues alignées l'une derrière l'autre. L'histoire des manumotives, des pédomotives et autres engins à pédales croise cependant immanquablement celle des vélocipèdes et des bicycles des années 1870-1885. Durant cette période, le tricycle sera – en dehors des machines dites « de sécurité » – l'unique alternative au périlleux grand bi, le plus souvent réservé aux personnes moins audacieuses, plus âgées, ou comme véhicule utilitaire dans l'exercice de différentes professions. Il fut aussi un véhicule très apprécié de la gent féminine. Même s'ils furent finalement abandonnés, les « Salvo », « Coventry Tricycles », « Cripper »[106] et autre modèles, auront eu un impact très significatif sur la pratique et la fabrication de cycles de la fin du XIXe siècle.

Avant l'avènement de la bicyclette, c'est le tricycle qui dominait le fameux Stanley Show de Londres[107], la vitrine internationale de l'industrie du cycle au XIXe siècle. En 1885, c'est aussi sur un tricycle que Carl Benz (1844-1929) – qui comme Drais était originaire de Karlruhe – montera un moteur monocylindre. Ces véhicules à leviers puis à pédales, de plus en plus élaborés, témoignent du niveau de qualité atteint dans la production et la réflexion mécanique de l'époque, qui mènera tout droit à l'automobile.

Références

Manuel du vélocipédiste : bicycle, bicyclette, tricycle, Paris, Delarue, s.d.

F.-J., Erskine, *Tricycling for Ladies*, 1883.

Dr. Oscar Jennings, *La santé par le tricycle*, 1888.

F.W. Richardson, *The Tricycle in Relation to Health and Recreation*, 1885.

Archibald Sharp, *Bicycles and Tricycles: An Elementary Treatrise on their Design and Construction*, 1896.

Charles Spencer, *Bicycles and Tricycles*, 1883.

Henry Sturmey, *Tricyclist's Indispensable Annual & Handbook*, 1881.

Velox, Velocipedes, *Bicycles and Tricycles : How to Make and How to Use Them*, London, 1869, 34 p.

Bicycle & Tricycles, annuaire des fabricants anglais, 1885…

La Nature ; *The Tricycling Journal* ; *The Tricyclist.*

---

[106] Voir 28, 39, 48, pour ces différents types de tricycles.

[107] Voir *infra*, *passim* : Stanley Show.

Fig. 5. — Le *Caroche*, exemple d'un système à engrenage.

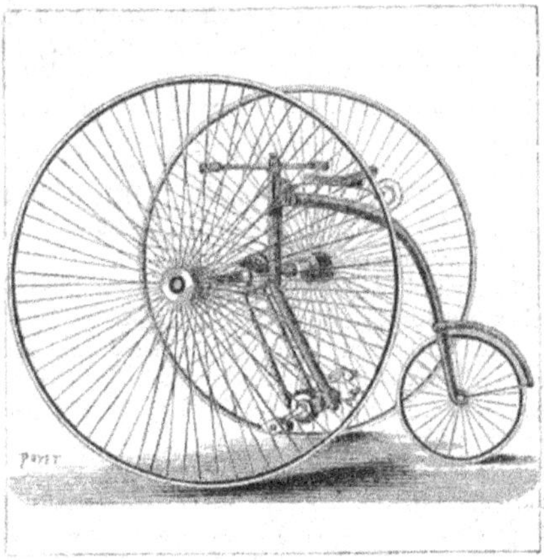

Fig. 6. — Le *Humber*, se manœuvrant comme un bicycle.

on comprend qu'on peut varier les dimensions respectives des deux roues dentées, de telle sorte qu'à un tour de pédale corresponde un tour et demi, ou davantage, de la roue motrice, c'est ce que l'on appelle *geared up;* ou bien, au contraire, que deux tours de pédale soient nécessaires pour obtenir un seul tour

Fig. 7. — *Sociable* à trois personnes.

Fig. 8. — Autre type de *Sociable* à deux personnes.

Divers tricycles. In *La Nature.*

29

1876 – Le « Coventry's Lever Tricycle » de James Starley

Fig. 1. James Starley's Coventry Lever Tricycle, 1876.
(As depicted on the Starley Memorial in Coventry.)

Tricycles à deux voies, à leviers. James Starley's Coventry Lever Tricycle. In *Bartleet'Bicycle Book*, 1931, p. 20, tel que gravé sur le monument en mémoire de J. Starley à Coventry. On note sur ce modèle original la direction par « queue de vache ».

Les ancêtres de nos tricycles cyclistes datent bien évidemment de l'âge du vélocipède [108], voire même de la draisienne, mais c'est finalement en Angleterre qu'a été lancée une vogue, qui se répandit aussi sur le continent et aux États-Unis.

Le « Coventry Tricycle », à deux voies – on dit aussi à deux traces – et à leviers, fut introduit par James Starley, industriel également à l'origine d'autres innovations importantes[109]. Le brevet original, déposé en novembre 1876 par James et John Kempf Starley, le neveu de l'inventeur, est intitulé : « Two-track tricycle suitable for ladies ». Coventry était à l'époque au cœur de l'industrie du cycle, et c'est ce modèle qui marquera le début de la vogue du tricycle en Angleterre. La grande roue placée du côté gauche est motrice, tandis que les deux petites roues sont à droite. Elles sont folles sur leur axe et tournent ensemble, mais suite au croisement des tringles de la commande de la direction de ces roues, elles s'orientent dans des directions opposées. À l'origine, ces roues sont commandées par une « queue de vache », qui sera

[108] Voir par exemple le tricycle à leviers de Benon (Benon, 1868, p. 17).
[109] On lui doit, notamment l'Ariel, le Rotary, le Salvo, le différentiel, les rayons tangentiels.

plus tard remplacée par une crémaillère, actionnée par la rotation d'une poignée tenue en main par l'utilisateur. Ce système permet de bien virer sans avoir recours au différentiel, qui ne sera inventé que l'année suivante par le même James Starley pour son « Salvo Quadricycle »[110].

Le Coventry Lever Tricycle emprunte quelques éléments au bicycle (la grande roue à rayons métalliques, les tubes creux…). Les leviers seront par la suite remplacés par une transmission par chaîne. Peu après, le nouveau modèle sera baptisé « Coventry Rotary » ou simplement « Rotary »[111].

Références

H.W. Bartleet, *Bartleet's Bicycle Book*, 1931, p. 20.

Jacques Seray, *Deux roues*, 2013.

1880 (*sic*). Coventry Tricycle. Transmission à leviers, direction à crémaillère, frein à tambour, caoutchoucs pleins. In Jacques Ballif, *Exposition rétrospective du cycle au Salon de l'automobile, du cycle et des sports*, 1906, n° 20. On notera sur ce modèle une direction par une poignée actionnant une crémaillère.

Collections et musées

Transport Museum, Coventry, Angleterre.

[110] Voir 39. Le tricycle Salvo.
[111] Voir 37. Le « Coventry Rotary Tricyle ».

30

1876 – La bicyclette à leviers de Harry John Lawson

La première « Safety ». Le bicycle « Safety » de Lawson, fabriquée par Singer en 1876.
In Nick Clayton, *The Birth of the Bicycle*, 2016, p. 68.

Une condition importante du développement des bicycles de sécurité a été la séparation de la fonction de chaque roue : l'une sera motrice, l'autre directrice. Autre évolution, une assise basse entre ces deux roues augmentera encore la sécurité, la capacité de freinage et le confort. Les aberrations du grand bi – hauteur et position de la selle – encourageront de nouvelles expérimentations. Finalement, ce n'est qu'à partir du moment où le sol sera à portée des pieds du cycliste que les solutions proposées seront unanimement acceptées par le public. À terme, Harry John Lawson (1852-1925) conciliera deux objectifs longtemps considérés comme contradictoires : la recherche de la vitesse et la sécurité. Jusque-là l'une se faisait aux dépens de l'autre.

C'est en 1876 qu'Harry John Lawson (1852-1925) et James Likeman, alors associés à Brighton, déposeront un brevet pour un bicycle à leviers et à bielles, dans la veine des réalisations des Écossais Dalzell et MacMillan[112]. Pour un grand développement, la roue arrière était de grand diamètre. Pour ne pas entraver la direction, les leviers s'écartaient le plus possible de la roue, qui se trouvait de taille fort réduite. Malheureusement pour Lawson, la position résultant de cette configuration fut jugée inconfortable pour le cycliste. Cette machine à leviers, réalisée à Coventry par la maison Singer, n'aurait été produite qu'à une cinquantaine d'exemplaires, puis rapidement abandonnée. Le seul exemplaire connu se trouve au Transport Museum de Coventry.

Finalement, en 1878, Harry Lawson rompit son association avec Likeman, et sera accueilli un peu plus tard par la maison Rudge à Coventry, où il put matérialiser une nouvelle version, qui deviendra « la bicyclette » à chaîne[113].

Références

Horace Bartleet, *Bartleet's Bicycle Book*, 1931.

Jacques Seray, *Deux roues*, 2013.

Cyril Caunter, *The History and Development of Cycles as Illustrated by the Collections of the Science Museum*, 1955.

Nick Clayton, *The Birth of the Bicycle*, 2016.

Ian Jones, *The Safety Bicycle*, 2012.

[112] Voir 6 et 7. Les vélocipèdes de MacMillan et Dalzell.
[113] Voir 36. La bicyclette à chaîne de Harry Lawson.

À l'avant-plan : le « Challenge tricycle », réalisé vers 1878 un tricycle à leviers de James Starley. Directement inspiré par le Safety de Lawson de 1876 (au second plan). Cette dernière fut une ultime tentative de Singer pour récupérer l'insuccès de la Lawson à tringles[114]. Transport Museum, Coventry.
Photo : G. De Smaele, 2017.

Collections et musées

Transport Museum, Coventry, Angleterre – inv. A.551.6.

Coll. Mahy, Leuze, Belgique – copie tardive.

[114] Nick Clayton, *The Birth of the Bicycle*, p. 69.

31

Ca. 1876-1878 – Le « Shergold Safety Bicycle »

Le « Shergold Safety Bicycle ». Considéré comme le plus ancien exemplaire anglais connu d'une bicyclette à chaîne. Site web du Science Museum de Londres.

Ce « Shergold Safety Bicycle » provient du Science Museum de Londres. Selon les sources, sa datation remonterait à 1876-1878 : W. Grew (1923) et C. Jones (1955) retiennent 1876, tandis que C. Caunter et le Science Museum optent pour 1878. Avec sa roue arrière motrice et sa transmission par chaîne, elle compte parmi les plus anciens prototypes de bicyclettes de sûreté. Bien que son cadre, fait d'une pièce, rappelle encore la MacMillan, elle s'apparente cependant aux tout premiers « safeties » de l'époque des créations de Lawson. Pour se poser assis bien en arrière et ne pas gêner les pieds dans les virages, la roue directrice se trouve en position très avancée, et est dirigée à distance par un système de deux tringles : une configuration qui réapparaîtra aussi sur la Lawson à chaîne de 1879 (qui ne comporte quant à elle qu'une seule tringle), et d'autres premières bicyclettes présentées au Stanley Show de 1885.

La lampe à huile de l'exemple illustré ci-dessus provient certainement de l'adaptation d'un modèle spécialement conçu pour le grand bi, initialement prévu pour être suspendu au moyeu de la roue avant.

Comme plusieurs autres prototypes, cette Shergold n'est jamais entrée en fabrication. Peu mentionnée dans la littérature cycliste, il serait intéressant de poursuivre les recherches qui permettraient de la dater avec certitude. L'année 1876 la situerait avant la Lawson à chaîne de 1879.

Références

Cyril Caunter, *The History and Development of Cycles as Illustrated by the Collections of the Science Museum*, 1955.

Nick Clayton, *The Birth of the Bicycle*, 2016.

W. Grew, *Cycle Industry*, 1923.

Ian Jones, *The Safety Bicycle*, 2012.

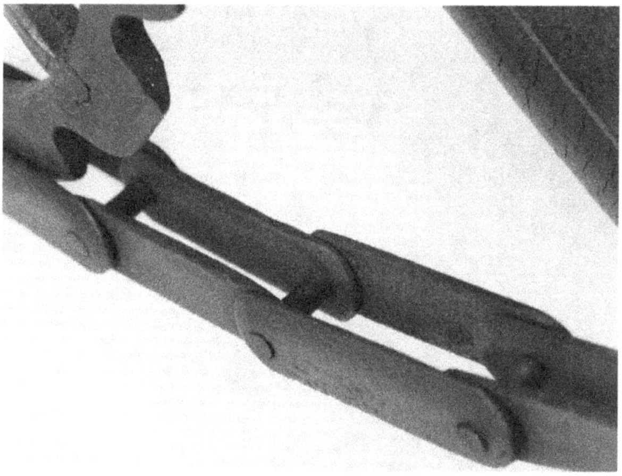

Chaîne de la Shergold. Site web du Science Museum.

Collections et musées

Science Museum London, inv. 1919-233.

32

1877 – Le « Gentleman's Bicycle » de la CMC

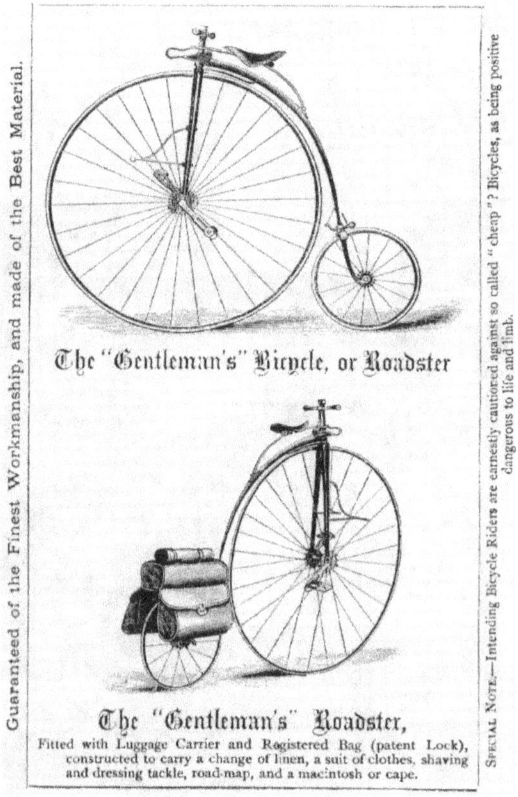

Un grand bi pour touristes. In *Price List and Descriptive Catalogue of the Coventry Bicycles*, Cheylesmore, The Coventry Machinists' Company, 1877. Le catalogue propose 10 tailles pour la roue avant, de 42'' à 60'', avec des écarts de 2'' entre chacune des tailles ; la roue arrière s'étale entre 12'' et 17'', avec des écarts de 1''.

Comme les autres modèles de la Coventry Machinist's Company, le « Gentleman's Roadster » – jantes en « V » et caoutchoucs pleins – était proposé en 10 tailles, de 42 à 60 pouces, adaptées à la longueur des jambes du bicycliste. Au départ, le fabricant se contentait de respecter la règle du « pounds for inches » – soit, par exemple, 52 livres pour un bicycle au diamètre de 52 pouces –, mais on finira par produire des machines de plus en plus légères et des modèles de course encore plus légers. Certains bicycles descendront sous les dix kilos. En 1888, au fil des améliorations, le « James Racer » n'en pesait pas plus de cinq.

Après le vélocipède, que les Anglais surnomment *boneshaker*, le grand bicycle – ou *ordinary* pour les Anglais – sera produit de 1870 aux environs de 1890, soit jusque dans les années qui suivront l'apparition de la bicyclette « Rover Safety ». L'année 1892 verra l'arrêt de sa commercialisation, mais il restera encore prisé par les *sportsmen* jusque tard dans les années 1890. Indépendamment des dangers de cette pratique, cette résilience tenait à son prestige, à sa prestance, à ses performances – record de l'heure porté à 20 miles par H.L. Cortis en 1882 –, mais aussi à son bon comportement face aux imperfections des routes de l'époque. Ce n'est que lorsqu'il se fera plus rare sur ces routes qu'il recevra son dernier surnom, *penny farthing*, en référence à l'écart de taille entre ces deux pièces de monnaie anglaises.

Durant les quinze années de règne du grand bi[115] – l'industrie en lança plus de 200 000 sur les routes de France, d'Angleterre et des États-Unis – et bien qu'ils semblent tous pareils, cette ressemblance n'est que superficielle. La période de 1870 à 1878 sera celle d'une constante amélioration de l'offre : moyeux et direction sur roulements à billes, rayons directs et tangentiels, corps creux, ronds ou ovales, jantes pleines et creuses, freins avant et arrière, dispositifs de suspension, etc.

On reconnaît l'antériorité française en ce qui concerne les vélocipèdes de transition, et bien que la production anglaise ait été des plus significatives, cette dernière reprit à son compte pas mal d'innovations majeures apparues d'abord en France, dont la roue à rayons directs d'Eugène Meyer et la jante creuse de Truffault. Mais, *last but not least*, le rayonnage tangentiel sera l'œuvre, en 1878, de James Starley. Ce rayonnage, plus rigide, sera d'abord monté sur ses tricycles.

Si les fabricants de vélocipèdes furent nombreux[116], ceux du grand bicycle le furent tout autant. En Angleterre, la Coventry Machinist's Company, Starley, Hillman, Humber, Singer – toutes issues de la CMC – ainsi que Swift, Haines & Jefferies, Grout, Keen, Ellis, Rudge, etc., établiront les standards du grand bi. Aux États-Unis, ce seront les toutes-puissantes usines de la Columbia Co. et de l'Overman Victor Company, accompagnées d'une multitude de plus petites marques. Après avoir absorbé le choc de la guerre de

---

[115] Voir Claude Reynaud, *L'ère du grand bi*, 2011.
[116] Voir les monographies de Keizo Kobayashi, du MAI de Saint-Étienne, de Claude Reynaud, etc.

1870, la France, qui n'était pas en reste, comptera dans ses rangs de bons artisans, tels que Meyer, Fabre, Rousseau et Renard. Leurs productions s'imposeront un peu plus tard sur le marché national, puis avec les industriels Clément[117] et Peugeot, deux noms qui se retrouveront aussi par la suite impliqués dans le secteur de l'automobile.

En dehors des performances sportives réalisées par les coureurs emblématiques de l'époque : James Moore (1849-1935), Charles Terront (1857-1932), H.O. Duncan (1862-1945), Paul Médinger 1859-1895), Frédéric de Civry 1861-1893), etc., rappelons que le tourisme à vélo a débuté sur grand bi, dont les distances parcourues ne firent qu'augmenter. On se souviendra notamment d'un Londres-John o'Groats, soit 1100 km effectués en deux semaines en 1873. L'expédition fabuleuse de Thomas Stevens (1854-1935) sera relatée dans *Around the World on a Bicycle*[118], entreprise de 1884 à 1886, sur une machine Columbia de 50 pouces. Le bicycliste se retrouvera plus tard en Afrique, à la recherche de Henry Morton Stanley – l'explorateur qui prêtera son nom au Stanley Club – et deviendra ensuite directeur du Garrick Theatre à Londres.

Références

Louis Baudry de Saunier, *Le cyclisme théorique et pratique*, 1893.

Nick Clayton, *Early Bicycles*, 1998.

Harry Hewitt Griffin, *Bicycles of the Year*, 1877.

Claude Reynaud, *L'ère du grand bi*, 2011.

Derek Roberts, *The Years of the High Bicycle: A Compilation of Catalogs from 1977-1886*, 1980.

[117] À la fin du XIXe siècle, l'industrie américaine du cycle n'avait plus rien à envier à celle de l'Europe. Pour preuve, en 1895, l'industriel Adolphe Clément, devenu le premier fabricant de cycles français, devant Peugeot, participe à l'exposition de Chicago. Bien accueilli, il réalise ensuite un long voyage d'études aux États-Unis pour s'informer des principes de leur remarquable organisation. De retour, c'est sur ce modèle qu'il modernise sa chaîne de fabrication (De Smaele, 2015, p. 228).

[118] Thomas Stevens, *Around the World on a Bicycle* (1884-1886), London, Sampson Low, Marston, Searle & Rivington, 2 vol., 1887 et 1888, 547 et 477 p.

Véloce Clément, système Truffault. Corps, fourches et jantes en tôles d'acier provenant du recyclage de fourreaux de sabres de cavalerie réformés (d'où l'expression « fourreaux de fourche »)[119]. Suspension spéciale de selle.
In Jacques Ballif, *Exposition rétrospective du cycle au Salon de l'automobile, du cycle et des sports*, 1906, n° 16.

Collections et musées

Ce modèle est présent dans d'innombrables musées et collections.

[119] Ces fourreaux de sabres de cavaleries ne sont-ils cependant pas une légende ? En avons-nous les preuves d'époque ?

33

1878 – Le grand bi géant de Victor Renard

Le bicycle de 2 m. 50 de Victor Renard.

Vélocipède géant à grande vitesse

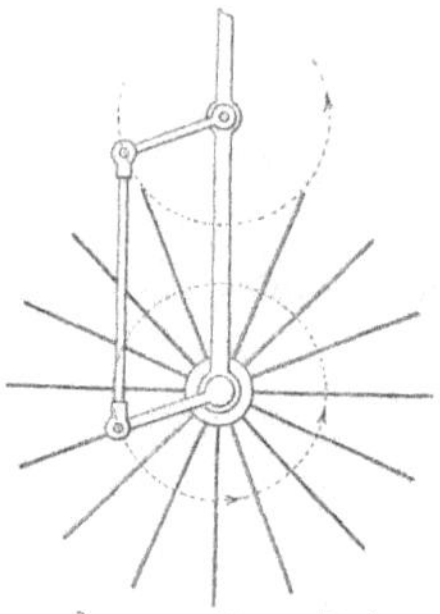

Le principe du parallélogramme Renard.

Bicycle géant de Renard et sa transmission en parallélogramme.
In Louis Baudry de Saunier, *Le cyclisme théorique et pratique*, p. 116-117.

La démultiplication permettra de réduire la taille de la roue motrice, mais en attendant qu'on la mette au point, le grand bi restait – hormis le train – le seul engin mécanique capable d'atteindre et de maintenir une vitesse de 30 km/h. En dépit des risques encourus par le bicycliste, il présentait l'avantage de bien absorber les inégalités de la route. Il restera pour un temps l'apanage d'un public masculin, jeune, sportif, fier de vanter ses exploits et d'afficher ses égratignures, preuves authentiques de sa témérité. Après 1870, l'idée d'augmenter sans cesse le diamètre de la roue motrice du vélocipède ne pouvait cependant n'aboutir qu'à une impasse. À partir de ce constat, les nouvelles innovations devront reprendre le chemin de la raison et renouer avec le souci de la sécurité pour l'utilisateur ordinaire. L'évolution du grand bi et celle du tricycle suivront deux chemins parallèles. Le dernier, tout en étant plus proche du sol, sera aussi doté de roues d'un grand diamètre, et il aura fallu patienter quinze années avant que n'apparaisse la bicyclette « Rover » de James Starley, un intervalle de temps qui sera aussi marqué par l'éclosion d'une série de machines à deux roues, dites de sécurité. Leur construction sera guidée par le principe de la démultiplication, ainsi que par ceux de l'abaissement et du recul de la position du cavalier : le Facile, l'Xtraordinary, le Kangaroo... le Star et l'Eagle, pour ne citer que les inventions les plus connues et les plus praticables.

Le bicycle géant des Frères Renard fut présenté à Paris lors de l'Exposition universelle de 1878, et le seul exemplaire connu en France est actuellement conservé au Musée Auto-moto de Domazan[120]. En outre, avec son système de stabilisateurs, constitué de deux longues béquilles, actionné par la rotation des poignées du guidon, ce spécimen est parfaitement conforme au brevet des Français Victor et C. Renard, déposé en Angleterre en 1878. Ces tiges devaient maintenir le bicycle alors que le cycliste escaladait les marchepieds fixés le long du corps, et inversement pour l'arrêt. Avec sa roue de 1,82 m de diamètre et une hauteur totale de 2,05 m, cette réalisation extravagante développe 5,72 m à chaque tour de manivelle. Pour pouvoir transmettre le mouvement des manivelles à l'axe de la roue, Renard mettra au point un assemblage de tringles disposées en parallélogramme.

En France, l'ingénieur Victor Renard et l'artisan Eugène Meyer, faisaient partie des meilleurs mécaniciens de leur temps. Les collectionneurs s'accordent aussi à penser que les productions de ces deux ateliers présentent de nombreuses similitudes. L'exemplaire du Musée Auto-moto est d'ailleurs équipé de moyeux, de manivelles, de pédales et de roulements Meyer. Plus récemment, un second exemplaire du vélocipède géant de Rousseau a été identifié au Musée Bagatti Valsecchi à Milan, une acquisition qui aurait réellement été utilisée par son premier propriétaire[121].

---

[120] Claude Reynaud, *Vélos de légende*, 2013, p. 120-123. Rappelons que les collections privées ne sont pas pérennes et peuvent toujours être modifiées au gré de leurs propriétaires, voire mises à l'encan.

[121] Jacques Seray, *Deux roues*, 2013, p. 96.

La machine décrite par Louis Baudry de Saunier dans *Le cyclisme théorique et pratique*[122], avec sa roue de plus de 2 m de diamètre et une hauteur totale de 2,50 m, nous paraît encore plus disproportionnée. Selon l'auteur, elle comporterait six échelons à gravir avant de pouvoir enfin accéder à la selle et aux pédales. De toute évidence, pédaler à une telle altitude semble invraisemblable, et nous pensons que ce chef-d'œuvre de Renard était plutôt destiné à démontrer son savoir-faire de constructeur, particulièrement dans le domaine du rayonnage et du montage des roues. À la même époque, Rousseau, précurseur du « Kangaroo »[123], installé à Marseille, œuvre dans une direction diamétralement opposée, proposant un bicycle à la fois petit et multiplié[124].

Lorsque Renard reprit contact avec le sol, ses productions devinrent plus raisonnables. Son bicycle « Facile », dans la lignée des machines de sécurité, inverse sa fameuse transmission en parallélogramme, la disposant sous l'axe de la roue motrice. Malheureusement, elle n'était pas multipliée et n'avançait guère plus vite qu'un vélo d'enfant. Avec l'arrivée de son « Sphinx »[125] démultiplié, Truffault apportera une solution provisoire à ce problème.

Références

Louis Baudry de Saunier, *Le cyclisme théorique et pratique*, 1893.

Catherine Bert-Lavenir, *Voyages à vélo*, 2011.

Claude Reynaud, *Vélos de légende*, 2013.

Jacques Seray, *Deux roues*, 2015.

[122] Baudry de Saunier, *Le cyclisme* théorique *et pratique*, 1893, p. 116-117.
[123] Voir 44. Le « Kangaroo » de Hillman.
[124] *Ibid.*
[125] Voir 54. Le « Crypto Brantam ».

Le Facile Bicycle.

In Louis Baudry de Saunier, *Le cyclisme théorique et pratique*, *p.* 122.

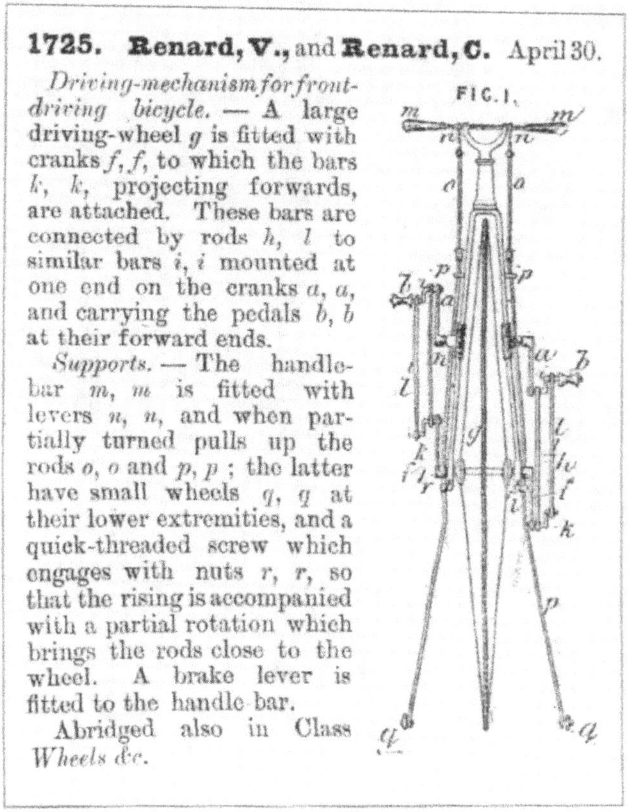

1725. Renard, V., and Renard, C. April 30.

Driving-mechanism for front-driving bicycle. — A large driving-wheel *g* is fitted with cranks *f*, *f*, to which the bars *k*, *k*, projecting forwards, are attached. These bars are connected by rods *h*, *l* to similar bars *i*, *i* mounted at one end on the cranks *a*, *a*, and carrying the pedals *b*, *b* at their forward ends.

Supports. — The handle-bar *m*, *m* is fitted with levers *n*, *n*, and when partially turned pulls up the rods *o*, *o* and *p*, *p* ; the latter have small wheels *q*, *q* at their lower extremities, and a quick-threaded screw which engages with nuts *r*, *r*, so that the rising is accompanied with a partial rotation which brings the rods close to the wheel. A brake lever is fitted to the handle bar.

Abridged also in Class *Wheels &c.*

Brevet anglais pour le bicycle géant de Victor et C. Renard, 1878.

Collections et musées

Musée Auto-moto, Domazan, France.

Musée Bagatti Valsecchi, Milan, Italie.

Musée de la Vie wallonne, Liège, Belgique – un grand bi Renard, en prêt au Musée des Transports.

34

1878 – L'« Xtraordinary » de George Singer

Bicycle « Xtraordinary » de Singer, tel que décrit dans sa patente anglaise de 1878. Fourche inclinée vers l'arrière, transmission par bielles et leviers.

Pour une meilleure efficacité de pédalage, les bicyclistes recherchaient la position la plus haute possible, ce qui rendait le freinage difficile et augmentait le risque de basculer par-dessus l'engin. L'« Xtraordinary », ou « Xtra », breveté par Georges Singer, en Angleterre en 1878, fut introduit sur le marché en 1879. Il représente la première tentative réussie et acceptée du public de remédier à ce problème. Il sera aussi le premier d'une longue série de bicycles de sécurité[126]. Même si sa roue motrice demeure assez haute, une position plus basse et plus en recul de la selle réduira de beaucoup le risque du *header* ou *cropper*, évoqué ci-dessus. L'inclinaison en arrière de la fourche et le mécanisme de transmission du mouvement des jambes par bielles et leviers fut donc la première réponse à la recherche de confort et de sécurité. Les leviers

126 Laissons provisoirement Harry Lawson et autres concepteurs entre parenthèses. Ils devront attendre jusqu'en 1885 pour assister au triomphe de la bicyclette. Voir 36. La bicyclette Lawson à chaîne.

étant incurvés, les pédales sont aussi plus accessibles, tandis que la trajectoire des pieds n'est plus circulaire, mais rappelle plus celle du mouvement de la marche. L'« Xtraordinary », initialement fabriqué par la Singer & Company Ltd de Coventry, a aussi été produit par d'autres marques de cycles, comme Clément en France. Arrivé tôt par rapport aux autres *safeties*, la longévité de sa production fut relativement plus longue et s'est prolongée jusqu'à la fin des années 1880.

Bien que le champion anglais George Waller (né en 1855) ait pu couvrir 10 miles sur route en 35' 47'', c'est l'aspect sécurité qui a prioritairement présidé à la réalisation de l'« Xtraordinary ». La machine ainsi conçue n'était évidemment pas la plus rapide.

Son succès fut relativement modeste, mais à en croire le nombre d'exemplaires conservés dans les musées et les collections particulières, on peut en déduire que l'« Xtraordinary » a su conquérir la confiance des utilisateurs de l'époque.

Références

Horace Bartleet, *Bartleet's Bicycle Book*, 1931.

Louis Baudry de Saunier, *Histoire générale de la vélocipédie*, 1891.

Nick Clayton, *The Birth of the Bicycle*, 2016.

Pryor Dodge, *La grande histoire du vélo*, 1996.

L'épopée fantastique, 2016.

Paul & Charlie Farren, *Bicycling Through Time*, 2013.

Tony Hadland, Hans Lessing, *Bicycle Design*, 2014.

David Herlihy, *Bicycle: The History*, 2004.

Claude Reynaud, *Vélos de légende*, 2013.

Jacques Seray, *Deux roues*, 2013.

The Engeneer, 15 février 1888, p. 131, 161.

« Bicycle Xtraordinary Challenge Clément », 1880,
à rayons directs et caoutchoucs pleins.
In Jacques Ballif, *Exposition rétrospective du cycle au Salon de l'automobile, du cycle et des sports*, 1906, n° 22.

Collections et musées

Amerian Bicycle Museum, États-Unis.

Coll. Pryor Dodge, États-Unis.

Coll. Farren, Australie.

Coll. Grandseigne, Sceaux, France.

Coll. Reynaud, Domazan, France.

MAI, Saint-Étienne, France.

Museum of Transport, Glasgow, Ecosse.

Palais de Compiègne, France.

Transport Museum, Coventry, Angleterre.

Velorama, Nimègue, Pays-Bas.

35

1878 – Les rayons tangentiels

Rayonnage tangentiel sur une roue de grand bi. Surry Machinist Co., London, 1882.
Velorama de Nimègue, Pays-Bas.

Le rayonnage métallique direct, breveté en 1869 par Eugène Meyer, permettait la construction de roues grandes et légères. En 1878, James Starley inventera le rayonnage tangentiel, qui résistera mieux à la torsion imprimée par le moyeu, et renforcera la rigidité de la roue. Ce type de rayonnage sera utilisé par beaucoup de fabricants de grands bi et de tricycles, avant de devenir la norme pour la bicyclette.

Rayonnage direct ou radial. Coventry Machinist's Co. bicycle, Coventry, 1878.
In Nick Clayton, *Early Bicycles*, 1994, p. 14.

36

1879 – La bicyclette à chaîne de Harry Lawson

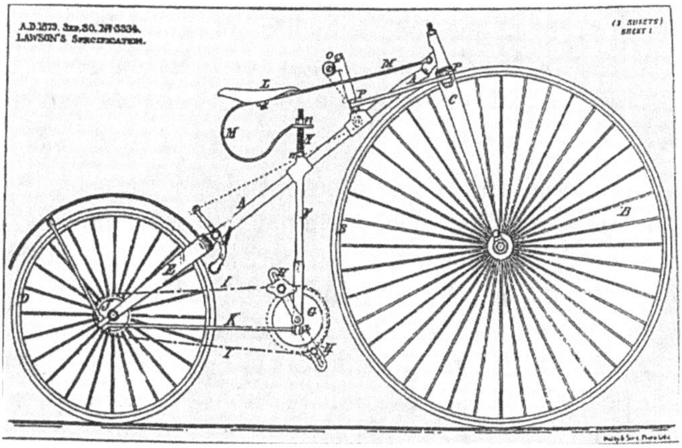

La première bicyclette à chaîne mise en fabrication et commercialisée. Dessin du brevet de la bicyclette à chaîne de Lawson, 1879.
In Jacques Seray, *Deux roues*, 2013, p. 102.

Bien que nous ayons abordé précédemment les bicyclettes des Français Eugène Meyer et Desnos-Gardissal, de l'Italien Viarengo de Forville, de l'Anglais Thomas Shergold[127], etc., et que divers prototypes anciens pourraient prétendre à ce titre, on considère communément que la première bicyclette de sécurité aurait été inventée par l'Anglais Henry John « Harry » Lawson vers 1873-1874[128] : une machine à deux roues de même diamètre, à entraînement par chaîne pignon et pédalier ; premier concept du genre réellement avéré fonctionnel et à avoir eu de réelles répercussions dans les productions industrielles des années 1880[129]. Cet engin, que Lawson aurait utilisé pour son usage personnel, n'a jamais été retrouvé.

Par la suite, après avoir conçu à Brighton une autre machine, dotée cette fois d'une transmission par leviers[130], Harry John Lawson (1852-1925) se tournera à nouveau vers Coventry. Après y avoir travaillé pour la maison Haynes &

---

[127] Voir 17. Le vélocipède à chaîne de Meyer-Guilmet ; 31. Le Shergold Safety Bicylce ».
[128] Ian Jones cite encore Thomas Wiseman et Frederick Shearing, in *The Safety Bicycle*, p. 6.
[129] *Ibid.*, p. 6; Cyril Caunter, *Descriptive Catalog of the Science Museum*, Part II, p. vii, 1958.
[130] Voir 30. La bicyclette à leviers de Harry John Lawson.

Jefferies[131], il y deviendra directeur commercial de la Tangent & Coventry Tricycle Co., firme qui fusionnera en 1880, avec la maison D. Rudge & Co.

C'est en 1878 qu'il ébauchera sa bicyclette à chaîne. Brevetée en 1879, c'est avec elle que le terme « bicyclette » – le petit bicycle – apparut pour la première fois. Sa roue antérieure était surdimensionnée et on la surnomma « The Crocodille ». Comme le guidon était placé en arrière de cette roue, une tringle devait le relier à la fourche. Remarquée au Stanley Show de 1880, elle ne fut cependant produite que confidentiellement. En 1884, à la demande de Lawson, BSA en construisit deux prototypes, puis en sortit une version modifiée et protégée par un nouveau brevet, qui sera produite à 1500 exemplaires.

En 1886, Lawson laissera encore apposer son nom sur une autre bicyclette. Cette version fut le premier succès commercial de la maison Rudge : un modèle promu en France par son agent parisien[132], le but ayant été de le présenter comme étant une amélioration de la Lawson et non comme une simple copie de la Rover de J.K. Starley. C'est encore dans le prolongement de cette même idée que Rudge réalisera vers la fin des années 1880 une copie de la Lawson de 1879. C'est l'exemplaire exposé aujourd'hui au Transport Museum de Coventry.

Entre-temps, Lawson voulut créer sa propre entreprise et fonda, encore à Coventry, la National Bicycle & Tricycle Mfg. Co., d'où sortit le « National », une ultime version de sa bicyclette. Bien que salué au Stanley Show, ce troisième et dernier essai sera un échec commercial.

Dans les années 1890, Lawson ayant pressenti les futurs débouchés de l'industrie automobile, il s'engagea dans cette voie. Son association avec le financier frauduleux Ernest Terah Hooley (1859-1947) lui valut de graves démêlés judiciaires[133], ainsi qu'une brève période d'emprisonnement. Cet épisode ne devrait cependant pas nous faire oublier son importante contribution à l'essor de la bicyclette à chaîne.

Après avoir participé, en 1886, à la naissance de la Coventry Motor Co., il fondera la même année, avec Gottlieb Daimler, la Daimler Motor Company. Des ateliers de Coventry sortiront les premières voitures anglaises.

On se souviendra encore du personnage qui organisera en1896 la course automobile Londres-Brighton, célébrant l'émancipation du *Red Flag Act*, une réglementation introduite par le Parlement britannique dès 1865, imposant une

---

[131] Voir 24. Le bicycle « Ariel » de James Starley et William Hillman.
[132] Voir 52. La bicyclette des Frères Gauthier.
[133] Voir 67. La bicyclette de la Dursley Pedersen Cycle Co.

série de mesures destinées à encadrer l'emploi des véhicules à moteur sur la voie publique. Cette loi prévoyait, entre autres mesures, que tout véhicule motorisé devait être précédé d'un piéton agitant un drapeau ! Lawson fut de ceux qui se dressèrent et se monopolisèrent contre cette disposition.

Références

Dragoslav Andric, *Les bicyclettes*, 1990.

Wiebe Bijker, *Of Bicycles, Bakelites, and Bulbs: Toward a Theory of Sociotechnical Change*, 1997.

Cyril Caunter, *Descriptive Catalog of the Science Museum*, Part II, 1958.

Nick Clayton, *The Birth of the Bicycle*, 2016.

Tony Hadland, Hans Lessing, *Bicycle Design*, 2014.

David Herlihy, *Bicycle: The History*, 2004.

Ernest Terah Hooley, *Hooley's Confessions*, London, Simpkin, Marshall, Hamilton, Kent & Co., 1925 (entre 1925 et 1947), 308 p.

Ian Jones, *The Safety Bicycle*, 2012.

David Kimberley, *Coventry's Bicycle Heritage*, 2015.

Jacques Seray, *Deux roues*, 2013.

Bicyclette de Lawson de 1879, fabriquée à Coventry. Cet exemplaire a été construit près de dix ans plus tard, comme support publicitaire de la maison Rudge. Transport Museum, Coventry.
Photo G. De Smaele, 2017.

Collections et musées

Transport Museum, Coventry, Angleterre.

37

1879 – Le « Coventry Rotary Tricycle »

No. 7. H. W. BARTLEET (mounted) and J. C. P. TACAGNI, with " Coventry Rotary " Tricycle, 1876.
(*Photograph taken*, 1929)

Tricycle à deux voies, transmission par chaîne. Coventry Rotary Tricycle de 1876.
In H.W. Bartleet, *Bartleet's Bicycle Book*, 1931, plate 15.

Le « Coventry Rotary », ou « Rotary », introduit par James Starley à la fin de l'année 1879 ou début 1880, fonctionne selon le même principe que son prédécesseur à leviers[134]. C'est un des tout premiers tricycles utilisant la transmission par chaîne, conçu plus ou moins à la même époque que la bicyclette de Lawson de 1879. Le Rotary connut un assez grand succès et fut également assigné à diverses tâches utilitaires : livraison de marchandises, déplacements du médecin chez ses malades, transport du matériel de l'artiste peintre ou du photographe… De longueur appréciable, ce tricycle fut aussi facilement adapté en version tandem, qui connut également un certain succès.

Le « Rotary », fut d'abord commercialisé par la Starley Brothers, puis par la Tangent & Coventry Tricycle Company, acquise par Rudge en 1880, mais l'idée fut adoptée jusque tard dans les années 1880 par d'autres grandes marques, notamment par la manufacture française Clément. Preuve de son succès, il est présent dans la plupart des grandes collections de cycles.

À partir de 1879, une quantité croissante de modèles de tricycles seront produits par plus d'une centaine de fabricants. Ils seront utilisés par ceux qui

---

[134] Voir 29. Le « Coventry's Lever Tricycle » de James Starley.

ne savaient pas monter le grand bi, notamment par les femmes, encore gênées par de longues robes, peu adaptées à la pratique du cyclisme.

Si le grand bi était simple, élégant, efficace, il demeurait surtout dangereux. Bien que des bicycles de sécurité aient fait leur apparition, le tricycle – plus compliqué à construire et donc plus cher à acquérir – jouissait quant à lui d'un certain prestige social. Si la bicyclette lui a porté le coup fatal, il restera quant même encore populaire jusqu'à la fin des années 1880, mais dès 1890 la plupart des fabricants cessèrent la production, tant des bicycles que des tricycles. Après avoir subi la concurrence du Quadrant, c'est « Cripper », de Humber qui deviendra la forme modèle du tricycle[135]

Références

Horace Bartleet, In Bartleet, *Bartleet's Bicycle Book*, 1931.

L'Auto, 6 octobre 1906.

La Nature.

1880. Tricycle « Rotary », de Clément. Direction à crémaillère, transmission par chaîne, coussinets à billes, frein à tambour, caoutchoucs pleins.
In Jacques Ballif, *Exposition rétrospective du cycle au Salon de l'automobile, du cycle et des sports*, 1906, n° 21.

Collections et musées

Coll. Farren, Australie.

MAI, Saint-Étienne, France.

Transport Museum, Coventry, Angleterre.

Velorama, Nimègue, Pays-Bas.

Wielermusem, Roselare, Belgique.

---

[135] Voir 48. Le tricycle « Cripper » de Humber ; 56. La bicyclette « Quadrant ».

38

1879 – Le dicycle Otto

Deux roues indépendantes disposées de front, transmission par poulies et courroies métalliques, direction par deux poignées à double commande. « Otto safety bicycle », construit par The Birmingham Small Arms Co. Ltd., 1879. Don de M. Charles Follot au TCF.
In Jacques Ballif, *Exposition rétrospective du cycle au Salon de l'automobile, du cycle et des sports*, 1906, n° 18.

Bien qu'il ressemble de loin à un tricycle, le dicycle n'a que deux roues, qui sont parallèles et disposées de front sur un même essieu. En arrière de cet axe vient se placer le siège du conducteur. Par devant, le mouvement du pédalier est transmis aux roues par deux courroies métalliques entraînant des poulies. Pour se diriger, on se sert des poignées à doubles commandes disposées de part et d'autre du siège. Chacune d'elles permet soit d'actionner un frein sabot, en serrant la poignée, soit de relâcher la courroie en la faisant tourner. Pour prendre un virage, on actionne le frein du côté où l'on veut tourner et on détend la courroie de l'autre. L'indépendance des deux roues et ce principe de conduite ne nécessitent donc pas l'emploi d'un différentiel.

Derrière le siège, un timon terminé par une petite roulette empêche la machine de basculer en arrière. Pour ne pas culbuter vers avant il suffit simplement d'accélérer, ou lors du freinage, de poser un pied en avant ! On imagine que la conduite d'un tel engin demandait une période d'apprentissage, mais la difficulté était abordable. Neuf cent cinquante-trois de ces machines auraient été fabriquées dans les ateliers de la BSA pour la Otto Safety Bicycle Company. Si on prend en compte la production d'autres ateliers, un total de 2.000 machines aurait été construit.

Parmi les vélocipèdes à deux voies – comme le Coventry Tricycle –, le dicycle n'est ni un bicycle ni un tricycle. Plus stable que le grand bi, il fut breveté en 1877, puis en 1879, par Edward C.F. Otto (1841-1905), né à Berlin puis naturalisé en Angleterre. Au cours de presque une décennie de mise en fabrication, la transmission du mouvement a évolué. Elle est passée d'un pédalier en vilebrequin et d'un système de poulies, initialement reliées par des courroies en lin tissé et caoutchouté, à des courroies métalliques. En 1886, Otto entre en concurrence avec le « Kingston Club Dicycle » de la Coventry Machinist's Company, qui sera abandonné pour violation de brevet. Une chaîne, des pédales et un différentiel seront intégrés sur le plan des derniers modèles. Cependant, avec l'apparition des bicyclettes de sécurité – vendues à des prix nettement inférieurs –, le dicycle Otto disparaîtra de la circulation. Il fut présenté pour la dernière fois au Stanley Show de 1887. Les modèles les plus tardifs présentaient un type de rayonnage bien particulier, avec des rayons torsadés et entrelacés. Le concept du dicycle a été exploité par d'autres fabricants. Le « bicycle valseur » décrit dans un article du journal *La Nature* présente des roues d'un grand diamètre, mais n'aurait été construit qu'à un seul exemplaire par un amateur.

La firme BSA a été fondée à Birmingham en 1861 par l'association de 14 armuriers de la Birmingham Small Arms Trade Association, qui avaient approvisionné en armes le gouvernement britannique durant la guerre de Crimée (1853-1856). Comme on le verra plus tard en France à Saint-Étienne, et en Belgique avec la F.N., la proximité d'une industrie de l'armement – ainsi que celle des machines à coudre – sera un environnement favorable au développement de la fabrication de cycle : main-d'œuvre et outillage répondant aux mêmes exigences de la fabrication de pièces métalliques. À la fin des années 1870, avec la chute de la demande en armes, la BSA se mit à fabriquer le dicycle Otto et des bicyclettes dès les années 1880. En 1903, la compagnie expérimentera ses premières motos, pour devenir à son apogée le leader mondial du secteur, tout en demeurant une très grande marque de cycles.

Références

Jacques Ballif, *Exposition rétrospective du cycle au salon de l'automobile, du cycle et des sports*, 1906.

Wiebe Bijker, *Of Bicycles, Bakelites, and Bulbs: Toward a Theory of Sociotechnical Change*, 1997, p. 57.

Nick Clayton, *Early Bicycles*, Shire, p. 17.

Cnam, *Jeux de vélos*, Paris, 1992.

Tony Hadland, Hans Lessing, *Bicycle Design*, 2014, p. 112-114.

G. Lacy Hillier, *Construction: Bicycles, Dicycles or Otto Type Machines and Tricycles*.

Archibald Sharp, *Bicycles and Tricycles*, 1896, p. 186.

La Nature, « Le bicycle valseur ».

La Nature, « Les tricycles ».

Dicycle Otto, modèle à courroie métallique, 1879, Paris, coll. du CNAM, inv. 14015.

Collections et musées

CNAM, Paris, France. Inv. 14015.

National Cycle Museum, Lincoln, Angleterre.

Velorama, Nimègue, Pays-Bas.

39

1880 – Le tricycle Salvo

Tricycle à chaîne muni d'un différentiel. Tricycle Salvo.
In H.W. Bartleet, *Bartleet's Bicycle Book*, 1931, plate 3.

En 1877, James Starley sortit une nouvelle version de son « Coventry Tricycle »[136], un sociable où deux cyclistes pouvaient prendre place côte à côte. Vint ensuite une machine simple, équipée d'une seconde grande roue, à droite de la machine. Bien qu'elle ait en fait quatre roues (si on compte la roue stabilisatrice se trouvant à l'arrière), Starley la commercialisera sous le nom de « Salvo tricycle », un engin à trois traces, dirigé par la roue avant. Sa caractéristique la plus novatrice consistera en l'ajout d'un différentiel de son invention. Le différentiel – qui avait déjà été breveté par le Français Onésiphore Pecqueur en 1828 – prit différentes formes, mais il s'avère qu'en 1877 James Starley avait développé son propre concept. Ce fut une innovation notoire, qui deviendra par la suite un élément essentiel de l'automobile.

À partir de 1880, le Salvo sera un vrai tricycle à trois roues, qui connut un grand succès. Même avec une seule chaîne, le différentiel répartissait l'énergie uniformément sur les deux roues, éliminant la tendance du tricycle à tirer du

[136] Voir 29. Le « Coventry's Lever Tricycle » de James Starley.

côté de l'unique roue motrice. Lors des virages, le différentiel permettait automatiquement à la roue extérieure de se déplacer plus rapidement que la roue intérieure. Les voitures hippomobiles, dont les roues étaient folles, étaient tractées et ne connaissaient évidemment pas ce problème, apparu avec l'usage de moteurs, fussent-ils humains.

La commande de la direction se fait par crémaillère, par la rotation d'une poignée commandée de la main droite, tandis que le frein est actionné par un levier tenu de la main gauche. Le Salvo, apprécié des dames, fut un tricycle des plus populaires en Angleterre. La reine Victoria en fit l'acquisition de deux exemplaires.

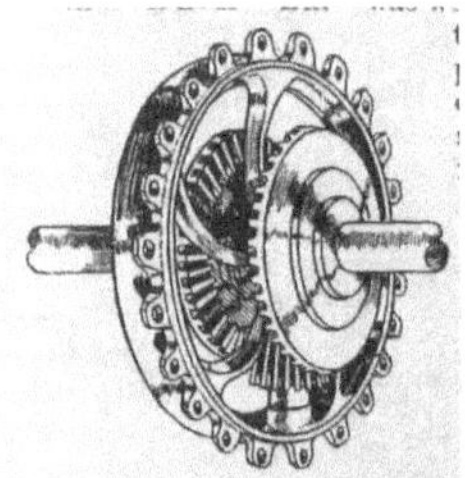
Fig. 2. James Starley's differential gear, 1877.

Différentiel de Starley, 1877. In Bartleet, *Bartleet's Bicycle Book*, p. 21.

Pour l'époque, le tricycle était déjà un véhicule relativement imposant et complexe. Le cycle posa les fondations de l'industrie automobile et même de l'aviation. Le moteur mis à part, la plupart des principes fondamentaux de l'automobile furent d'abord développés pour les bicycles et les tricycles, comme on le voit sur la voiture à moteur construite à Mannheim en 1886 par l'ingénieur Carl Benz (1844-1929) : le rayonnage des roues, les roulements à billes réglables, la roue libre, le différentiel, le bandage pneumatique…

« So, young man of the motor trade, do not lightly regard the cycling pioneers, do not become what Tennyson, in his poem to Godiva, described as new men who, in the flying of a wheel, cry down the past[137]. »

Le tricycle de Dion-Bouton fut aussi motorisé quelques années plus tard, dès 1893[138].

Références

Horace Bartleet, in Bartleet, *Bartleet's Bicycle Book*, 1931.

---

[137] A.J. Wilson dans une lettre au Royal Automobile Club, in H.W. Bartleet, 1931, p. 5.
[138] Voir aussi le tricycle à moteur de Félix Millet, daté de 1887 (CNAM, inv. 14.327).

1885 (*sic*). Tricycle Salvo n° 1 de Clément. Direction à crémaillère, transmission par chaîne, coussinets à billes, frein à tambour, caoutchoucs pleins.
In Jacques Ballif *Exposition rétrospective du Cycle au Salon de l'Automobile, du Cycle et des Sports*, Paris, décembre 1906, n° 24.

Le tricycle Salvo de Starley, 1880. Transport Museum, Coventry.
Photo : G. De Smaele, 2017.

Collections et musées

Musée de l'automobile Henri Malatre, Rochetaillée s/Saône, France.

Science Museum, inv. 1927-504., Londres, Angleterre.

Transport Museum, Coventry, Angleterre.

Velorama, Nimègue, Pays-Bas

40

1881 – Le « Facile » de Ellis & Co.

No. 9. John Beale's " Facile," 1878.

« Facile » de Beale & Shawn, 1878. Petit bicycle à leviers.
In H.W. Bartleet, *Bartleet's Bicycle Book*, 1931, plate 17.

À la suite de l'« Xtraordinary » de Singer[139], qui avait conservé la grande roue du bicycle, le « Facile » fait quant à lui partie des *dwarf safeties*, aux dimensions plus raisonnables : de 36 à 48 pouces, plus communément 42 pouces. L'assise du cycliste est à la fois basse et en recul, tandis que le système de pédalage alternatif est constitué d'un assemblage de bielles et de leviers fixés sur une extension de la fourche.

Patenté en Angleterre en 1869 par Beale & Shawn, le « Facile » ne sera finalement lancé qu'en 1878, mais réellement mis en production commerciale à Londres par Ellis & Co. Ltd., de 1881 à 1888.

Ses performances sur tous types de distances et de routes, ont été saluées, et ceci même en côte : par exemple, un trajet de 266 miles en un jour. En 1884, le coureur Joseph Harris Adams améliorera le record de Land's End à John o'Groats, soit une traversée du Royaume-Uni en moins de 7 jours. Ellis & Co., qui était un fabricant réputé de bicycles, mettra aussi sur le marché un modèle dérivé à leviers, multiplié selon le principe de l'engrenage soleil et planète, qui n'est pas sans nous rappeler le « Crypto » et la bicyclette Watt de

---

[139] Voir 34. L'« Xtraordinary » de George Singer.

Rouard Frères de 1895[140]. Ellis & Co. sera d'ailleurs absorbée par la Crypto Cycle Co. en 1892.

Indiscutablement, jusqu'à l'arrivée de la « Rover » de J.K. Starley, le Facile restera des plus populaires parmi les bicycles de sécurité.

Références

Nick Clayton, *Early Bicyles*, 1986.

Pryor Dodge, *La grande histoire du vélo*, 1996.

David Herlihy, *Bicycle: The History*, 2004.

Jacques Seray, *Deux roues*, 2013.

No. 13. Geared " Facile," 1889.

Le « Geared Facile » de Ellis & Co., 1889.
In H.W. Bartleet, *Bartleet's Bicycle Book*, 1931, plate 18.

---

140 Voir 54. Le « Crypto Brantam ».

Le Rousset, Marseille, 1898. Velorama, Nimègue, Pays-Bas.
Photo : G. De Smaele, 2017.

Collections et musées

Coll. Reynaud, Domazan, France.

Musée de la voiture, Palais de Compiègne, France.

41

1881 – L'« American Star Bicycle »

« American Star » bicycle. Petite roue avant, mouvement à leviers, sangles et rochets. Brevet de W.S. Kelley de 1885.

L'étrange « American Star Bicycle », ou « Star Bicycle », fut produit à Smithville, puis à Torrington dans le New Jersey, de 1881 à 1893, par la Hezekiah Bradley Smith Company. Outre son succès commercial, ce bicycle fut un moyen complémentaire pour améliorer la visibilité de cette entreprise, spécialisée dans l'outillage pour le travail du bois.

Par-delà l'océan Atlantique, et en réaction aux aléas de la pratique du bicycle, les Américains ne se sont pas contentés d'importer ou de fabriquer l'« Extraordinary », le « Facile » et autres bicycles de sécurité. George Pressey, du New Jersey, vint au monde du cyclisme avec une solution originale. Il déposa en 1880 un premier brevet pour un grand bicycle inversé, dont la petite roue sera directrice et à l'avant, tandis que la grande roue motrice sera disposée à l'arrière. Le pédalier sera quant à lui remplacé par des leviers agissant sur un système de courroies en cuir et de rochets[141]. Lorsqu'un levier s'abaisse, il déroule la courroie enroulée autour d'une pièce cylindrique fixée sur l'axe de la roue motrice, cependant que la courroie de l'autre côté, rappelée par un ressort, se rembobine et que sa pièce cylindrique est en roue libre. Ces leviers étant indépendants, on peut les utiliser alternativement ou

[141] Ce qui rappelle la transmission de l'« Omnicycle » (L. Baudry de Saunier, *Le cyclisme théorique et pratique*, p. 146).

simultanément. D'autre part, l'attache des courroies sur les leviers peut se faire en deux endroits, ce qui confère à l'utilisateur le choix entre deux vitesses. Si la possibilité de chute par l'avant se voit fortement réduite, il faudra encore se méfier de la bascule par l'arrière ; mais la principale faiblesse de l'American Star sera la conséquence d'une répartition fort inégale du poids du cavalier sur les deux roues, la roue avant se trouvant allégée et pouvant plus facilement glisser latéralement. Pour la même raison, Baudry de Saunier parle aussi de la difficulté d'enfourcher le bicycle[142].

Après de modestes débuts, la machine originale imaginée par Pressey fut améliorée, et produite à plus grande échelle. Avec près de 1350 bicycles sortis des ateliers, 1884, sera l'année du pic de sa production. L'American Star sera à nouveau modifié en 1885, par W.S. Kelley. Le catalogue de la Smith Company propose alors toute une gamme de modèles : le Pony Star, réduisant le diamètre de la roue arrière et qui sera réputé plus sûr, des bicyclettes pour la route et pour la course, conservant toujours la même transmission, et même un tandem, dont aucun exemplaire n'est connu à ce jour.

Si, après1885, la configuration de ce bicycle tardif pouvait passer pour désuète, n'avait-elle pas préfiguré la bicyclette qui allait révolutionner le marché et la locomotion terrestre ?

Après différents succès sur la route et en course, l'efficacité et la fiabilité de l'American Star s'étaient avérées satisfaisantes. En 1885, alors que la *League of American Wheelmen* faisait du lobbying au Congrès pour l'amélioration des routes, un bicycle Star descendit les marches du Capitole des États-Unis. Une photographie devenue célèbre immortalisera cette démonstration. Pouvait-on rêver d'une meilleure preuve de stabilité ? À une époque où le design des cycles s'inspirait principalement du travail des ingénieurs anglais et européens, l'« American Star » représentait une innovation typiquement américaine, comme son nom le rappelle d'ailleurs.

En 1892, le modèle Rover Star était censé combiner la sécurité de la bicyclette avec la vitesse et le confort du grand bi. D'autre part, le New Star Bicycle, une ultime bicyclette, fut mis en fabrication conservant lui aussi la même transmission à leviers[143].

Références

Louis Baudry de Saunier, *Le cyclisme théorique et pratique*, 1893, p. 121.

Pryor Dodge, *La grande histoire du vélo*, 1996.

---

142 Louis Baudry de Saunier, *Le cyclisme théorique et pratique*, 1893, p. 121.
143 Voir ill. *infra*, « The New Star ».

Paul and Charlie Farren, *Bicycling Through Time*, 2013.

David V. Herlihy, *Bicycle: The History*, 2004, p. 119-220.

Gert Jan Moed, *Bicycles from the States*, Nimègue, Velorama, s.d., p. 19, 28.

Jay Pridmore, Jim Hurd, *The American Bicycle*, 1995.

Claude Reynaud, *Vélos de légende*, 2013.

Jacques Seray, *Deux roues*, 2013.

The Wheel and Cycling Trade Review, 1888.

The New Star.
In *Bicycling World and L.A.W. Bulletin*, 3 mai 1889.

Collections et musées

Coll. Dodge, USA.

Coll. Farren, Australie.

Coll. Reynaud, Domazan, France.

Velorama, Nimègue, Pays-Bas.

42

1881 – Le monocycle de G. Battista Scuri

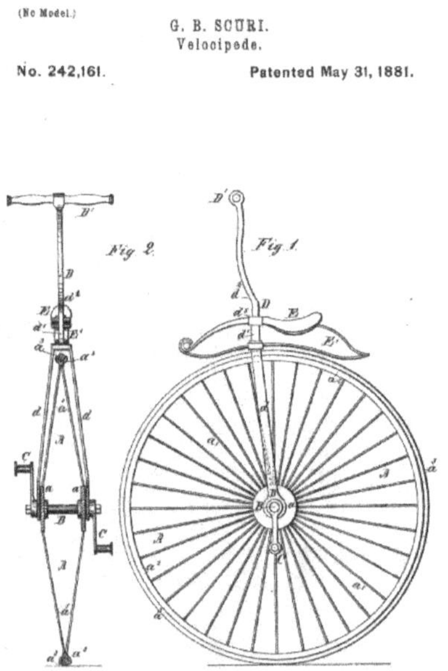

Monocycle de Scuri, 1881. Vélocipède acrobatique à une seule roue.
US Patent Office.

Après un succès phénoménal rencontré à Paris sur la scène du Cirque Napoléon (devenu par la suite le Cirque d'Hiver), l'illustre trapéziste Jules Léotard (1837-1870)[144] – l'inventeur du trapèze volant – se produira aux quatre coins du monde. Lors de ses temps libres, celui-ci ne dédaignait pas de s'adonner à la vélocipédie. En souvenir, le Musée Vélo Moto de Domazan, implanté au château de Bosc dans le Gard, possède d'ailleurs le vélocipède à suspension ayant appartenu à l'artiste[145]. Il remportera en mars 1870 la course Villefranche-de-Lauragais à Toulouse et retour, peu avant de décéder de maladie, quelques mois plus tard, à l'âge de 32 ans.

---

[144] *Pirouettes et Collants blancs : mémoires de Jules Léotard, le premier des trapézistes*, Paris, Mercure de France, 2010, 120 p. – 2de édition, Paris, Tous les libraires, 1860, 188 p.

[145] Claude Reynaud, *Vélos de légende*, 2013, p. 76-79.

En marge de cette anecdote, et selon *L'acrobatie et les acrobates*, ouvrage publié en 1903 par le professeur de philosophie George Strehly (né en 1851)[146], de nombreux acrobates cyclistes se sont produits sur les pistes des cirques et sur les scènes des music-halls. Pour présenter leurs routines, ces artistes se sont souvent servis de machines spécialement adaptées, avec pignon fixe, fourche escamotable, etc[147]. Notons toutefois que les monocycles à cavalier intérieur, dont *Le cyclisme théorique et pratique de* Baudry de Saunier[148] présentera en 1893 un large éventail de modèles, n'étaient pas aussi difficiles à maîtriser qu'ils en avaient l'air[149]. Ces derniers abaissaient le centre de gravité, ce qui ne sera pas le cas du monocycle d'acrobatie. Celui-ci se déclinera en plusieurs versions, dont le haut perché « monocycle girafe » ou le mono-roue sans selle, sur lesquels seront présentés des routines d'une richesse inouïe. Plus récemment, le Cirque de Pékin en tirera des numéros des plus exceptionnels.

Suite à une défectuosité survenue à la roue arrière de son grand bi, le constructeur Turinois Battista Scury aurait eu l'idée de poursuivre sa route sur une seule roue, créant au passage le monocycle à pédales. Après s'être distingué lors d'un parcours de Milan à Turin, emmené sur une seule roue, le cycliste devint acrobate, pour finalement s'illustrer sur la scène artistique internationale, devenant un des plus notoires représentants de cette discipline. Tout comme Léotard, Scury fit des émules qui ne tarderont pas à repousser les limites de ses prouesses acrobatiques.

Un télégraphiste américain, Dan Canary, originaire de New Haven dans le Connecticut, fut dans les années 1880, une autre de ces étoiles du cyclisme acrobatique. Ses numéros étaient cependant effectués sur un grand bi ordinaire. Canary poussa son art si loin, que pour le public qui venait le voir, la question n'était pas de savoir quel exploit il pouvait réaliser, mais bien lequel il ne pouvait pas accomplir. Pour un temps, ces acrobates-cyclistes furent à la mode, et la liste de troupes et de solistes qui se sont produits sur les scènes des music-halls serait bien longue à établir[150]. Le monocycliste Walter fut aussi un des grands virtuoses de la spécialité.

---

[146] George Strehly, *L'acrobatie et les acrobates*, Paris, Delagrave, 1903. Voir Gérard De Smaele, 2005, p. 199-201.
[147] Michael Embacher, *Smart Move : Bicycles from the Embacher Collection*, 2007. Voir aussi *Cyclepedia* et son site internet : http://www.embacher-collection.com (accès en 2016 – il est à noter que cette collection remarquable a malheureusement été dispersée en 2017) ; Ian Jones, *The Safety Bicycle*, 2012, p. 25 – album 174.
[148] Louis Baudry de Saunier, *Le cyclisme théorique et pratique*, 1893, p. 86-100.
[149] Voir 25. Le monocycle de Jackson.
[150] Paul Adrian, *En piste les acrobates*, 1973.

Il est à noter qu'en 1881 le constructeur E.C.F. Otto, mieux connu pour son dicycle[151], déjà attiré par la recherche de solutions aux problèmes d'équilibre, fera lui aussi breveter un monocycle, caractérisé par un pédalier surbaissé, rendant probablement l'exercice plus abordable à tout un chacun.

Références

Louis Baudry de Saunier, *Le cyclisme théorique et pratique*, 1893, p. 86-100.

Philippe Daryl, *La vélocypédie pour tous*, 1892, *p.* 25-29.

Philippe Dubois, *Tous cyclistes : traité théorique et pratique de vélocipédie*, p. 39.

Michael Embacher, *Smart Move : Bicycles from the Embacher Collection*, 2007.

Ian Jones, *The Safety Bicycle*, 2012, p. 25.

George Strehly, *L'acrobatie et les acrobates*, 1903.

La Nature.

Fig. 2. — Exercices vélocipédiques de Dan Canary.

L'acrobate Dan Canary.
In *La Nature*, 1888.

[151] Voir 38. Le dicycle Otto.

Monocycle breveté par E.C.F. Otto, 1881.
In Dragoslaw, Les bicyclettes, 1990, p. 103.

Walter, Le roi de la roue. Affiche, 1889.

Collections et musées

Velorama, Nimègue, Pays-Bas.

43

1884 – Le « McCammon Safety Bicycle »

Le bicycle à chaîne de McCammon. Cadre à tube unique. Direction à pivot.
Science Museum, Londres.

L'année 1884 est un moment charnière dans la production de bicyclettes propulsées à l'aide d'une transmission à chaîne. Celles-ci sont lancées dans l'âpre lutte commerciale que se livrent les grands fabricants : Starley & Sutton, Humber, bientôt rejoints par Singer, BSA et autres constructeurs anglais. Plusieurs variantes de cette idée novatrice verront le jour, fièrement exposées au Stanley Show.

En dépit de son pignon fixe, le « step through frame » – un cadre à tube unique courbé vers le bas –, la bicyclette de John McCammon, permet de pouvoir facilement monter ou descendre de machine. Bien que l'on ne connaisse pas la réelle intention du fabricant, c'est une bicyclette tout indiquée pour les dames. C'est aussi une des premières machines à être pourvues d'une fourche reliée directement au guidon, abandonnant ainsi le système indirect à tringles. Cette direction s'articule sur le cadre par un pivot, tandis que pour le confort on a ajouté un « garde-crottes » et de gros ressorts à boudins sous la selle.

Références

Dragoslav Andric, *Les bicyclettes*, 1990.

Wiebe Bijker, *Of Bicycles, Bakelites, and Bulbs: Toward a Theory of Sociotechnical Change*, 1997, p. 72.

Cyril Caunter, *Descriptive Catalog of the Science Museum*, Part II, p. Vii, 1958.

Tony Hadland, Hans Lessing, *Bicycle Design*, 2014.

Ian Jones, *The Safety Bicycle*, 2012, p. 3.

Collections et musées

Mark Hall Cycle Museum, Harlow, Essex, Angleterre

Science Museum, London, inv. 1918-211.

44

1884 – Le « Kangaroo » de Hillman

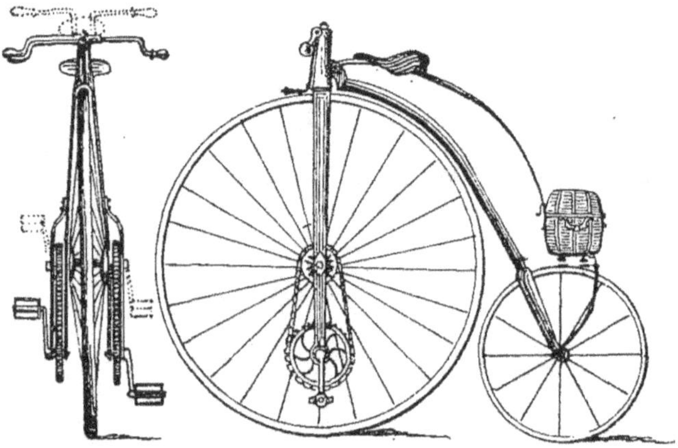

Le bicycle Rousseau.

« Le bicycle Rousseau », 1877. Bicycle à chaînes démultiplié, roue motrice à l'avant. In Louis Baudry de Saunier, *Le cyclisme théorique et pratique*, 1893, p. 118 ; voir aussi Raymond Huttier, *Le roman de la bicyclette*, 1951, p. 73.

Bien que produites à seulement quelques années d'intervalle, la comparaison entre ces deux machines ne manque pas d'intérêt. Elle illustre une fois de plus que si les Anglais, après la guerre de 1870, avaient pu mettre en place leur formidable outil industriel, bien des concepts exploités outre-Manche avaient trouvé leur origine en France. Lorsque l'Angleterre aura rattrapé son retard, la qualité de la production des entreprises françaises aura de moins en moins à envier à celle de la concurrence étrangère.

En pleine vogue du grand bi, et ce dès 1877, Alfred Rousseau, issu d'une famille de constructeurs renommés, établis à Marseille, sera un des premiers à s'engager dans la voie de la vélocipédie fonctionnelle. Voici les termes employés par Louis Baudry de Saunier à son égard :

« Pour lui, le bicycle pratique n'est pas élevé, c'est le bicycle petit et multiplié. Petit, car, dit-il, si jamais on n'avait fait de vélocipèdes de plus de 1,20 m, il y aurait cent fois plus de vélocipédistes. La hauteur effraye les imitateurs, et plutôt que de monter un plus petit bicycle, les gens craintifs vont à pied de peur de paraître ridicules.

Rousseau prêcha donc d'exemple et inventa son « bicycle sûr » qui réunissait à la fois les qualités de petite taille et de grande vitesse. La roue avant avait un diamètre de 90 cm seulement ; celle d'arrière avait la moitié. La selle s'éloignait du gouvernail pour donner moins de chances aux chutes. L'originalité de la disposition consistait surtout en ce que les manivelles, placées au-dessus du moyeu (*sic*), actionnaient un pignon qui, par une chaîne, transmettait le mouvement à un pignon second monté sur l'axe de la roue. La machine était multipliée à 1.40 m[152], et quoique haute d'à peine un mètre, donnait sensiblement la même vitesse qu'un bicycle plus élevé de 50 centimètres. Toutes les pièces du bicycle sûr étaient détachables. Au bas d'une côte, le cavalier appliquait directement les manivelles à l'axe, haussait la selle et son guidon et roulait ainsi sur une machine équipée à 0.90 m, partant beaucoup moins dure, et remettait tout en place pour continuer en terrain plat[153]. »

On peut malgré tout relever que la position de la selle reste encore très avancée, et que si la sécurité de son bicycle est déjà bien meilleure que celle d'un grand bi, la tant redoutée bascule tête en avant reste encore possible. On tombe seulement de moins haut ! La machine de Rousseau n'ayant pas été protégée par un brevet, le principe fut repris – légèrement modifié – en 1884 par la maison Hillman, Herbert et Cooper, de Coventry, sous le nom de « Kangaroo ». Alors que l'on hésitait encore entre le choix de la traction par la roue avant ou arrière, le « Kangaroo » – qui n'avait qu'une seule vitesse – fut un grand succès sportif, car il améliora sur-le-champ les performances établies précédemment sur grand bi. Avec cette nouvelle création, présentée au Stanley Show de 1884, on crut enfin tenir le bicycle du futur. Il sera rapidement imité et produit par de nombreux autres constructeurs, tant en Angleterre qu'aux États-Unis. L'histoire du cycle démontrera qu'une amélioration durable du vélocipède ne sera réellement possible qu'en abandonnant les principes de base du grand bi, dont celui de la roue motrice à l'avant. Avec l'apparition de la « Rover », le triomphe du « Kangaroo » ne s'installera pas plus que le temps de deux saisons, la nouvelle bicyclette « Rover » l'ayant instantanément supplantée dès son apparition.

---

[152] À l'époque on exprimait le développement, donc la circonférence de la roue, par le diamètre. Cet usage a encore perduré après l'apparition des bicyclettes démultipliées.
[153] Louis Baudry de Saunier, *Le cyclisme théorique et pratique*, 1893, p. 116-118.

Quant au « Sphinx »[154], « Crypto » et autre « Cyclone » – derniers sursauts de la traction avant –, ils bénéficieront quant à eux d'une démultiplication logée dans le moyeu.

Références

Dragoslav Andric, *Les bicyclettes*, 1990, p. 72 et suiv.

Louis Baudry de Saunier, *Le cyclisme théorique et pratique*, 1893, p. 118 et suiv.

Nick Clayton, *The Birth of the Bicycle*, 2016, p. 72.

Philippe Daryl, *La vélocipédie pour tous*, 1892, p. 33.

Pryor Dodge, *La grande histoire du vélo*, 1996, p. 66-69, 102.

Paul and Charlie Farren, *Bicycling Through Times*, 2013, p. 116-119.

Tony Hadland, Hans-Erhard Lessing, *Bicycle Design, An Illustrated History*, 2014 p. 148.

Raymond Huttier, *Le roman de la bicyclette*, 1951, p. 73.

David Herlihy, *Bicycle History*, 2004, p. 228–229.

Lacy Hillier, *Construction-Bicycles…*, p. 41-43.

Ian Jones, *The Safety Bicycle*, 2012.

Louis Lockert, *Manuel de vélocipédie*, 1896.

Jay Pridmore, Jim Hurd, *The American Bicycle*, 1995, p. 36-38.

Jacques Seray, *Deux roues*, 2013, p. 94-95.

Henry Sturmey, *Indispensable Handbook of the Safety Bicycle*, 1885 – description technique de nombreux modèles.

Collections et musées

Bicycle Museum of America, New Bremen OH, USA.

Coll. Pryor Dodge, USA.

Coll. Farren, Australie.

Conservatoire national des Arts et Métiers, Paris.

MRAH, Bruxelles.

Transport Museum, Coventry, Angleterre.

Velorama, Nimègue, Pays-Bas.

---

[154] Voir 54. Le « Crypto Brantam ».

1882 (1884-85 !), le bicycle de sûreté « Kangaroo » de la Surrey Machinist's Co., multiplié et à rayons tangents.
In Jacques Ballif, *Exposition rétrospective du cycle au Salon de l'automobile, du cycle et des sports*, 1906, n° 23.

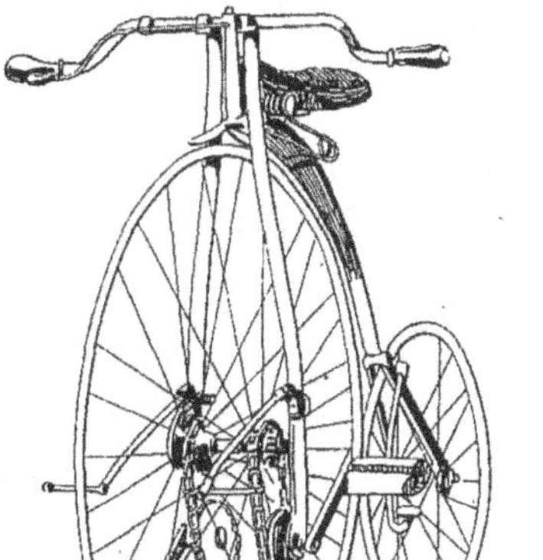

Le Kangaroo.

In Louis Baudry de Saunier, *Le cyclisme théorique et pratique*, p. 122.

45

1884 – La Humber à cadre « Diamond »

Bicyclette Humber, 1884. Bicyclette à cadre pentagonal.
In Ian Jones, *The Safety Bicycle*, Shire Library, 2012, p. 7.

Bien que sur ce premier modèle de bicyclette de sécurité, fabriqué en Angleterre par la Humber Company en 1884, le tube de selle ne soit pas encore présent, nous retiendrons que sa forme est bien pentagonale. C'est déjà celle du cadre « diamant », une structure fermée, qui deviendra universelle par la suite. Cette solution était bien plus rigide que le simple tube métallique qui constituait l'ossature du vélocipède et du grand bi.

En l'absence de roue libre et pour aider le cycliste à monter en selle, un marchepied est présent à l'arrière, tandis que pour les descentes, deux repose-pieds sont fixés à la fourche. On notera aussi un ressort de suspension adapté à la fourche.

Thomas Humber fut un acteur clé de l'industrie anglaise du cycle, remarquable pour le fini de sa production, et pour la variété de son catalogue de bicycles, tricycles, bicyclettes et tandem. Son nom fut toujours synonyme de qualité, ce qui lui valut d'être appelé « the aristocrat among bicycles ». Ses cycles furent présents tant en France qu'aux États-Unis et figurent avec Singer & Co., Swift, Hillman Herbert & Co., Coventry Machinists Co., Surrey Machinists Co., Quadrant, Rudge, Marriott & Cooper, Starley & Sutton (Rover), Rudge, The Centaur Cycle Co., Sint George Engeniring Co., etc., parmi les plus belles bicyclettes anglaises des années 1880-1890, dont certaines seront présentes dans les prestigieuses vitrines parisiennes, et tant convoitées par les cyclistes français. C'est aussi sur une Humber, montée cette fois de pneumatiques Michelin démontables, que Charles Terront rentrera vainqueur du premier Paris-Brest-Paris de 1891[155].

Références

Dragoslav Andric, *Les bicyclettes*, 1990.

Wiebe Bijker, *Of Bicycles, Bakelites, and Bulbs: Toward a Theory of Sociotechnical Change*, 1997.

P.B. Hamilton, *The Life of Thomas Humber, Inventor of « Humber » Cycles*, 1894, p. 23.

Ian Jones, *The Safety Bicycle*, 2012, p. 7.

Henry Sturmey, *Sturmey's Indispensable Handbook to the Safety Bicycle*, 1885, p. 57.

Bicyclette Humber, 1885.
In Henry Sturmey, *Indispensable Book to the Safety Bicycle*, 1885, p. 57.

Collections et musées

Mark Hall Cycle Museum, Harlow, Essex, Angleterre.

Velorama, Nimègue, Pays-Bas.

---

[155] Voir 63. La bicyclette « Clément » de Jiel-Laval.

46

1885 – La « Rover Safety » de J.K. Starley (1)

No. 31a. J. K. Starley's *first* " Rover," 1884.
No. 31b. J. K. Starley's *second* " Rover," 1885.
No. 31c. J. K. Starley's *third*—and final— design : the " Rover " Safety Bicycle, 1888 model.

Bicyclette à transmission par chaîne à la roue arrière. La bicyclette se commercialise.
Évolution de la bicyclette « Rover » de John Kempf Starley, 1884-1888[156].
In H.W. Bartleet, *Bartleet's Bicycle Book*, 1931, plate 29.

---

[156] Dans leur monographie, *A History of Rover Cycles* (1998), John Pinkerton et Derek Roberts font remarquer que l'illustration de la première Rover – celle de 1884 –, diffusée par le *Bartleet's Bicycle Book* (1931, plate 29) et par *The CTC Gazette*, d'avril 1885, n'est pas parfaitement identique à celle du catalogue de Starley & Sutton de 1885. Notons qu'aucun exemplaire de cette bicyclette n'est, jusqu'à présent, parvenu jusqu'à nous.

Bicyclettes à chaîne présentées à Londres au Stanley Cycle Show de 1885. De g. à dr. et de h. en b. : National ; Antelope ; Humber ; BSA ; Pioneer ; Swing Frame ». In Nick Clayton, *The Birth of the Bicycle*, 2016, p. 74.

La bicyclette à chaîne de Lawson, brevetée en 1879[157], ne connaîtra pas de réel succès commercial, tandis qu'en 1884 le « Kangaroo[158] » de Hillman réussit à prendre huit minutes sur le record du 100 miles, établi sur grand bi. Il sera détrôné en 1885 par la « Rover » de J.K. Starley.

Depuis sa création en 1878, le Stanley Cycle Show fut le témoin privilégié de l'évolution exponentielle de la production anglaise du cycle durant le dernier quart du XIXe siècle, la dernière décennie de ce siècle ayant été celle

[157] Voir 36. La bicyclette à chaîne de Harry Lawson.

[158] Voir 44. Le « Kangaroo » de Hillman.

de l'éclosion de cette industrie, tant en Angleterre que dans le reste de l'Europe et aux États-Unis. L'exposition organisée à Londres du 28 janvier au 3 février 1885, montée cette fois – faute de bâtiments disponibles – sous une énorme tente jouxtant Thames Embarkment, sera marquée par le lancement de la bicyclette Rover de John Kemp Starley[159], qui représente probablement la machine la plus emblématique de tous les temps.

En dehors de l'« Ordinary », de l'« Xtraordinary », du « Facile », du « Kangaroo » et autres *safeties*, sept bicyclettes à chaîne s'étaient alignées à l'exposition, provenant de chez Humber, Pioneer, Swing Frame, National, BSA, Antelope et Rover. La version originale de la Rover – conçue en 1884 dans le but de vaincre le grand bi – se distinguait par une roue avant de 37 pouces, alors que celles des machines concurrentes n'en mesuraient pas plus de 20, ce qui sur les routes de l'époque s'avérait inconfortable. La Rover, l'Antelope, la BSA et la Pioneer avaient malheureusement une direction indirecte à tringles, caractéristique qui avait déjà été le lourd handicap de la Lawson de 1879. Bien que J.K. Starley ait par la suite été proclamé inventeur de la bicyclette, et malgré les performances de sa machine, l'accueil de sa première version resta pourtant mitigé. Il fut suggéré à Starley de revoir la partie antérieure de sa Rover, d'incliner la fourche vers l'arrière et d'éliminer les tringles de la direction indirecte. Par la même occasion, le pédalier passa de gauche à droite. Aussitôt construite, cette seconde version était prête à conquérir le marché. Un record fut établi sur 100 miles, battant la Kangaroo de Hillman, et bien que cette dernière reprit le titre, le style de la Rover fut unanimement adopté par les grandes marques anglaises. C'en était terminé pour le Kangaroo, tandis qu'une troisième et une quatrième version de la Rover se succédaient, déjà très proches de notre bicyclette moderne. Bien que des concurrents de Starley aient proposé des machines tout aussi valables, le vent tourna à son avantage. La revue *The Cyclist* écrira : « The Rover has set the fashion to the world. »

Jusqu'au Stanley Show de 1885, les exposants se répartissaient entre trois grandes catégories : deux roues, tricycles et quadricycles. L'arrivée de la Rover sonnera non seulement la victoire de la bicyclette de sécurité, mais aussi la fin du grand bicycle, du tricycle et du quadricycle, ces dispositifs lourds, chers, et encombrants, devenant obsolètes. On pouvait enfin s'asseoir plus bas, entre les roues, et disposer, en toute sécurité, d'un grand développement.

---

[159] Il est le neveu de James Starley, alors associé avec le financier Sutton dans la Starley & Sutton Company. Ce dernier, passionné de cycles, y avait apporté ses capitaux. Il quittera la firme en 1886 et décédera deux ans plus tard. Starley formera ensuite la J.K. Starley and Co. Ltd.

Références

Horace Bartleet, *Bartleet's Bicycle Book*, 1931.

Louis Baudry de Saunier, *Histoire générale de la vélocipédie*, 1891.

Wiebe Bijker, *Of Bicycles, Bakelites, and Bulbs: Toward a Theory of Sociotechnical Change*, 1997, p. 70.

Nick Clayton, *The Birth of the Bicycle*, 2016, p. 73.

Ian Jones, *The Safety Bicycle*, 2012.

John Pinkerton, Derek Roberts, *A History of Rover Bicycle*, 1998.

The Stanley Show, « The Irish Cyclist & Athlete », numéro spécial du 30 janvier 1890.

THE BATTLE OF SAFETIES.
A cartoon drawn by George Moore in 1885, which represents the Rover rear-driver beating the Kangaroo front-driving Safety. S. Golder is depicted on the Rover.

Victoire historique de la bicyclette Rover de Starley sur le bicycle Kangaroo de Hillman, 1885.
In Bartleet, *Bartleet's Bicycle Book*, 1931, plate 47.

Collections et musées

Transport Museum, Coventry, Angleterre.

Science Museum, inv. 1901-5, Londres, Angleterre.

Velorama, Nimègue, Pays-Bas.

47

1885 – La « Rover » de J.K. Starley (2)

La Rover de Starley de 1885 ; publicité de 1888. « The first successful bicycle ».
In Nick Clayton, p. 24.

Le modèle abouti de John Kemp Starley : la direction dans le prolongement de la fourche, le cadre « diamant » – un assemblage rigide de tubes – et les roues d'un même diamètre resteront d'application jusqu'à aujourd'hui. Concurrencé par une série d'autres géométries, il emportera la faveur du public et sera celui de la première bicyclette qui rencontrera le succès durable.

Avant de sortir cette bicyclette emblématique, James Starley fut très actif dans la production de tricycles. Il est étonnant de constater que la première voiture à moteur de Carl Benz fut conçue en Allemagne en 1885 (et brevetée en 1886) sur la base d'un tricycle, la même année que la Rover de Starley, alors que l'électricité n'avait pas encore envahi notre quotidien…

Références

Nick Clayton, *The Birth of the Bicycle*, 2016.

Ian Jones, *The Safety Bicycle*, Shire Library, 2012, p. 8.

Collections et musées

Mark Hall Cycle Museum, Harlow, Essex, Angleterre.

Science Museum, London, Angleterre.

Transport Museum, Coventry, Angleterre.

Velorama, Nimègue, Pays-Bas.

Rover Safety Dwarf Roadster, Starley & Sutton, Coventry, ca.1886 ; Humber Safety à cadre pentagonal, Humber & Co. Ltd., Beeston, ca. 1885 ; The BSA Safety, à direction par tringles, Birmingham Small Arms Co., Birmingham, 1885.
Nationaal Fietsmuseum Velorama, Nimègue, Pays-Bas.
Photos : G. De Smaele, 2017.

48

1885 – Le tricycle « Cripper » de Humber

Tricycle Cripper de Humber. Publicité de 1885. Tricycle à direction directe.
Photo : Veteran-Cycle Club Online Library.

On se souviendra de Thomas Humber (1841-1910), comme d'une personnalité ayant été, depuis le début des années 1870, un des piliers de l'industrie anglaise du cycle, qui deviendra un important producteur de bicycles, de tricycles, ainsi que des premières bicyclettes à chaîne.

Prisé de la bonne société, le tricycle connut une décennie de grande popularité, avec des clubs réunissant de nombreux adeptes et ses organes de liaison. Après 1900, lorsque la production du tricycle vint à s'estomper, le « Cripper », introduit par Humber en 1884, restera le seul survivant de cette vogue. Le concept fut nommé d'après le coureur Robert Cripp (né en 1858), connu pour avoir remporté beaucoup de courses sur cette machine.

La direction du Cripper se trouve directement dans le prolongement de la fourche et se caractérise donc par l'abandon des tringles et autres crémaillères propres aux autres tricycles. L'innovation n'ayant pas été protégée par un brevet, elle sera abondamment copiée par un grand nombre de fabricants anglais et étrangers.

Vers la fin des années 1880, les trois roues du Cripper présenteront un diamètre égal. La direction – appelée directe – connaîtra comme la bicyclette des adaptations successives, passant du système à pivot à celui à douille, pour finalement adopter le roulement à billes. Le « Quadrant »[160] mis à part, les

[160] Voir 56. La bicyclette « Quadrant ».

tricycles venus par la suite seront pour la plupart des dérivés du Cripper, dont ils ont gardé l'allure générale, et qui au fil du temps, profiteront des autres apports de la bicyclette : roue libre, freins, pneumatiques, développements multiples, etc. Ils seront aussi présents dans les compétitions. L'histoire du cyclisme se souvient notamment d'Henri Desgrange – créateur, maître d'œuvre et directeur du Tour de France dès 1903, mais aussi coureur sur piste –, qui sera détenteur de plusieurs records, de 50 et de 100 km à tricycle.

Très stables, les « Crippers » seront tout naturellement désignés pour le transport de marchandises. Ils seront transformés en triporteurs, mais l'application la plus audacieuse sera liée aux débuts de l'histoire de l'automobile : le tricycle à moteur de la société fondée par le comte Jules-Albert de Dion, Georges Bouton et son beau-frère Charles-Armand Trépardoux. Ce tricycle à vapeur de Dion-Bouton sera, dès 1883, le premier véhicule motorisé produit par cette entreprise, et aux origines de l'essor de l'automobile. C'est en 1886 que le tricycle à moteur de Carl Benz sera breveté en Allemagne. Mais là, nous nous éloignons de nos chers véhicules à propulsion humaine…

Le Cripper s'est aussi répandu en France. On mentionnera ceux de Clément ou de Peugeot, mais beaucoup de modèles anglais seront offerts à la vente et présents dans les publicités du *Cycliste Forezien* de 1887, revue éditée à Saint-Étienne par Paul de Vivie – alias « Vélocio » –, devenue *Le Cycliste* l'année suivante. Visiteur assidu du Stanley Show, il publiera dans cette revue d'abondantes publicités pour des firmes de cycles anglaises.

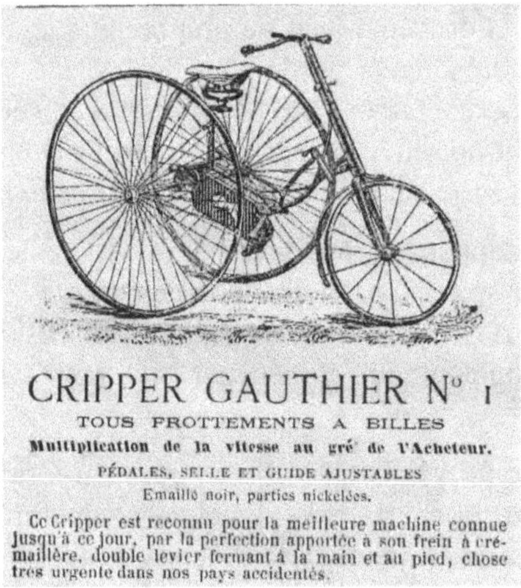

Le « Cripper Gauthier ».
Publicité dans *Le Cycliste Forézien*, Saint-Étienne, 1887.

Un autre tricycle bien noté fut le « Psycho », introduit en 1886 par les Starley Brothers. Il présentait un mécanisme de remise automatique en position droite de la roue directrice, que Vélocio appellera la « direction automatique » dans *Le Cycliste forézien* en 1887. Le « Psycho » avait été nommé d'après un numéro de John Nevil Maskeline (1839-1917) et George Alfred Cooke, illusionnistes et artistes de music-hall bien connus à l'époque.

En ôtant la plaque du constructeur, on avait accès à la vis de réglage de la tension du ressort du mécanisme.

No. 34. " Psycho " Tricycle, about 1886.

Le tricycle « Psycho » des Starley Brothers, à « direction automatique ». Coventry, 1886. La roue directrice revenait automatiquement en position droite.
In Horace Bartleet, *Bartleet's Bicycle Book*, 1931.
Photo : site web Graces's Guide.

Références

Horace Bartleet, *Bartleet'Bicycle Book*, 1931.

L'épopée fantastique, 2016.

Hadland Lessing, *Bicycle Design*, 2014.

Le Cycliste forézien – Le Cycliste.

Collections et musées

Transport Museum, Coventry, Angleterre.

49

1885 – Le « Racoon Safety Bicycle »

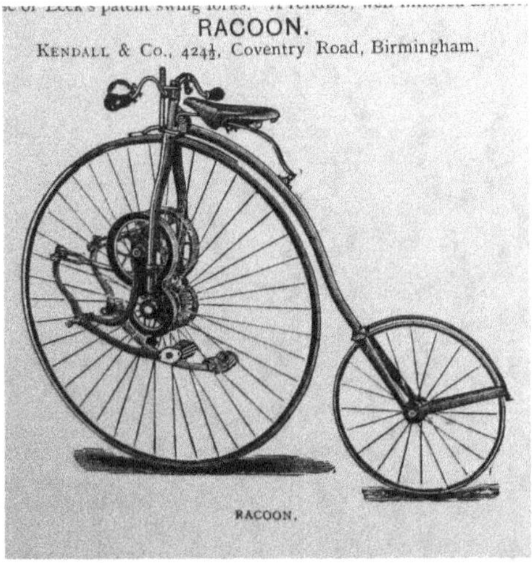

Le « Racoon », 1885. Mécanisme à leviers et démultiplication.
In Henry Sturmey, *Indispensable Handbook to the Safety Bicycle*, 1885, p. 68.

En 1885, alors que la bicyclette Rover, ainsi que la Humber, ont déjà été dévoilées au Stanley Show de Londres, Henry Sturmer écrira à propos du bicycle « Racoon », fabriqué à Coventry par la Kendall & Co. : « A machine of an unique style, combining the Facile[161] action with the principle of gearing up. It is strongly and solidly built, and is a sound article[162]. » Vu de loin, le « Racoon » est une variante des modèles « Speedycycle » et « Challenge Safety » de la maison Singer, qui n'est pas sans nous rappeler le principe de la mouche de Watt[163].

Références

Henry Sturmey, *Indispensable Handbook to the Safety Bicycle*, 1885, p. 68-69.

---

161 Voir 40. Le « Facile » de Ellis & Co.
162 Henry Sturmey, *Indispensable Handbook to the Safety Bicycle*, 1885, p. 69.
163 Voir 73. La « Déchaînée » ou « Wattcyclette » des Frères Rouard.

50

1886 – La « Courier » de George Singer

Singer « Courier » safety. Catalogue de 1886. Bicyclette à deux chaînes.
Photo : Site web Sterba-Bike.

George Singer (1847-1909) fut avec les Turner, Starley, Hillman, Lawson, et Humber un des grands pionniers de l'industrie du cycle (et de l'automobile) en Grande-Bretagne. Arrivé à Coventry dès 1868, pour y travailler ensuite à la Coventry Machinists's Company, pour Josiah Turner et avec James Starley, il put probablement assister à la fabrication des premiers vélocipèdes produits en Angleterre : une commande passée, à Paris en 1868, par la France à Rowley B.Turner, le neveu de Josiah Turner, le patron de la CSM Co., la future CMC[164]. Il quitta la CMC en 1873 pour la Paragon Cycle Co., et fonda en 1874 la Singer & Co. Ltd., en partenariat avec son beau-père James Stringer.

[164] Jusque dans les années 1850, la ville de Coventry répartissait la plus grande part de sa main-d'œuvre entre le secteur de l'horlogerie et du tissage des rubans de soie, alors très demandés pour la confection des vêtements féminins. La Coventry Sewing Machine Company, nom qui avait été attribué à l'ancienne European Sewing Machines Company, produisait des machines à coudre. Après 1860, suite à un traité permettant l'importation de rubans provenant de France, la rubanerie subit un dramatique et irréversible ralentissement, entraînant avec lui une brusque apparition du chômage, ainsi que le départ forcé de nombreux travailleurs vers les États-Unis et l'Australie. Peu de temps après la réalisation, en 1869, d'une première série de 400 vélocipèdes par la CSM Co. (dont la moitié était initialement destinée à un client Français, et dont la livraison sera annulée suite au conflit avec l'Allemagne, et l'autre moitié au marché anglais), la vente de vélocipèdes prit son envol en Angleterre. La CSM Co. changera alors de nom, pour devenir la Coventry Machinists Company, la toute première manufacture de cycles en Angleterre.

La production sera d'abord centrée sur des grands bi et des tricycles de qualité, dont le resté célèbre « Xtraordinary »[165]. Tout au long des années 1880, la réputation de son entreprise, ainsi que sa prospérité, ne firent que s'amplifier. Les bicyclettes sorties de 1885 à 1900 seront (avec Humber) parmi les meilleures productions anglaises.

En termes d'automobilisme, bien que le nom Singer soit devenu célèbre, la seule implication réelle de George Singer aurait concerné l'acquisition des droits de fabrication de la roue motrice Perks & Birch en 1900 (la « P.&B. motor-wheel »). Cette dernière consistait en un moteur à un cylindre et en un réservoir, montés sur le moyeu de la roue avant d'une bicyclette ou d'un tricycle.

Devenu maire de Conventry en 1891, George Singer, finalement plus intéressé par ses œuvres philanthropiques et charitables que par la politique, abandonnera ce poste en 1894. Peu après 1900, il prit sa retraite, pour décéder quelques années plus tard, en 1909. Les bicyclettes de sa marque furent fabriquées jusqu'en 1928, mais son nom restera attaché à l'industrie automobile jusqu'en 1970, dernière année de leur production.

Les cycles Singer, un des fleurons de l'industrie anglaise du cycle, étaient vendus en France, via une agence établie à Paris, et distribués notamment par l'Agence Générale Vélocipédique de Vélocio. Des publicités paraîtront dans *Le Cycliste* et autres revues françaises spécialisées.

À Saint-Étienne, la fabrication des cycles se montrera complémentaire de celle des armes à feu[166]. Ailleurs, il en fut de même pour le secteur des machines à coudre, dont le savoir-faire et l'outillage étaient parfaitement adaptables aux cycles. Si à l'origine, la CMC de Coventry avait été une fabrique de machines à coudre, ce ne fut cependant pas le cas de la marque de George Singer. L'entreprise des machines à coudre Singer a été établie aux États-Unis sous le nom de I.M. Singer & Co., en 1851, par Isaac Merritt Singer. Elle fut renommée Singer Manufacturing Company en 1865, puis The Singer Company en 1963. À l'origine, tous ses produits étaient fabriqués dans ses usines à New York. À partir du début du XXe siècle, les machines à coudre Singer connaîtront une expansion mondiale, mais sans lien de parenté avec les activités de George Singer.

D'autre part, l'illustre artisan de cycles Alex Singer, actif à Paris depuis la fin des années 1930, n'est lui aussi sans aucun rapport avec ses homonymes George ou Isaac Singer.

---

[165] Voir 34. L'« Xtraordinary » de George Singer.

[166] Voir 52. La bicyclette des Frères Gauthier ; 60. La bicyclette Hirondelle « La Superbe ».

Références

Kevin Atkinson, *The Singer Story*, 2013.

Bartleet, *Bartlet Bicycle Book*, 1931.

Catalogue Singer, 1886.

Damien Kimberley, *Coventry Bicycle Heritage*, 2015.

Collections et musées

Transport Museum, Coventry

La Singer « Courier » de 1886. Un modèle à deux chaînes, dont le seul exemplaire connu est conservé au Transport Museum de Coventry.
Photo : G. De Smaele, avril 2017.

Singer-Cycle.
Page publicitaire dans *Le Cycliste*, n° 10, p. 262, 1888.

Singer's Spring Fork. Catalogue de 1886.
Photo : Site web Sterba Bike.

51

1886 – La bicyclette Rudge à chaîne

Les premiers jours de la bicyclette anglaise en France. La bicyclette Rudge dans le *Véloce Sport* du 15 mars 1886. Source : Gallica.

Le Véloce Sport[167], une importante revue cycliste hebdomadaire, fondée à Bordeaux, fit paraître, dès son premier numéro du 5 mars 1885, des publicités pour des marques anglaises de cycles et d'accessoires. On y trouvera par exemple les tricycles et les sociables de Townend (Coventry) ; les tricycles et

[167] Cf. Bernard Déon, Jacques Seray, *Les revues cyclistes : des origines à nos jours*, 1996.

les bicycles de Howe (Glasgow) ; les tricycles, bicycles et bicycles de sûreté de Rudge (Coventry) ; les lampes Lucas (Birmingham)… La clientèle est dirigée vers des points de vente implantés dans différentes métropoles françaises comme Lyon, Bordeaux, Marseille, Montpellier ou Nice. Pour Paris, on y mentionne entre autres lieux l'avenue de la Grande Armée, qui constituera bientôt un pôle d'attraction pour les maisons-mères. Ce n'est finalement que plusieurs mois plus tard, vers la fin de l'année 1885, qu'un bicycle de marque française, un Kangaroo de chez Clément[168], apparaîtra dans ladite revue.

Il faudra encore attendre jusqu'au 15 mars 1886 pour que se présente enfin la première publicité pour une bicyclette. Ce sera bien entendu une production anglaise, de la firme Rudge & Company Limited, le modèle monté par le coureur H.O. Duncan lors de son périple promotionnel à travers la France, en août de la même année. Le modèle était proche de la Rover de John Kemp Starley, créée en 1884-1885[169]. Il sera immédiatement reproduit par les Frères Gauthier à Saint-Étienne. Cette copie – dont nous ne conservons qu'une photographie – sera la première bicyclette fabriquée en France et le point de départ d'une longue et fructueuse aventure industrielle[170]. Nous sommes ici au début d'une ère historique, celle des premiers moments de la bicyclette en France, manifestement devancée par l'Angleterre.

Références

Bernard Chaussinand, *L'industrie du cycle à Saint-Étienne et dans le bassin de la Loire*, Saint-Étienne, 2014.

Le Véloce Sport, 1885 et suiv.

[168] Voir 44. Le « Kangaroo » de Hillman.

[169] Voir 47. La « Rover » de J.K. Starley (de 1885) ; 36. La bicyclette à chaîne de Harry Lawson (de 1879). La Rudge avait au départ été annoncée par le fabricant comme une amélioration de la Lawson.

[170] Voir 52. La bicyclette des Frères Gauthier.

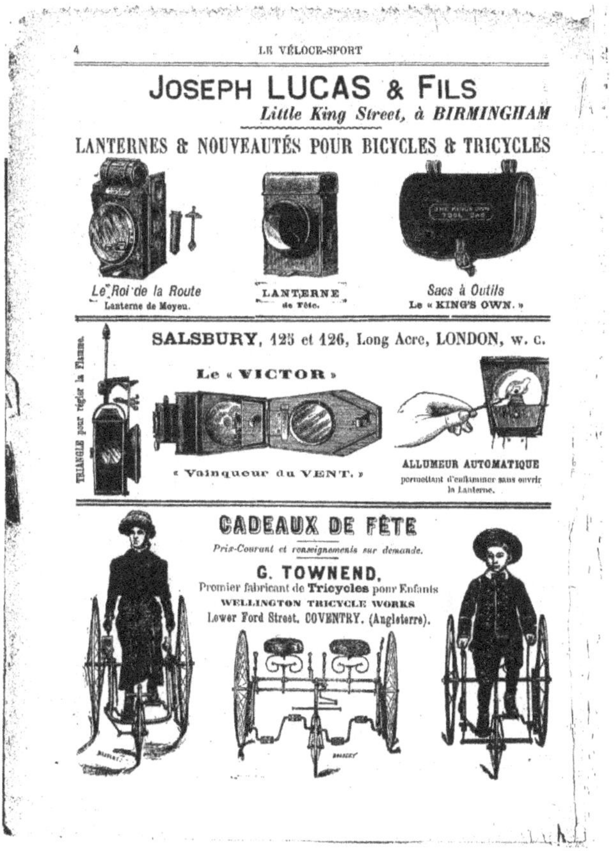

Publicité pour des produits anglais, parue dans
le premier numéro du *Véloce Sport*, le 5 mars 1885. Source : Gallica.

52

1886 – La bicyclette des Frères Gauthier

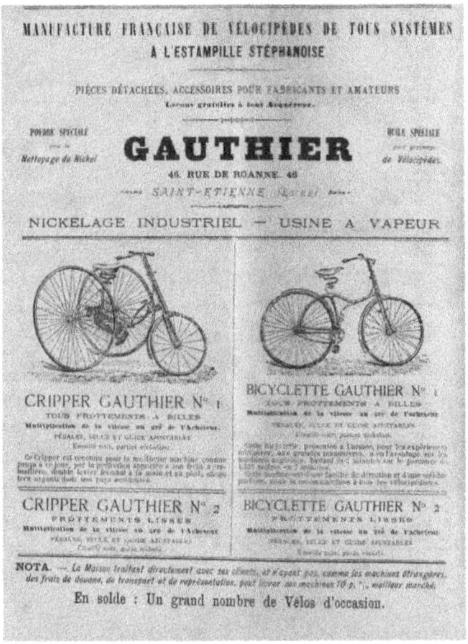

La première bicyclette fabriquée en France. Publicité des Frères Gauthier dans *Le Cycliste* de 1888. Le cadre de la bicyclette rappelle celui de la Rudge, qui lui servit de modèle en 1886[171]. Source : Bibliothèque du Tourisme et des Voyages, Paris.

À Saint-Étienne, vers la fin des années 1870, les Frères Gauthier – Pierre et Claude –, mécaniciens auprès de leur père Jean-Baptiste, s'intéressaient en amateurs à la construction de vélocipèdes et de bicycles. Pratiquants passionnés, ils intégreront, au début des années 1880, le Club des cyclistes stéphanois. En août 1886, le coureur anglais Herbert Olbaldeston Duncan (1862-1945), champion cycliste d'origine britannique installé en France[172] et représentant la maison anglaise Rudge[173], va tenter d'établir un record sur le

[171] Voir 51. La bicyclette Rudge à chaîne (de 1886).

[172] Après sa carrière sportive, H.O. Duncan touchera à tous les domaines du management du cyclisme. Il deviendra aussi l'auteur d'un ouvrage remarqué sur la préparation et l'entraînement des cyclistes (voir bibliographie), pour se tourner ensuite vers l'automobile.

[173] Publicité parue pour la première fois en France dans le *Véloce Sport* du 15 avril 1886 (voir par ailleurs).

parcours Montpellier-Paris et Calais. Au cours de cette sortie, qui avait pour but de promotionner sa nouvelle bicyclette à chaîne, Duncan se propose de rencontrer les clubs cyclistes des régions traversées. Lors de son passage par Saint-Étienne, Pierre Gauthier profite d'un essai sur la prometteuse machine pour s'éloigner, en prendre discrètement quelques croquis et en relever les mesures. Trois semaines plus tard, les Frères Gauthier avaient construit ce qui sera la première bicyclette réalisée en France. Ils recevront diverses commandes, notamment de la manufacture d'armes de Saint-Étienne, qui commercialisera bientôt ses cycles sous la marque Hirondelle[174]. Par manque de capitaux, les frères ne purent suffisamment développer leur affaire et durent faire face à leurs premiers concurrents – comme Dombret & Jussy, Chavanet, Gros & Pichard, etc. – qui virent le jour à Saint-Étienne. Finalement, après avoir été les premiers à fabriquer la bicyclette en France, ils abandonnèrent la partie et retournèrent à leur ancienne activité, qui était la mécanique générale. Les sociétés Clément à Paris et Peugeot à Valentigney, suivies de beaucoup d'autres, entreront bien entendu aussitôt en piste.

Saint-Étienne devint à partir de la fin des années 1890 un important centre français de fabrication de vélos. Avec la coexistence dans cette ville de grosses marques, telles que Hirondelle, Automoto, Dombret Aîné, Jussy, Ravat, Wonder, Svelte, etc., la ville se forgera une réputation de « capitale du cycle ».

Les Frères Gauthier et Vélocio joueront un rôle essentiel dans l'implantation du cycle à Saint-Étienne. Paul de Vivie (Vélocio) mit toute son énergie à la stimuler. Passionné de cyclisme, et Stéphanois d'adoption, il était professionnellement courtier en rubans pour une maison lyonnaise. C'est pour ses affaires qu'il se rendait de temps à autre en visite à Coventry. En marge de ses missions commerciales, il y découvrit des usines exemplaires, produisant des cycles d'une incomparable qualité. Le Stanley Cycle Show de Londres fut aussi une de ses destinations privilégiées. Inspiré par tant de perfection, il se mit à importer des marques anglaises et à en faire la publicité dans sa revue mensuelle, *Le Cycliste forézien*, fondée en 1887, qui deviendra l'année suivante *Le Cycliste*. À ses yeux, ce commerce d'import mettait en évidence un frappant manque à gagner pour la France. La fabrication des armes de sport à Saint-Étienne était une activité saisonnière, tandis que la main-d'œuvre qualifiée et l'outillage utilisés dans ce secteur pouvaient facilement s'adapter à la fabrication de cycles, activité saisonnière elle aussi. Ces deux secteurs étaient somme toute parfaitement complémentaires. Réalisant que Saint-Étienne possédait de tels atouts, Vélocio créera non seulement sa propre

---

174 *Le Manufrance du collectionneur*, Titre IV, *Cycles et motocycles*, éd. par Bernard Caminade, Ciboure, Éditions du PÉ.CA.RI., 1996 – description de tous les modèles de la marque Hirondelle.

marque, La Gauloise, mais n'aura également de cesse d'encourager la fabrication de cycles dans sa ville[175]. Celle-ci deviendra pour plusieurs décennies le « Coventry français »[176].

Références

Bernard Chaussinand, *L'industrie du cycle à Saint-Étienne et dans le bassin de la Loire*, Saint-Étienne, chez l'auteur, 2014, 168 p.

Site web du MAI à Saint-Étienne.

André Vant, *Le cycle en région stéphanoise : un siècle de savoir-faire*, 2014.

Exposition « Le cycle à Saint-Étienne, un siècle de savoir-faire », du 28 juin 2014 au 5 janvier 2015, pas de catalogue : voir Bernard Chaussinand et André Vant.

Le Cycliste, 1888, 1889, 1890.

Bicyclette des Frères Gauthier. Chaîne Morgan. Corps en croix renforcé d'une tige, pignon fixe, repose-pieds, caoutchoucs pleins, frein sur le bandage, 1889. Un des premiers modèles proposés par la marque Hirondelle, distribué par la Manufacture d'Armes de Saint-Étienne, qui suite à l'essor de l'industrie du cycle dans cette ville, deviendra la Manufacture d'Armes et de Cycles de Saint-Étienne, la future Manufrance. Photo : site web du MAI.

Collections et musées

MAI, Saint-Étienne, France.

---

[175] Voir *passim*, à propos de Paul de Vivie, dit Vélocio.
[176] Voir note 164.

53

1886 – Le « Pioneer Cross Frame Safety »

Le cadre en croix. Pioneer cross frame safety bicycle. In Daniel Rebour, *La pratique du vélo*, 1948. In *The Illustrations of Daniel Rebour*, 2013, p. 15.

Le principe de la transmission du mouvement des jambes à la roue arrière par chaîne et pédalier une fois établi, l'élaboration de la bicyclette n'en était pas pour autant arrivée à son stade ultime. Avant que le cadre « diamant » ne s'impose comme la forme définitive et la plus aboutie de la bicyclette, cette dernière expérimentera encore diverses autres configurations. Le corps en croix[177], ou *cross frame* sera une des plus répandues de la seconde moitié des années 1880. Se rendant vite compte de la fragilité du point de jonction entre le tube diagonal et le tube de selle, les constructeurs y remédieront par l'ajout de tiges de renfort : entre le pédalier et l'axe de la roue arrière (bases), entre ce même axe et la selle (haubans), entre le pédalier et la direction, et même entre la direction et la selle.

---

[177] Dans ce cas, on parle de « corps en croix » ou « corps droit », et non de cadre qui est une structure fermée.

Le « Swift » Safety, N° 2, un cross frame de la Coventry Machinists's Co. Catalogue de 1888. Photo : Site web Sterba Bike.

Les plus grandes marques anglaises, telles que Starley, Coventry Machinists' Company, Swift, Humber, Rudge, Singer, etc., ainsi que français, comme Gauthier[178], Clément, Peugeot, etc., auront des bicyclettes de sûreté à cadre en croix dans leur catalogue. Après ce passage obligé, ces marques reviendront toutes au cadre diamant[179], solution jugée la plus rigide. Dès lors, le chapitre de la configuration du cadre se termine. Celui du perfectionnement peut commencer : tubes creux, etc.

Références

Cyril Caunter, *Descriptive Catalog of the Science Museum*, Part II, 1958.

Nick Clayton, *The Birth of the Bicycle*, 2016.

Tony Hadland, Hans-Erhard Lessing, *Bicycle Design*, 2014.

---

[178] Voir 52. La bicyclette des Frères Gauthier.
[179] Voir 62. La Humber à cadre « Diamond ».

Cadre en croix de la bicyclette Clément, 1888.
Publicité dans *Le Cycliste*, du 01.12.1888, n° 11, p. 270.

Collections et musées

MAI, Saint-Étienne, France.

Velorama, Nimègue, Pays-Bas.

54

1887 – Le « Crypto Bantam »

Le Sphinx.

Le « Sphinx de Jules Truffault, 1881. Roue avant motrice, basse et démultipliée par engrenages. In Louis Baudry de Saunier, *Le cyclisme théorique et pratique*, p. 124.

Après 1885, le « Kangaroo »[180], et autres bicycles de sécurité, s'étaient effacés devant l'arrivée des bicyclettes à chaîne, mais ce n'est qu'au début des années 1890 que l'on assistera à la disparition définitive du grand bicycle, que les Anglais avaient requalifié d'*Ordinary* pour le distinguer du vélocipède de transition. Seuls quelques nostalgiques perpétueront sa pratique.

En 1887 apparaît au Stanley Show le « Crypto », le dernier venu de la lignée des *safeties*, dont le dispositif de démultiplication fonctionne non pas par leviers ou par chaînes, mais par un mécanisme multiplicateur constitué d'engrenages enfermés dans un boîtier. En français, *crypto* est d'ailleurs un préfixe provenant de la racine grecque κρυπτός (kruptos) qui signifie « caché ». Il sera produit par de nombreuses firmes, tant en France qu'en Angleterre et aux États-Unis.

En 1893, Shaw & Sydenham, une firme de cycles anglaise, introduit sur le marché une version plus compacte du Crypto, le Front Drive n°1, qui sera

---

[180] Voir 44. Le « Kangaroo » de Hillman.

rebaptisée l'année suivante en « Crypto Bantam ». En français, le mot désigne un coq nain, pour souligner la petitesse de la roue : choix entre 22 et 24 pouces, multipliés à 60 et 66 pouces. Le système à engrenages épicycliques jouxtant le moyeu, était un mécanisme d'une grande efficacité qui aura permis la réalisation de nombreux records sur de longues et de très longues distances. Ce modèle produit à Londres jusqu'en 1897 représente alors les derniers soubresauts du principe de la roue motrice à l'avant. Le catalogue de la marque offrait aussi une gamme de modèles : à deux roues inégales, à deux roues de même diamètre, tandem, porteur… Dans les débuts des années 1890, le client avait bien entendu le choix entre différents types de pneus : pleins, creux, pneumatiques gonflés à chambre à air.

En France, le « Cyclone » de Milders Fils s'inspire plus directement des plans du « Sphinx » de Jules Truffault (1845-1920), datant quant à lui de 1881. Ce dernier, avec ses fourches et ses jantes creuses, s'était déjà illustré dans le domaine de l'allègement des machines. Il sera encore l'auteur de quelques innovations, comme une bicyclette à suspension arrière[181], avant de disparaître définitivement dans l'industrie automobile.

Pour contextualiser cette nouvelle expérimentation de la mécanique cycliste, rappelons qu'en 1894, 25 ans seulement après le Paris-Rouen à vélocipède de1869 – la première grande course de ville à ville –, Pierre Giffard, celui qui avait créé le Paris-Brest-Paris en 1891 et qui provoquera sans le vouloir la création du Tour de France par Henri Desgrange en 1903, organisera pour *Le Petit Journal* la première compétition pour automobiles de l'histoire. Le premier défi de l'automobile ne fut-il pas de surpasser le moteur humain ?

Références

H.W. Bartleet, *Bartleet's Bicycle Book*, 1931.

Louis Baudry de Saunier, *Le cyclisme théorique et pratique*, 1892, p. 124.

Paul and Charlie Farren, *Bicycling Through Time*, 2013, p. 66-67.

Tony Hadland, Hans-Erhard Lessing, *Bicycle Design*, 2014, p. 169.

Louis Lockert, *Les vélocipèdes*, 1896, p. 197 et suiv.

Claude Reynaud, *Vélos de légende*, 2013, p. 146-147.

L'Auto, 9 octobre 1906.

La Science illustrée, 7 décembre 1895.

[181] Louis Baudry de Saunier, *Le cyclisme théorique et pratique*, 1893.

Bicycle « Crypto Binam » (sic.) à engrenages multiplicateurs. In Jacques Ballif, *Exposition rétrospective du cycle au Salon de l'automobile, du cycle et des sports*, 1906, n° 40. Voir aussi le bicycle multiplié Crypto Clément, tête à billes, jantes creuses Truffault et pneumatiques, 1889 (*sic*), n° 34 de l'album.

Collections et musées

Musée du vélo, Amay, Belgique.

Musé Auto-Moto, Domazan, France.

Collection Farren, Australie.

Velorama, Nimègue, Pays-Bas.

55

1887 – Le « Whippet Safety »

Bicyclette à ressort réglable. La bicyclette « Whippet » de Charles Montague Linley & John Biggs, Londres, 1887. Machine présente au Stanley Cycle Club Show, janvier 1888, Royal Aquarium, Westminster (150 exposants, 800 cycles). In Archibald Sharp, *Bicycles and Tricycles*, 1896, p. 296.

Le guidon, la selle et le pédalier forment un bloc rigide articulé sur le cadre. Ce ne sont pas les roues qui absorbent les chocs, mais un long « ressort à boudin » – ou ressort hélicoïdal de traction – dont la tension est réglable en fonction du poids du cycliste.

À l'arrière, le frein à cuillère est actionné par une tringle à partir d'un levier fixé au guidon. On remarquera aussi le double jeu de direction à billes.

Les grandes roues absorbant mieux les irrégularités de la route, les amateurs de grand bi rappelleront que si la bicyclette est plus sûre, elle sait par contre se montrer moins confortable. Depuis l'apparition du caoutchouc plein, de nombreuses solutions à l'amortissement des vibrations ont été proposées sur le marché. Leur succès fut inégal car le manque de rigidité pouvait parfois devenir la source d'autres problèmes.

Le système conçu par Charles Linley et John Biggs – à ressort réglable en fonction du poids du cycliste – fut d'abord appliqué à un tricycle en 1885, et commercialisé sous la forme d'un *safety* à partir de 1887. S'il reçut un accueil enthousiaste du public, l'apparition du pneumatique de Dunlop marqua son déclin, accompagné de celui des autres *safeties* équipés d'un cadre à ressorts. Le Whippet n'en reste pas moins une des réalisations les plus abouties de l'ère du caoutchouc plein. En 1890, le champion britannique Montague Holbein (1861-1944) couvrira en 24 heures 336½ miles sur caoutchoucs creux, battant, malgré le poids de la machine (43,5 Ibs), plusieurs concurrents équipés de pneumatiques.

Plus tard, Charles Linley sera aussi l'inventeur du « New Protean derailleur » de la Whippet Cycle Syndicate Ltd, dont le brevet fut déposé en 1899 : un des premiers dérailleurs, à deux vitesses, monté sur les vélos de la marque Whippet à cadre rigide, vers 1900. Après l'avoir testé, Vélocio désignera tous les modèles de dérailleurs sous ce même vocable, et ce jusqu'à ce que le terme français s'impose.

Références

Bartleet, *Bartleet's Bicycle Book*, 1931.

Frank Berto, *The Dancing Chain*, 2009, p. 58-61, 80-81.

C.F. Caunter, *The History and Development of Cycles*, 1955, p. 206.

Nick Clayton, *Early Bicycles*, 1998, p. 24.

Pryor Dodge, *La grande histoire du vélo*, 1996, p. 100-102.

Paul and Charlie Farren, *Bicycling Through Time*, 2013, p. 84-87.

H.H. Griffin, *Bicycle of the Year 1889*.

Tony Hadland, Hans-Erhard Lessing, *Bicycle Design*, 2014, p. 217.

Raymond Henry, *Vélocio*, 2005, p. 70.

David Herlihy, *Bicycle: The History*, 2004, p. 246.

Ian Jones, *The Safety Bicycle*, 2012, p. 2.

Seray, *Deux roues*, 1988, *p.* 136.

A.P. Sharp, *Bicycles and Tricycles*, 1896, p. 296-297.

Bicycling News, 4 septembre 1887.

British Quarlerly Trade, 15 mars 1888.

Le Cycliste, avril 1892, page publicitaire.

The Engeneer, 10 February 1888, p.118 ; 14 February 1890, pp.138-140.

The Irish Cyclist & Athlete, Stanley Show Number – Special Edition of, VI/13, January 30, 1890, p. 21 / p. 61.

Tricycle Whippet : machine présente au 13th Stanley Cycle Club Show, février 1890, Cristal Palace (230 exposants, 1500 cycles). Stanley Show de 1888 et 1890.

Coll. Pryor Dodge. Vélo restauré, émaillage et couleur non originaux.
In Pryor Dodge, *La grande histoire du Vélo*, 1996, p. 100-102.

Collections et musées

Coll. Dodge, USA.

Coll. Farren, Australie.

Coll. Wery, Amay, Belgique.

Mark Hall Cycle Museum, Harlow, Essex, Angleterre.

Science Museum, London, Angleterre, inv. No. 1926-987.

Transport Museum, Coventry, Angleterre.

56

1887 – La bicyclette Quadrant

La fourche antivibratoire. Bicyclette Quadrant, 1887. Photo : V-C C Library.

En 1883, après la dissolution du partenariat entre les frères Lloyd (Walter John et William), la Quadrant Cycle Company, fruit de l'association entre Walter John Lloyd et William Priest, sera aussitôt créée à Birmingham. En 1886, la firme sera renommée Quadrant Tricycle Co, vouée à devenir une importante manufacture de cycles et de tricycles, exportant ses produits hors d'Angleterre, notamment en France, où elle établira une succursale au 10 de l'avenue de la Grande Armée, à Paris. Sa publicité apparaîtra, dès février 1888, dans le premier numéro du *Cycliste* de Paul de Vivie. En 1907, Quadrant déménage à Coventry, sous la raison sociale de Quadrant Motor Company, pour y produire sa gamme de cycles et de cycles à moteur. En 1911, l'entreprise sera scindée en deux parties. Le secteur motorisé réintégrera Birmingham, tandis que la fabrication des cycles, demeurant à Coventry, passera en d'autres mains, pour finalement cesser d'exister en 1940.

Entre-temps, les tricycles Quadrant ont acquis une grande renommée. On les distingue immanquablement à leur fourche avant, antivibratoire. Quoique moins répandu, ce système se retrouve également sur des bicyclettes de la marque. Un peu plus tard apparaîtra le « ressort à suspension », un système sophistiqué destiné à l'amortissement de la selle. Ces innovations conserveront tout leur sens alors que les cyclistes roulent encore sur des caoutchoucs pleins, voire des caoutchoucs creux. Les premiers Quadrant, munis de ces amortisseurs, sont des classiques incontournables, présents dans la plupart des grandes collections et des musées de vélos. Les bicyclettes de production plus tardive n'auront plus cette fourche spéciale, mais un système de ressorts disposé sous la selle, servant à amortir les chocs transmis dans le cadre.

Références

Louis Baudry de Saunier, *Histoire générale de la vélocipédie*, 1892.

Nick Clayton, *Early Bicycles*, 1998.

Philippe Daryl, *La vélocipédie pour tous*, 1892.

Pryor Dodge, *La grande histoire du vélo*, 1996.

Raymond Henry, *Vélocio*, 2005.

Le Numéro : 10 cent.

Le Cycliste

Administration et Rédaction 5, Rue de Roanne, 5. SAINT-ÉTIENNE (Loire)

LE

QUADRANT

LE PLUS BEAU TRICYCLE ROUTIER DU MONDE

N° 2

Malgré tout, ne connaît encore aucun égal.

1re MÉDAILLE D'OR

A l'Exposition internationale de Toulouse. — Octobre 1887

Constructeurs Brevetés :

THE QUADRANT TRICYCLE COMPANY, BIRMINGHAM

Agent pour le Département de la Loire : F. DE VIVIE, 5, Rue de Roanne, Saint-Étienne

Publicité pour le tricycle Quadrant.
In *Le Cycliste* (qui succéda au *Cycliste forézien*), n° 1, février 1888.

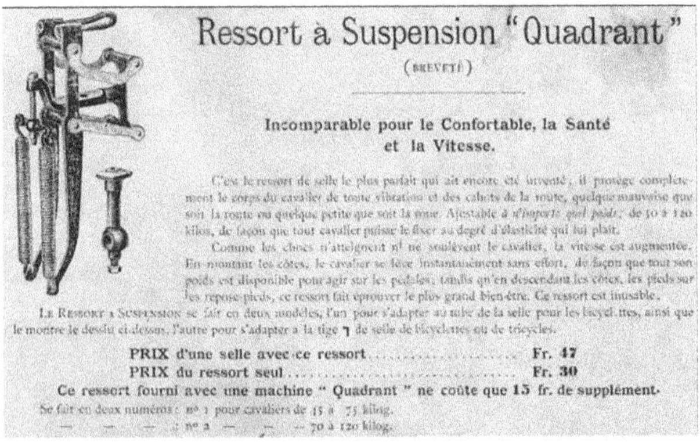

Ressort à suspension « Quadrant ». Catalogue de 1892.

Collections et musées

Coll. Pryor Dodge, USA.

Coll. Farren, Australie.

MAI, Saint-Étienne, France.

Wielermuseum, Roulers, Belgique.

Velorama, Nimègue, Pays-Bas.

57

1888 – La bicyclette « British Star » à amortisseur

Bicyclette British Star : cadre articulé avec ressort amortisseur.
In Jacques Ballif, *Exposition rétrospective du cycle au Salon de l'automobile, du cycle et des sports*, 1906, n° 29.

Le cadre de cette bicyclette, composé de deux parties articulées, rappelle la configuration de cadres modernes, tel celui de la pliante Brompton, ou des vélos Moulton, qui ont remplacé son gros ressort métallique par un élastomère.

Références

Jacques Ballif, *Exposition rétrospective du cycle au salon de l'automobile, du cycle et des sports*, décembre 1906, n° 29.

Louis Baudry de Saunier, *Histoire générale de la vélocipédie*, 1892.

Nick Clayton, *Early Bicycles*, 1998.

Philippe Daryl, *La vélocipédie pour tous*, 1892.

A.P. Sharpe, *Bicycles and Tricycles*, p. 295

Raymond Henry, *Vélocio*, 2005.

Le cycliste, n° 11, 01.12.1888, p. 300.

The Irish Cyclist, « The Stanley Show Number », January 1890, p. 23.

The Wheel and Cycling Trade, vol. I/21, july 28, 1888 – « The American Rambler » à ressort de la Gormully & Jeffery Mfg. Co.

Collections et musées

CNAM.

58

1889 – La « Victor Safety » de l'Overman Wheel Co.

La bicyclette « Victor Safety », 1889. Détail du mécanisme de la fourche à suspension.
Photo : V-C C Library.

Albert H. Overman (1850-1930) débuta son entreprise industrielle en 1882, à Chicopee Falls, dans le Massachusetts. L'Overman Wheel Company, deviendra en 1887-1888, la première firme américaine à fabriquer des bicyclettes à chaîne, et passera en peu de temps de 30 à 1400 collaborateurs. À son apogée, la firme produira 80.000 unités par an, produisant l'entièreté des pièces de ses bicyclettes, lesquelles deviendront plus facilement réparables par leur propriétaire. Elle fut aussi la première à s'en remettre à des tests de contrôles scientifiques, ce qui lui permettra d'entrer, avec la manufacture Columbia, dans la course à la légèreté, devançant sur ce point les productions européennes.

Les vélos « Victor » de l'Overman Wheel Co étaient déclinés en de nombreux modèles, tandis que pour la vente, la firme avait ouvert des bureaux dans les grandes villes américaines de Boston, New York, Philadelphie, Washington, Detroit, Denver, San Francisco, et Portland en Oregon.

Des problèmes juridiques avec la Spalding Sport Equipment Company – une firme réputée pour ses balles de basket et autres sports –, qui était son associée et qui était son agence de distribution, ainsi que la concurrence provoquée par l'arrivée d'une myriade de nouveaux fabricants, mirent l'entreprise à mal. Vers la fin des années 1890, la surproduction de vélos avait fait gravement chuter les prix, et malgré des efforts de reconversion dans le matériel sportif, Overman dut faire face à la banqueroute, et fut finalement contraint de licencier une grande partie de son personnel. En 1899, un incendie eut raison de ce qui subsistait de cette glorieuse aventure.

À l'époque, Washington DC était encore une jeune capitale, vouée à s'étendre. Afin d'attirer leurs clients vers les campagnes avoisinantes, les promoteurs immobiliers avaient construit des lignes de tramways la reliant à ses faubourgs[182]. Dans les années 1890, le vélo était aussi un autre moyen d'étendre son rayon de déplacement, et l'élégant Victor fut de la partie. En 1889, aux États-Unis, le modèle Victor, calqué sur la Rover de Starley, était un des meilleurs du marché. Il fut d'abord équipé de pneus pleins, puis de pneumatiques creux, et ensuite de pneumatiques. Avec sa « spring fork » et sa large selle en cuir, montée sur ressorts, le raffinement était à son comble. Les vélos Victor furent aussi exportés vers Europe, comme en témoignent encore de nombreuses collections de cycles.

Références

Pryor Dodge, *La grande histoire du vélo*, 1996.

Paul and Charlie Farren, *Bicycling Through Time*, 2013, p. 146-149.

David V. Herlihy, *Bicycle: the History*, 2004.

Jay Pridmore, Jim Hurd, *The American Bicycle*, 1995, p. 40.

Smith Hempstone Oliver, Donald H. Berkebile, « Wheels and Wheeling: The Smithsonian Cycle Collection », *Smithsonian Studies in History and Technology*, n° 24, 1974.

Victor Bicycles, in *Scientific America*, 2 May 1891.

[182] Exposition courante (2015) : *America on the Move*, Musée national de l'histoire américaine, Smithsonian Institution, Washington.

L'Overman-Victor, munie de sa *spring fork*, modèle dame, 1889.
Smithsonian Institution, inv. 214971 – 40667.

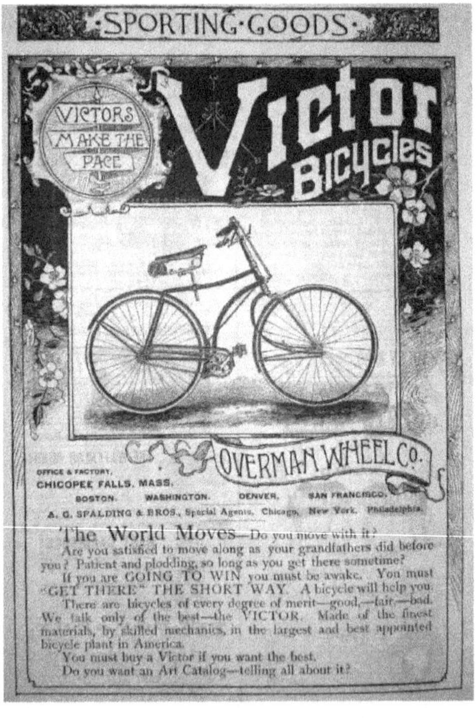

Publicités pour les cycles Overman-Victor, 1890 et 1891. Photo : V-C C Library.

Collections et musées

Bicycle Museum of America, New Bremen, Ohio.

Coll. Farren, Australie.

Smithsonian Institution, Washington, États-Unis, inv. 214971 – 40667.

59

1889 – Le bicycle « Eagle Safety »

THE EAGLE BICYCLE.

« The Eagle Bicycle ». Catalogue de 1889, Stamford, Conn., 1889.

Le bicycle « Eagle » – une appellation qui souligne le fait qu'il est complètement réalisé aux États-Unis – est un bicycle tardif et pour le moins anachronique. Après 1885, était-il encore opportun de lancer un tel concept sur le marché ? Le grand bicycle freinait le développement de la pratique cycliste, et une série d'inventions, de deux à quatre roues, n'avaient-elles pas eu pour premier objectif de tenter de réduire les risques ? Son concepteur, L.B. Gaylor, en dépose le brevet en 1886, mais la mise en fabrication ne se fit cependant pas avant 1889, par la Eagle Bicycle Mfg. Co, de Stamford dans le Connecticut. La petite roue disposée à l'avant de ce bicycle de sécurité devait en principe éviter au cycliste de passer par dessus le guidon, mais la selle étant placée au sommet de la grande roue, ne risquait-on pas la chute en arrière lors d'une accélération ? La réponse est que l'Eagle trouva son audience aussi bien auprès des amateurs de longues distances que des coureurs, et que les lignes simples de sa géométrie avaient réussi à séduire le monde du bicycle jusqu'en 1893.

Une notice complète accompagne les pages du premier catalogue de 1889, détaillant tous les avantages du concept, ainsi que la marche à suivre pour la montée et la descente de l'engin. En 1892, la Eagle Bicycle Co. se relocalise à

Torrington, toujours dans le Connecticut, et introduit alors son nouveau modèle, le *Light Roadster*, doté d'un rayonnage tangentiel. Les pneus pleins sont alors abandonnés au profit de caoutchoucs creux et de pneumatiques.

Références

L'épopée fantastique, 2016.

Pryor Dodge, *La grande histoire du vélo*, 1996.

Paul and Charlie Farren, *Bicycling Through Time*, 2013.

David V. Herlihy, *Bicycle: The History*, 2004.

Jay Pridmore, Jim Hurd, *The American Bicycle*, 1995.

Couverture du catalogue de l'« Eagle Bicycle », Stamford, Conn., 1889.

Collections et musées

Coll. Dodge, États-Unis.

Collection Farren, Australie.

Collection Reynaud, Domazan, France.

Velorama, Nimègue, Pays-Bas.

60

1889 – La bicyclette Hirondelle « La Superbe »

Page publicitaire : bicyclette Hirondelle, modèle « Superbe », 1891. Design de la Manufacture française d'Armes et de Cycles de Saint-Étienne.

Cette bicyclette d'une élégance remarquable, dont le modèle fut déposé en 1888, est encore équipée, au choix, de pneus pleins ou de caoutchouc creux. Son cadre semi-circulaire et sa selle hamac à gros ressorts sont pensés en fonction du confort de l'utilisateur, et ceci malgré un poids relativement important : 22,50 kg, mais seulement 20 au catalogue !

Direction à pivot, frein avant à cuillère, pignon fixe, chaîne à blocs, garde-crottes, attache de lampe, sont d'autres caractéristiques courantes de cette époque. Le guidon anti-vibratoire augmente encore l'originalité de son concept. On la retrouvera aussi en version tricycle, pour un poids de 26 kg.

Sous la marque Hirondelle, « La Superbe » est une des premières bicyclettes fabriquées à partir de 1889 par la jeune manufacture française d'armes de Saint-Étienne (qui poursuivra peu après son activité sous le nom de Manufacture Française d'Armes et Cycles de Saint-Étienne, future Manufrance). Brevetée par ses fondateurs Étienne Mimard (1862-1944) et Pierre Blanchon, elle fut conçue selon les principes du design, et voulait résolument donner la réplique aux machines d'importation anglaise, en rivalisant d'élégance avec le cadre diamant de leurs nouvelles machines.

Au même moment, les maisons Clément, Peugeot et plus tard Terrot (dès 1890) étaient déjà bien déterminées à contrer cette anglomanie des cyclistes français, et à concurrencer par une offre de qualité, les productions importées d'Angleterre. Saint-Étienne se trouvait dans une position favorable pour relever ce défi : les équipements destinés à la fabrication des armes et une main-d'œuvre locale qualifiée pouvant aisément se prêter aux besoins spécifiques de l'industrie du cycle. De plus, le fait que la fabrication des armes de chasse soit une activité saisonnière était une opportunité que les Stéphanois se devaient d'exploiter[183]. Paul de Vivie (1853-1930), « l'apôtre du cyclotourisme », défendit inlassablement cette idée dans sa ville d'adoption.

Références

Catalogue Hirondelle, Saint-Étienne, 1889.

Catalogue Hirondelle, 15 juin 1893, p. 307.

Raymond Henry, *Du vélocipède au dérailleur moderne*, 2003.

Raymond Henry, *Vélocio*, 2005.

Le Manufrance du collectionneur, Titre IV, *Cycles et motocycles*, éd. par Bernard Caminade, Ciboure, Éditions du PÉ.CA.RI., 1996.

Reynaud, *Vélos de légende*, 2013, p. 162-163.

Azimut, Revue de design, n° 13, 1997, p. 22.

Nadine Besse, *Les bicyclettes Hirondelle de la Manufacture Française d'Armes et Cycles de Saint-Étienne (1885-1940)*, Actes de la deuxième conférence internationale sur l'histoire du cycle, à Saint-Étienne en 1991, MAI et FFCT, 1995, p. 79-89.

The Wheel and Cycling Trade, vol. 1/1, March 1, 1888 – voir publicité pour « The American Rambler » de la Gormully & Jeffery Mfg. Co., à Chicago, un modèle d'inspiration proche de celle de la Superbe, et bientôt équipé d'une suspension arrière (Id. vol. I/21, July 28, 1888).

[183] Voir 52. La bicyclette des Frères Gauthier.

Bicyclette « La Superbe », 1891-1893.
Photo : site web du MAI de Saint-Étienne.

Collections et musées

MAI, Saint-Étienne, France – inv. MAI St-E 48-16-3.

Velorama, Nimègue, Pays-Bas.

61

1889 – Le pneumatique Dunlop – La bicyclette de W. Hume

Bicyclette du coureur anglais William Hume. Le plus ancien exemplaire connu d'une bicyclette à bandages pneumatiques Dunlop, 1889. Transport Museum, Coventry.

Cette bicyclette, ayant appartenu au coureur irlandais William « Willie » Hume (1862-1941), capitaine du Belfast Cruiser's Cycling Club, est la plus ancienne bicyclette connue sur laquelle ont été montés les tout premiers bandages pneumatiques de Dunlop. Le 18 mai 1889, en battant à Belfast des concurrents qui lui étaient supérieurs, mais ne disposant pas de son avantage technique, cet athlète moyennement doué put démontrer la supériorité des « tubes » gonflés d'air de Dunlop. C'est aussi le même W. Hume qui introduisit le pneumatique en Angleterre, lors d'une course disputée à Liverpool. Il sera suivi, en 1890, par d'autres coureurs irlandais. Plus confortables et plus faciles à rouler, les pneumatiques étaient aussi d'une section plus large que celle du caoutchouc plein, ce qui les rendait moins glissants.

En 1885, la bicyclette de sécurité Rover avait révolutionné le concept et John Kempf Starley était déjà solidement établi dans le commerce et l'industrie du cycle. Cependant, bien que largement copiée et diffusée, la safety de Rover sera vite la cible de critiques. Comparée au grand bi, elle était non seulement moins confortable, mais aussi moins stable. On était gêné par les vibrations et on lui reprochait un fâcheux manque d'adhérence au sol. N'empêche qu'à l'époque l'industrie du cycle progressait considérablement : un demi-million de cyclistes roulaient en Grande-Bretagne et des milliers de personnes étaient employées dans le secteur de la fabrication et de la vente de cycles. Les firmes se penchaient sur la recherche d'améliorations possibles du confort de la machine cycliste. Rien que pour les années 1886 et 1887, 270 demandes de brevets furent déposées en Grande-Bretagne pour des selles à ressorts, des cadres à ressorts – dont le plus emblématique fut le « Whippet »[184] –, des caoutchoucs creux…

C'est en 1839 que Charles Goodyear (1800-1860) avait déposé son brevet de la vulcanisation du caoutchouc, et en 1845 que l'Écossais Robert William Thompson (1822-1873) avait à son tour déposé un brevet en France (1846) et aux États-Unis (1847) pour une « roue à l'air », un dispositif destiné tant au rail qu'à la route. Après quelques démonstrations, et dans l'impossibilité de trouver des applications pratiques, l'invention de Thompson fut vite classée sans suite et oubliée. En 1887, lorsque le vétérinaire écossait John Boyd. Dunlop (1840-1921), établi à Belfast, imagina son premier pneumatique, ce fut sans aide extérieure et sans aucune référence au brevet antérieur de Thompson. Après avoir construit un prototype et l'avoir testé sur le tricycle de son fils Johnny, un arrangement fut pris pour que quelques bicyclettes et tricycles soient montés sur pneumatiques par Edlin & Sinclair, vélocistes à Belfast.

En mai 1889, sur une de ces machines, alors que William Hume enregistrait ses tout premiers succès en course, Dunlop fit la connaissance du Dublinois William Harvez du Cros, un lointain descendant de huguenots français, anciennement « de la Croix ». Ce dernier avait deux fils coureurs cyclistes (qui avaient été battus par Hume le même jour !) et était un entrepreneur très actif, notamment dans le domaine de la fabrication du papier. Enthousiasmé par la prestation de Hume, du Cros accepta la proposition de Dunlop de prendre part à la fabrication et à la promotion du pneumatique. À partir de 1896, Dunlop qui n'était ni ingénieur ni homme d'affaires restera occupé par d'autres choses, les chevaux de chair et d'os… Après avoir cédé ses parts à du Cros, celui-ci deviendra le directeur exécutif de l'entreprise, fondant par la même occasion les bases de l'industrie du pneumatique. La moto et l'automobile lui ouvriront, tout comme aux Frères Michelin et à d'autres, les portes d'un immense marché, alimenté par l'hévéa d'Afrique, le caoutchouc synthétique n'apparaissant qu'en 1915.

---

[184] Voir 55. La « Whippet Safety ».

La mise au jour tardive de l'invention de Thompson invalida le brevet de Dunlop, mais du Cros ayant racheté tous les brevets concurrents n'en fut pas affecté : notamment ceux de la valve Wood, du collier Welch et autres dispositifs de Bartleet et de Westwood. Cette démarche fut capitale car les premiers Dunlop étaient de fabrication artisanale et rudimentaire. Attachés sur les jantes à l'aide de bandes de tissus il était même conseillé, en cas de crevaison, de les renvoyer au fabricant ! Par bonheur et assez rapidement, les pneus étaient devenus démontables, éclipsant tous les autres moyens d'amortissement des vibrations brevetés auparavant. En 1900, Le démontable Dunlop avait conquis le marché britannique. Néanmoins une myriade d'autres firmes lui faisaient concurrence, dont le Français Michelin[185], qui ne tardera d'ailleurs pas à écouler ses produits en Angleterre, ce que nous rappellera encore la « Michelin House », le siège social de la Michelin Tyre Company Ltd., inaugurée à Londres en 1911. En 1891, le premier Paris-Brest-Paris fut le théâtre d'affrontement entre ces deux marques[186].

Le problème des crevaisons restait toujours sensible. On en vint à mettre au point des systèmes de protection, et même à imaginer des pneus « increvables », voire auto-occlusifs.

Quant aux jantes, elles s'étaient adaptées aux différents modèles de pneus, à talon et à tringle (*clincher et wired tyres*).

Si en 1890 le grand bi était encore un engin apprécié par d'irréductibles cyclistes, le pneumatique mit un terme à son règne. Tous les records furent battus par la bicyclette, tant sur route que sur piste. Les tentatives d'équiper le grand bi de pneumatiques restèrent sans suite. L'élégant bicycle s'inclina définitivement, et la « reine bicyclette » était définitivement lancée. Pour les marchands, elle offrait aussi l'avantage de pouvoir se régler selon la taille de l'utilisateur. Il n'était dès lors plus nécessaire de stocker un aussi grand nombre de machines en magasin, ce qui stimula l'apparition de nombreux nouveaux fabricants.

L'arrivée du pneumatique marquera, rappelons-le, un moment décisif de l'expansion de la vélocipédie.

Références

Horace Bartleet, *Bartleet's Bicycle Book*, 1931.

Cyril Caunter, *Handbook of the Collection*, Part II, 1958.

Arthur Chiboult, *La fabrication des pneumatiques*, 1900, 48 p.

---

[185] Voir 63. La bicyclette « Clément » de Jiel-Laval.
[186] Idem.

Nick Clayton, *The Birth of the Bicycle*, 2016, p. 104-109.

Arthur du Cros, *Wheels of Fortune : A Salute to Pioneers*, London, Chapman & Hall, 1938.

L.B. Fanor, *Le pneumatique : guide pratique du véloceman et du constructeur*, 1894, 92 p.

Baron de Mauni, *Les bandages pneumatiques et la résistance au roulement*, 1899, 138 p.

André Michelin, *De la vélocipédie et des progrès que le bandage pneumatique lui a permis de réaliser*, 1893, 31 p.

Jacques Seray, *Deux roues*, 2013.

ICHC, vol. 3, 5, 11, 15.

Pneumatiques Dunlop, 1892 ; beaded-edge, 1925 ; wired edge, 1925. Science Museum, London. In Cyril Caunter, *Handbook of the Collection*, Part II, 1958. Photo : Sterba Bike.

Collections et musées

CNAM, Paris, France.

National Museum of Scotland, Edinburgh, Scotland.

Science Museum, London, Angleterre.

Transport Museum, Coventry, Angleterre.

62

1890 – La Humber à cadre « Diamond »

Humber à cadre cadre pentagonal « diamant ».
In Nick Clayton, *Early Bicycles*, 1994, p. 26.

Bien que certains lecteurs du *Cycliste* aient pu, à juste titre, établir une distinction entre les machines produites à Beeston et celles sorties des ateliers de Nottingham[187], la marque anglaise Humber[188] était synonyme de qualité et était unanimement appréciée, tant en Angleterre qu'en France. Elle fut d'ailleurs la machine du coureur anglais George Pilkington Mills (1867-1945) – héros du parcours Land's End-John o'Groats – et sur laquelle il remporta la première édition de la Bordeaux-Paris en 1891.

Dans le début des années 1890, les premiers pneumatiques n'étant pas encore à la portée de toutes les bourses. De surcroît, le risque de crevaison décourageait pas mal de cyclotouristes, et les caoutchoucs creux continuaient encore à conserver pas mal d'adeptes. Bien que plus lourds et moins confortables, ils étaient sûrs et meilleur marché.

Témoin attentif de l'évolution de la vélocipédie, le baron Belge Adolphe Drion du Chapois (1831-1814), fit dans les années 1890 l'acquisition d'une

---

[187] Au cours de sa carrière industrielle, Humber fut effectivement associé à plusieurs partenaires, actifs sur différents sites de production.
[188] Voir 45. La Humber à cadre « Diamond » (de 1884).

Humber à pneumatiques. La collection de machines neuves, qu'il avait constituée pour son usage personnel, entrera par donation dans les collections des Musées Royaux d'Art et d'Histoire de Bruxelles, le musée du Cinquantenaire[189].

Références

Nick Clayton, *The Birth of the Bicycle*, 2016.

Tony Hadland, Hans-Erhard Lessing, *Bicycle Design*, 2014.

Gisèle Van Beveren, *De la draisienne à la bicyclette*, 2002.

Bicyclette Humber, montée de pneumatiques, ca. 1895. MRAH, Bruxelles.
Photo : G. De Smaele, 2017.

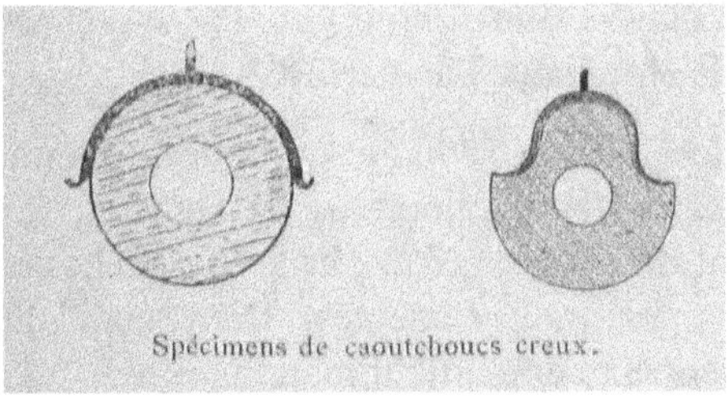

Exemples de caoutchoucs creux.
In Baudry de Saunier, *Histoire générale de la vélocipédie*, 1891, p. 289.

[189] Gisèle Vanbeveren, *De la draisienne à la bicyclette. Histoire du vélo au* XIX*e siècle*, Bruxelles, MRAH, 2002, 15 p. + 20 p. d'ill.

Annonce publicitaire de Humber.
In H.O. Duncan, L. Suberbie, *L'entraînement*, 1890 (*sic*).

Collections et musées

MRAH, Bruxelles, Belgique – inv. TR-1327.

Velorama, Nimègue, Pays-Bas.

63

1891 – La bicyclette « Clément » de Jiel-Laval

La « Clément » de Jiel-Laval. Pneus Dunlop pour le second arrivé du Paris-Brest-Paris de 1891.
In Jacques Ballif, *Exposition rétrospective du cycle au Salon de l'automobile, du cycle et des sports*, 1906, n° 39.

En 1891, le premier Bordeaux-Paris est à peine terminé – une course de 600 km gagnée par l'Anglais George Pilkinton Mills (1867-1945) – que Pierre Giffard organise la même année pour *Le Petit Journal* une épreuve de Paris à Brest et retour, d'une longueur de 1.200 km. Elle sera gagnée par Charles Terront (1857-1932) en 71 h 35'. Joseph Louis Laval, dit Jiel-Laval (1855-1917), arrivera second plus de huit heures après lui, en 80 h 04'.

La bicyclette de la marque Clément utilisée par Pierre-Joseph « Jiel » Laval était équipée de la dernière version des pneus Dunlop[190]. Elle fut par la suite montrée à Paris lors de l'*Exposition rétrospective du cycle au Salon de l'automobile et des sports* en 1906, avant que la famille du coureur en fasse don au Conservatoire national des Arts et Métiers. Ce « trésor national » y repose toujours actuellement.

---

[190] Voir 61. Le pneumatique Dunlop – La bicyclette de W. Hume.

Avec un tube de selle cintré et un tube horizontal qui remonte vers l'avant, le cadre s'apparente à la forme « diamant », la norme qui s'imposera sur la plupart des bicyclettes pour homme des décennies à venir. Charles Terront avait quant à lui utilisé une bicyclette Humbert[191], équipée de Michelins démontables, qui lui fut volée par un indélicat lors du banquet donné à l'issue de la course, et ne fut malheureusement jamais retrouvée.

En 1891, Adolphe Clément, bientôt grand fabricant de cycles, acquiert la licence de fabrication des pneus Dunlop pour la France. Si les premiers pneumatiques Dunlop dans leur première version procuraient adhérence et confort, rappelons qu'ils souffraient malheureusement de deux grands défauts : leur prix très élevé et les crevaisons difficiles à réparer. Au début, avec une toile extérieure qui s'enroulait à la fois autour du pneu et de la jante, l'accès à la chambre à air s'avérait fort compliqué. Les frères Michelin (plus exactement Édouard) créeront, en 1891, le pneumatique démontable, bien plus facile à réparer que les pneus de Dunlop. La même année, le premier Paris-Brest-Paris sera une fantastique course de propagande pour le pneu gonflable. Parmi les différentes marques déjà présentes, on assistera à un match opposant deux fabricants : Michelin, alors modeste producteur, représenté par Charles Terront, qui finira vainqueur, et Dunlop, qui équipait la bicyclette Clément du coureur Jiel-Laval, arrivé second.

Références

Jacques Ballif, *Exposition rétrospective du cycle...*, 1906, n° 39.

Alfred et Maurice Chérie, *Annuaire général illustré des cyclistes français et étrangers pour l'année 1892*, 324 p.

Catherine Bertho-Lavenir, *Voyages à vélo : du vélocipède au Vélib'*, 2011, p. 73.

Émile Gendry (G. de Moncontour), *Sport vélocipédique : les champions français, 1891*, 212 p.

Jiel-Laval (pseud. de Joseph Laval), *Ma course à bicyclette : Paris-Brest et retour, 1.200 km*, 1892, 32 p.

Jeux de vélos, catalogue d'exposition, 1992, p. 52.

Didier Rapaud, *Le temps de la vélocipédie (1876-1892), ou l'inoubliable Jiel Laval*, 2015, 207 p.

Jacques Seray, *Paris-Brest-Paris*, 2007.

Le Petit Journal, 25.09.1891 – Charles Terront, vainqueur du Paris-Brest-Paris.

La Nature, n° 956, 26 septembre 1891.

---

[191] Voir 62. La Humber à cadre « Diamond ».

La bicyclette de Jiel Laval.
Photo : site web du CNAM.

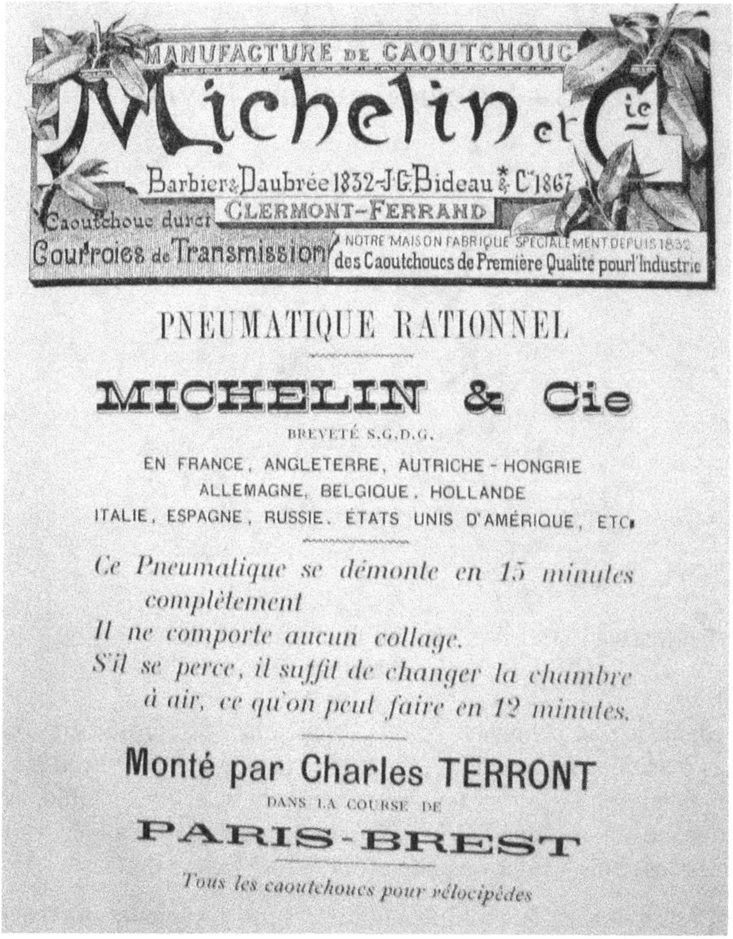

Le pneumatique démontable de Michelin.
Page publicitaire dans H.O. Duncan et L. Suberbie, *L'entraînement*, 1890 (*sic*).

Collections et musées

CNAM – inv. 14555, Paris.

64

1893 – La bicyclette de « Reyrol »

Machine à leviers et à double frein. La bicyclette de Reyrol.
In *Le Cycle*, 22 avril 1893, p. 1174.

Précédant le « Cyclidéal »[192], la bicyclette « Reyrol » était une des premières machines sans chaîne[193], à pédales oscillantes. Elle avait été mise en vente par la maison Gendron, une firme américaine, active en Ohio, ayant une vitrine avenue de la Grande Armée à Paris, qui produisait également des tricycles et des chaises pour invalides.

La transmission et la multiplication de cette bicyclette s'obtenaient par l'intermédiaire de deux leviers, dont l'une des extrémités était munie d'un arc de cercle garni de tourillons qui s'égrenaient sur un pignon denté. L'intérieur de chaque pignon était évidé et contenait un rochet qui était fixé sur la roue motrice.

Étant donné la longueur importante des leviers, la Reyrol était une machine bonne pour affronter la montagne, mais qui nécessitait en descente l'emploi de deux freins sur les pneus. L'ingénieur Gedez, chroniqueur pour *Le Cycle* écrira : « Cette nécessité du frein est, il est vrai, bien désagréable pour les pneumatiques. La perfection n'est pas de ce monde, et il n'est pas de machine à qui on ne puisse faire de reproches[194]. »

---

192 Voir 65. La bicyclette « Cyclidéal ».
193 Carlo Bourlet, *La bicyclette, sa construction, sa forme*, 1899, p. 109.
194 La bicyclette de Reyrol, in *Le Cycle*, 22.04.1893, p. 1174.

Références

Carlo Bourlet, *La bicyclette, sa construction, sa forme*, 1899, p. 21 et 109.

Le Cycle, Bicyclette de Reyrol, 22 avril 1893, p. 1174.

« Gendron makes the Children Healthy and Happy ». Carte de la maison Gendron, ca. 1890. V-C C Library.

Affiche publicitaire pour les cycles Gendron, ca. 1890.

65

1892 – La bicyclette « Cyclidéal »

Bicyclette « Cyclidéal », 1892. À leviers et à pédales indépendantes, frein au pied. Le frein est actionné par le pied droit.
In Jacques Ballif, *Exposition rétrospective du cycle au Salon de l'automobile, du cycle et des sports*, 1906, n° 41.

La transmission de la bicyclette à leviers « Cyclidéal », produite en France par C. Rouveyre & Cie à partir de 1892, apparaîtra juste après la Reyrol[195]. Elle s'apparente à celle de l'American Star[196] de la même époque. Plus tard, son système d'entraînement se rapprochera aussi de celui de la Lévocyclette Terrot[197], du fait que la poulie d'enroulement de la chaîne était également elliptique.

Le Cyclidéal présentait des aspects fort attrayants, mais bien qu'il remporta une certaine adhésion auprès des cyclistes, l'ingénieur Carlo Bourlet en fera une critique assez sévère.

[195] Voir 64. La bicyclette de « Reyrol ».
[196] Voir 41. L'« American Star Bicycle ».
[197] Voir 89. La « Lévocyclette » Terrot.

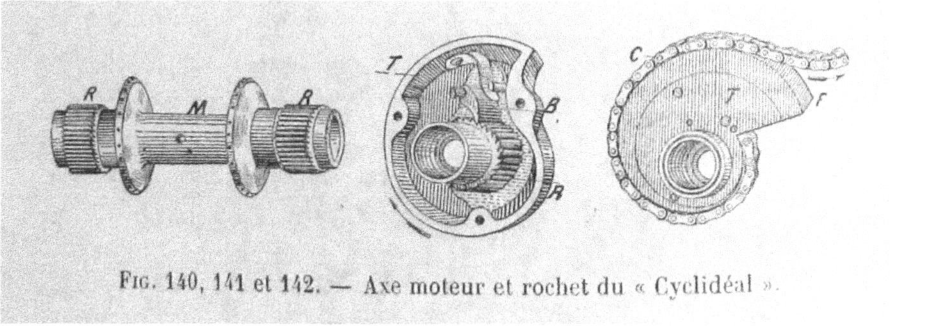

Axe moteur et rochet du Cyclidéal.
In Carlot Bourlet, *La bicyclette, sa construction, sa forme*, 1899, p. 110.

Certes, cette bicyclette pouvait, contrairement au pignon fixe, rouler toute seule en avant, sans que l'on doive pour autant mouvoir les pédales, et on pouvait, en descente, laisser les pieds au repos. Par contre, on ne pouvait pas contre-pédaler et freiner la marche avec les pédales, et le Cyclidéal primitif n'avait qu'un frein, ce qui n'était pas suffisant. Au premier abord, l'idée de l'indépendance des pédales était fort séduisante. Au besoin, dans les fortes côtes, on pouvait agir simultanément sur les deux pédales. Cependant, cette indépendance était néfaste lorsqu'on voulait marcher d'un train régulier. Finalement, pour Carlo Bourlet, qui prôna toujours le mouvement circulaire, « la Cyclidéal est tout à fait comparable à une machine à vapeur sans régulateur et sans volant »[198].

Références

Ballif, *Exposition rétrospective du cycle au salon de l'automobile et des sports*, décembre 1906, n° 41.

Carlo Bourlet, *La bicyclette, sa construction, sa forme*, 1899, p. 110

CNAM, *Jeux de vélos*,

Raymond Henry, *Vélocio*, 2005.

Le Cycle, 13 mai 1893, p. 1.209.

Le Cycliste.

[198] Carlo Bourlet, *La bicyclette, sa construction, sa forme*, 1899, p. 110-111.

La vélocipédie pour tous avec le Cyclidéal. Affiche de Lucien Baylac, 1893.
Source : Gallica.

Collections et musées

CNAM, Paris.

Velorama, Nimègue, Pays-Bas.

66

1893 – La machine à courir « La Valère »

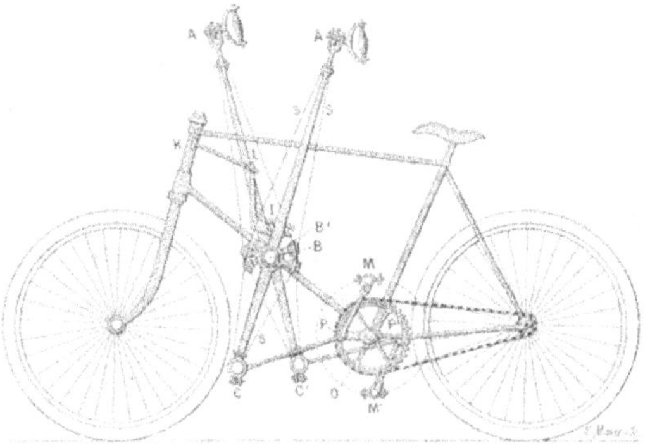

« Machine à courir ». Bicyclette à double propulsion. Présentée au Salon International du Cycle de Paris en 1894. In *La Nature*, n° 1075, 23 décembre 1893, p. 49.

Cette machine à double propulsion fut conçue à Paris en 1893. Fabriquée par Valère & Cie, elle fut exposée au Salon International du Cycle de Paris en 1894. Elle utilisait simultanément la force des jambes et des bras, tandis que la direction était assurée à partir d'un assemblage de crémaillères, de rotules et de leviers, ce qui nécessitait un temps d'apprentissage et d'adaptation.

Dans un article publié dans *La Nature*, Baudry de Saunier note que plus de 200 brevets traitant de l'usage des bras en vélocipédie avaient déjà été déposés avant l'invention de Valère. L'originalité du système Valère provient de son inspiration : le mouvement naturel imitant la course à pied, où le mouvement des bras est en opposition de celui des jambes.

On notera que les manivelles ne sont pas configurées de manière conventionnelle, et que sur le modèle illustré ci-dessus, la distance de séparation entre les axes des deux roues est fatalement plus grande qu'à la normale.

L'inventeur de la « Machine à courir » était un as de l'aviron, pour qui l'usage des membres supérieurs s'imposait. Après l'avoir conçue et réalisée, il démontrera sur le terrain l'efficacité de son concept, devançant Farman, le champion de France sur une distance de 100 km, lors d'une rencontre fortuite au Bois de Boulogne. Mais en fait, Valère commença par la construction d'un tricycle, et le développement de ses machines se situait entre 7 et 8 m, contre un maximum de 5,75 m pour les machines courantes. On rencontre aussi une version tandem et une version simplifiée dont l'action des bras s'applique alternativement, de haut en bas, au niveau d'un guidon mobile de grande dimension afin d'augmenter l'amplitude du bras de levier. Le modèle apparu en 1894 recherche l'efficacité, sans plus se soucier de vouloir imiter le mouvement de la course à pied. Sa réalisation s'avère beaucoup plus simple que celle de la première version.

Par après, d'autres modèles à double propulsion et à deux roues motrices ont vu le jour, comme la quadrimotive O'Keeman, avec un second pédalier actionné par les bras, ou le vélo à guidon basculant dont le brevet fut déposé par Jacques Souhard en 1937[199].

Pour terminer, notons qu'en plus de quelques anciens modèles de manumotives, un grand bi provenant de la collection Robert Grandseigne – récemment exposé au château de Sceaux – utilisait déjà, lui aussi, des leviers actionnés par les bras.

Références

Jacques Ballif, Jacques Ballif, *Exposition rétrospective du cycle au Salon de l'automobile, du cycle et des sports*, 1906, n° 43, 45, 47.

Jules Beau, *Album de photographies*, ca. 1895.

Louis Baudry de Saunier, *Le cyclisme théorique et pratique*.

Lockert, p. 77

L'Auto, 5 octobre 1906.

Le Cycle, 16 décembre 1893, p. 1597-1598.

La Nature, n° 1075, 23 décembre 1893, p. 49-50.

La Nature, n° 1125, 5 décembre 1894, p. 17-18.

La Science illustrée, n° 330, 24-03-1894.

Collections et musées

CNAM, Paris, France.

MAI, Saint-Étienne.

Dépôt du Musée national de la Voiture et du Tourisme, Compiègne, version de 1893 et de 1894.

Coll. Reynaud, Domazan, France.

---

199 Coll. Reynaud, voir *Vélos de légende*, 2013, p. 166. Ce vélo a entre-temps changé de propriétaire.

« La Valère » de 1893. Musée d'Art et d'Industrie, Saint-Étienne – inv. D-50-2-10. Photo : site web du musée.

Bicyclette « La Valère » de 1894. In Jacques Ballif, *Exposition rétrospective du cycle au Salon de l'automobile, du cycle et des sports*, 1906.

67

1893 – La bicyclette de la Dursley Pedersen Cycle Co.

Fig. 1. — Bicyclette « Pedersen » à cadre triangulaire, avec selle « hamac ».

Bicyclette Pedersen. Bicyclette à cadre triangulaire et selle hamac. In *La Nature*.

La bicyclette a subi dans ses premières années des transformations successives du cadre. Après plusieurs variantes du corps en croix, elle s'est rassemblée autour du modèle « diamant » de Humber[200], une forme considérée comme définitive, qui s'imposera durablement. Ceux qui s'en écartèrent furent assez rares, et n'ont généralement pas tellement retenu l'attention des cyclistes. Dès 1893, une exception viendra cependant infirmer cette assertion. Élaborée à partir d'une selle spéciale, l'architecture du modèle Pedersen, faite d'un assemblage de doubles tubes de 12 mm, disposés en triangles, permettra d'allier résistance et légèreté. La selle tissée – en fils de coton – est suspendue comme un hamac, maintenue à l'avant par une courroie de cuir fixée en tête du tube de direction, et prolongée en sa partie arrière par des ressorts à boudin

[200] Voir 45 et 62. La Humber à cadre « Diamond ».

arrimés au sommet des tiges de selle. Maintenue par deux haubans, cette selle, particulièrement confortable, assortie d'une suspension, suit les mouvements du bassin et du corps, évitant ainsi tout frottement.

Après avoir réalisé un prototype en bois[201] et déposé un brevet en 1894, Pedersen s'associe en 1896 avec le financier Ernest Terah Hooley[202], qui incitera également d'autres entrepreneurs à fabriquer sa bicyclette sous licence. En 1899, après la banqueroute de Hooley, Pedersen formera la Dursley-Pedersen Cycle Company, avant de passer dans les mains de la R.A. Lister & Co. Ltd en 1905.

À partir de 1903, les Dursley-Pedersen disposeront d'un changement de vitesse intégré au moyeu, à deux ou à trois vitesses. Le Sturmer-Archer – mécanisme resté le plus célèbre – apparut presque au même moment, mais celui de Pedersen permettait d'obtenir 50 pour cent de différence entre deux vitesses voisines, contre 30 pour cent chez Sturmey-Archer. Son principe de fonctionnement est celui d'un « treuil à trois axes »[203], une conception différente de l'engrenage épicycloïdal du BSA ou du S.A.

Avec de tels atouts, plus toute une gamme de modèles proposés à la vente – homme, dame, enfant, tandem, triplette, quadruplette, course –, sans oublier un précoce pliable utilisé par l'armée britannique durant la guerre des Boers (1899-1902), le cadre Pedersen était voué à un bel avenir. Les résultats en course se succédèrent, dont le record du Londres-York, pulvérisé par Harry « Goss » Green en 1900[204], et confortèrent la renommée de la marque. Malheureusement l'assemblage de ce cadre nécessitait un grand nombre de soudures, donc beaucoup de temps. L'autre problème était celui de la taille de la machine, car le réglage de la hauteur de selle ne tolérait que peu de marge à l'ajustement. Pedersen proposait la bicyclette en huit tailles différentes, ce qui compliquait la tâche des revendeurs, problème déjà rencontré avec le grand bi et résolu avec la bicyclette.

Mikael Pedersen (1855-1929) originaire du Danemark, émigré en Angleterre en 1889, s'était finalement fixé dans la localité anglaise de Dursley en 1893. Avant cette date et avant de se focaliser sur la production de vélos, il s'était déjà illustré dans différents domaines de la mécanique, et avait assuré son succès financier en exploitant un brevet obtenu pour une écrémeuse de son invention.

---

[201] Conservé au musée de Copenhague.

[202] Voir 36. La bicyclette à chaîne de Harry Lawson.

[203] Voir : David Evans, *Mr Pedersen, A Man of Genius*, 2007, p. 93-95 ; et Raymond Henry, *Du vélocipède au dérailleur moderne*, 2003, p. 56.

[204] Record établi sur modèle de course allégé et derrière entraîneur : 197,5 miles en 11:59 heures, améliorant le précédant record de deux heures. Ce record a tenu 26 ans !

S'il fut reconnu comme mécanicien de génie, son sens des affaires ne fut pas toujours à la hauteur de son talent d'inventeur. Bien que continuée à Londres par quelques fabricants, la production de la Dursley-Pedersen prit fin en 1917, pour progressivement s'estomper et sombrer dans l'oubli. Pedersen se concentrera ensuite sur d'autres projets… pour finalement rentrer malade et sans le sou au pays natal. Hébergé dans un premier temps par différents membres de sa famille, il fut admis la dernière année de sa vie dans un hospice pour personnes âgées, où il s'éteindra en 1929. Ses restes seront transférés, par des admirateurs inconditionnels, à Dursley le 21 septembre 1995.

Modèle de confort et de design, la Dursley Pedersen, souple, légère, confortable, est présente dans bon nombre de collections et siège parmi les plus élégantes bicyclettes anciennes. Aujourd'hui, encore imitée et modernisée – le Danois Jesper Solling, bientôt suivi par d'autres, la fit renaître en 1978 –, on pourrait la comparer à ce que représente de nos jours la copie des voitures vintage, comme la mythique Morgan. On retiendra de Mikael Pedersen qu'il a signé une belle page de l'industrie anglaise du cycle.

Références

Frank Berto, *The Dancing Chain.*

Pryor Dodge, *La grande histoire du vélo*, 1996.

Mickael Embacher, *Smart Move*, 2007, p. 202-205.

David Evans, *Mr Pedersen: A Man of Genius*, 2007.

Tony Hadland, Hans-Erhard Lessing, *Bicycle Design*, 2014.

Raymond Henry, *Du vélocipède au dérailleur moderne*, 2003, p. 56.

Jan Heine, *The Competition Bicycle*, 2008, p. 18-23.

Ian Jones, *The Safety Bicycle*, 2012, p. 21-23

La Nature.

Engeneering, May 11, 1906.

The Wheel, December 22, 1898.

Catalogue Dursley-Pedersen de 1901. Modèle homme et dame.

Collections et musées

Bicycle Culture Center, Tokyo, Japon.

Coll. Pryor Dodge, États-Unis.

Coll. Farren, Australie.

Coll. Wéry, Amay, Belgique.

Velorama, Nimègue, Pays-Bas.

68

1894 – La bichaîne Magnat

Bicyclette Magnat[205] de 1894. Deux chaînes avec embrayage au pédalier.
In Jacques Ballif, *Exposition rétrospective du cycle au Salon de l'automobile, du cycle et des sports*, 1906, n° 42.

Singer avait déjà construit une bichaîne en 1886, mais avec des plateaux identiques, le but n'était pas de procurer deux vitesses à son utilisateur[206]. Au début des années 1890, la bicyclette prenait peu à peu la forme que nous lui connaissons aujourd'hui. Si on disposait enfin de pneumatiques, le pignon fixe était encore de mise. Les colonnes de la revue *Le Cycliste* – tribune des techniciens du cyclotourisme – abordaient fréquemment le problème du choix judicieux du développement, et de l'avantage qu'il y aurait à pouvoir en disposer de plusieurs. Au même moment, des brevets pour des changements de vitesse pour cycles commençaient à se voir être déposés. En France, Vélocio, l'éditeur de la revue mentionnée ci-dessus et apôtre de la poly-multiplication[207], suivait de près les épisodes de l'arrivée de ce nouveau

---

[205] Voir 84. La « Magnat-Debon » à vitesses dans le pédalier.

[206] Voir 50. La « Courier » de George Singer.

[207] Lire absolument : Raymond Henry, *Vélocio. L'évolution du cycle et le cyclotourisme*, Saint-Étienne, MAI-FFC, 2005, 541 p. Voir aussi *Le Manufrance du collectionneur*, Titre IV, *Cycles et motocycles*, 1996. Cette compilation de catalogues de la marque L'Hirondelle illustre aussi cette évolution. Voir 87. La « Rétro-directe » Hirondelle. C'est tout un domaine, présenté en détail dans les études de Raymond Henry (2003) et de Frank Berto (4th ed., 2012).

matériel, et passait au peigne fin les catalogues des marques présentées au Stanley Show de Londres et au Salon du cycle à Paris. Les années de 1890 à 1930 furent le théâtre de nombreuses innovations et d'expérimentations dans le domaine des changements de vitesse. Elles représentent une époque particulièrement captivante de l'évolution du cycle.

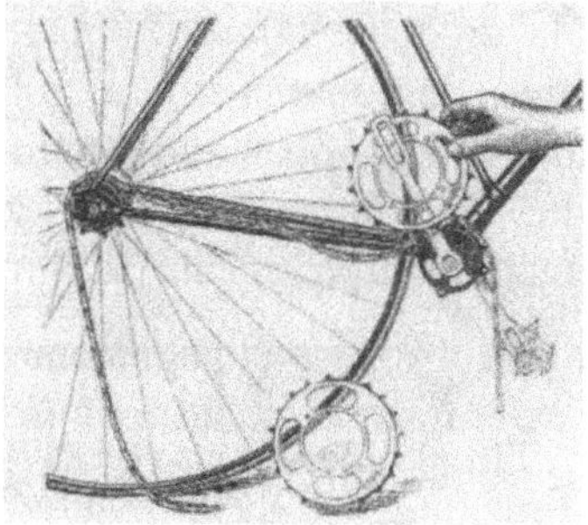

Plateaux interchangeables de la maison Raleigh, 1887, catalogue de 1892.

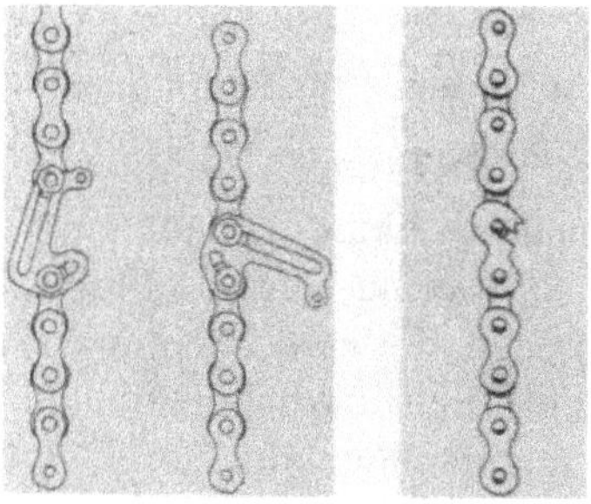

À gauche : crochet Terrot, la chaîne se détend mais ne s'ouvre pas, 1902 ; à droite : le crochet de Vélocio, 1896.
In Raymond Henry, *Du vélocipède au dérailleur moderne*, 2003, p. 31 et 32.

Les premières solutions techniques en ce qui concerne le changement de vitesse seront tributaires de la configuration de la chaîne. Rappelons qu'au départ, elle était encore au pas de 1 pouce (contre la moitié plus tard), à larges blocs (qui seront plus tard remplacés par des rouleaux), et par conséquent peu souple latéralement. On comprend alors pourquoi l'alignement parfait du pédalier et de son pignon s'était imposé en règle absolue. Les systèmes comme celui des plateaux interchangeables, ou du retournement de la roue arrière exigeaient l'arrêt du cycliste, afin qu'il puisse procéder au changement de vitesse. La même chose se produisait avec les machines équipées de deux jeux de pédalier-pignon, voire de trois jeux, totalisant chacun un même nombre de dents. Dans ce cas, les vitesses étaient toujours bien sur une même ligne. Une seule chaîne suffisait, positionnée à la main.

Dans le cas de deux pignons pour un seul pédalier, voire l'inverse, on pouvait, grâce à un maillon spécial, raccourcir ou allonger la chaîne... ceci pouvant encore éventuellement être combiné à un principe rétro-direct. On bâtit à partir de cette offre technique, un grand choix de configurations et de développements.

Avec l'association de pignons à roue libre et de pédaliers fous, il fut imaginé, pour les bichaînes, de pouvoir embrayer les vitesses au moyen d'un levier actionné du pied sur l'un ou l'autre pédalier, chaque vitesse étant simplement le résultat de l'association d'un plateau et d'un pignon, ce qui fut le cas de la « Lebeau » exposée au Velorama de Nimègue.

Sur la bichaîne Terrot de 1902, le changement de jeu se faisait par crabot dans le moyeu, les deux pédaliers tournant toujours ensemble. La manette de changement de vitesse se trouvant fixée au tube horizontal.

Les systèmes et combinaisons de systèmes furent nombreux et variés : à deux chaînes, mais aussi à trois ou quatre chaînes... sans oublier ceux comportant des pignons intermédiaires. Ces changements de vitesse sans déraillement de la chaîne présentaient bien entendu le désavantage de la lourdeur.

En 1913, on assistera à la première édition de la « Poly », ou « Polymultipliée », un concours de machines organisé à Chanteloup-les-Vignes, au nord-ouest de Paris, par le Touring-Club de France[208]. Le circuit comportait une forte côte sur son passage, qui était intentionnellement destinée à évaluer l'utilité et l'efficacité des différents changements de vitesse. Seize concurrents se retrouvèrent à l'arrivée, soit : huit moyeux à 3 vitesses, trois moyeux à 2 vitesses, trois systèmes bi-chaîne Magnat et deux systèmes Loubeyre[209], le premier dérailleur connu et commercialisé, breveté en 1895.

Références

Frank Berto, *The dancing Chain*, 2009, p. 80.

Jacques Ballif, Jacques Ballif, *Exposition rétrospective du cycle au Salon de l'automobile, du cycle et des sports*, 1906, n° 42.

Bivort, *Salon de 1894.*

Raymond Henry, *Du vélocipède au dérailleur moderne, 2003*, p. 31 et 32.

CNAM, *Jeux de vélos*, 1992.

---

[208] Voir : Concours internationaux de cyclotourisme : 7e championnat de la bicyclette polymultipliée à Chanteloup (Seine-et-Oise) le 28 avril 1925 et Salon cyclotouriste de la route, organisés par le Touring Club de France, 4 p.

[209] Voir 70. La « Polyceler » de Loubeyre.

Bichaîne « La Gauloise », la marque de Vélocio, embrayage au pied, 1922.
Exposition « Le cycle à Saint-Étienne », 2014.
Photo : G. De Smaele, 2014.

En haut : Levier d'embrayage au pied sur une bichaîne à trois plateaux de Vélocio. En bas : Embrayage sur une autre bichaîne de Vélocio. MAI de Saint-Étienne.
Photo : G. De Smaele, 2008.

Collections et musées

CNAM, inv. 13.442, Paris, France

Mai, Saint-Étienne, France.

Velorama, Pays-Bas.

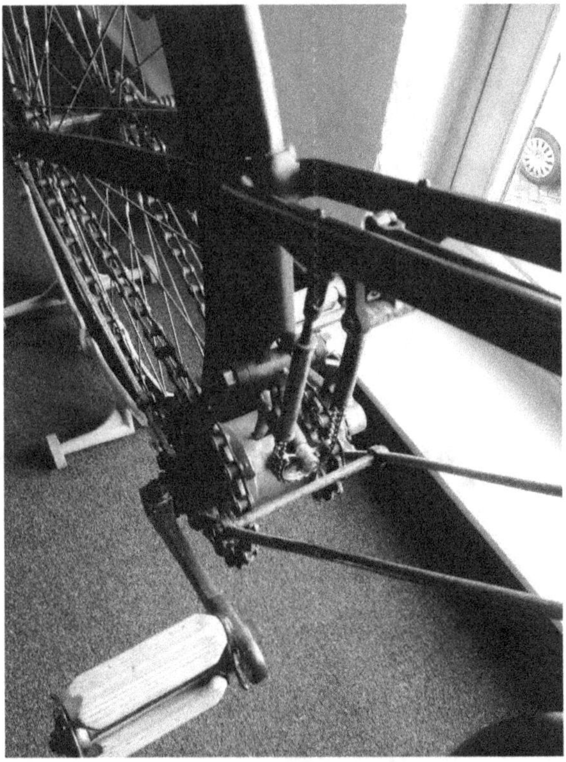

Embrayage de la bichaîne Lebeau & Cie, Saint-Denis, France, ca. 1894.
Velorama, Nimègue, Pays-Bas.
Photo : G. De Smaele, 2017.

69

1894 – L'Acatène Métropole

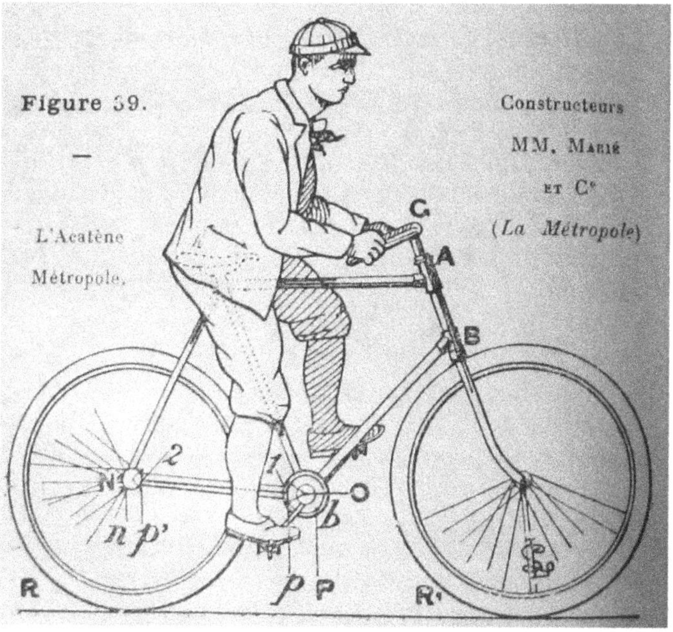

Bicyclette L'Acatène Métropole. Transmission par arbre et engrenages coniques.
In Louis Lockert, *Les vélocipèdes*, 1896, p. 80.

Le joint de cardan est une liaison mécanique qui offre une liberté de rotation entre deux pièces. Le dispositif de cette articulation a été inventé il y a bien longtemps par l'ingénieur Girolamo Cardano (1501-1576), un savant italien qui vécut au XVIe siècle. Dans un ouvrage paru en 1882, Henry Sturmey parlera de l'« Eclectic drive system », une application de ce procédé à un tricycle[210]. Signalons toutefois que le terme est souvent utilisé abusivement, car dans la mécanique cycliste, on s'est plus exactement servi d'arbres de transmission et d'engrenages coniques, et ce n'est qu'au début des années 1890, que les Anglais en proposèrent les premières applications sur les bicyclettes. Ils seront vite suivis par les Américains – Columbia en fabriquera

---

[210] Henry Sturmey, *The Tricyclist Indispensable Annual and Handbook*, 1882.

de beaux modèles –, qui en plus de ces engrenages proposeront également divers agencements à rouleaux croisés[211]. On sait cependant que dans le domaine de la machinerie, ainsi que de la mécanique générale[212], de nombreux autres exemples de pignons d'angle avaient déjà été utilisés antérieurement. Notons aussi que le cardan ne peut travailler à angle droit. On ne devrait donc pas parler de transmission par cardan pour le vélo.

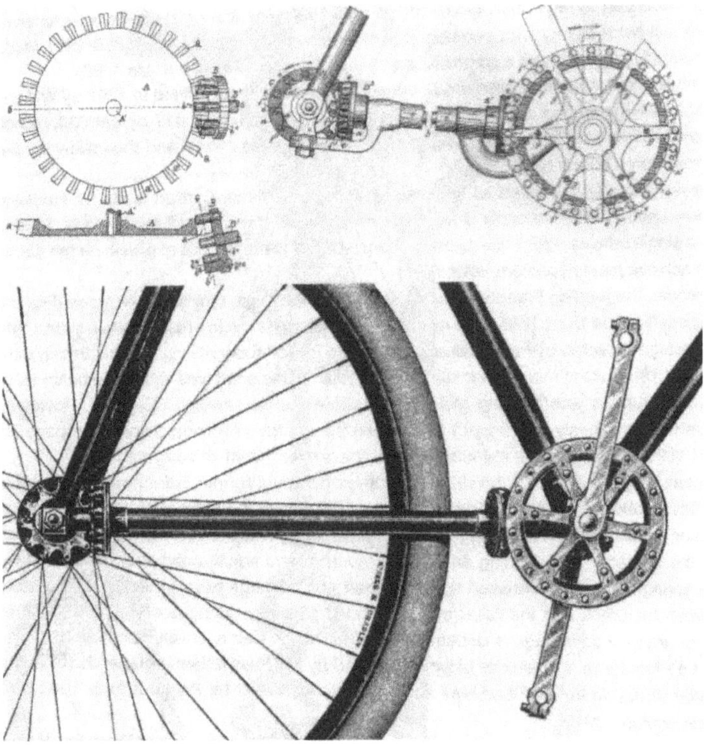

Exemples de transmissions par engrenages à rouleaux croisés, 1896-1897.
In T. Hadland, Hans Lessing, *Bicycle Design*, 2014. Photo : National Cycle Library.

Bien d'autres bicyclettes sans chaîne ont existé, utilisant une transmission par leviers, des roues dentées, des engrenages (comme le Cyclet), voire une corde (la Verdot) ou un axe de pédalier directement en prise sur la roue motrice. Cependant, la bicyclette dite « acatène » – du latin *a-catena* : sans

---

211 Tony Hadland, Hans Lessing, *Bicycle Design*, p. 134-148.
212 Voir aussi par exemple la transmission de la voiture de Carl Benz brevetée en 1886. Cf. Louis Ferrus, *Curiosités cyclistes : bicyclettes percutantes à une et à deux vitesses*, Paris-Nancy, Berger-Levrault, 1904, 24 p.

chaîne – se réfère traditionnellement au recours à un arbre de transmission. Le mouvement du pédalier est le plus souvent transmis au pignon arrière par deux jeux de pignons d'angle, protégés et huilés à l'intérieur d'un carter de protection. En France, ce type de transmission, apparu en 1894, a été rendu célèbre par la marque « Acatène », déposée par le fabricant parisien des cycles Métropole. Il fut également, jusque dans les années 1910, un produit phare de la Fabrique Nationale, implantée à Herstal près de Liège en Belgique. La « Sans-Chaîne » ou « La Percutante » – brevet du capitaine Robert – à deux vitesses (une sur pignon serve et une sur pignon libre) fut engagée par Peugeot dans le Concours du T-C F de 1902.

Si de prime abord cette transmission par arbre et engrenages paraît plus solide que celle par chaîne, ses avantages réels, d'ailleurs mis en évidence par quelques succès en course, n'ont finalement pas convaincu un large marché d'utilisateurs. Les principaux freins à son développement résidaient dans la complexité de l'usinage des pignons, et dans la difficulté – et non l'impossibilité – d'y ajouter une roue libre ou un changement de vitesse. La véritable analyse du rendement mécanique de ce concept fut établie scientifiquement par le mathématicien Carlo Bourlet, ainsi que par le chef d'escadron d'artillerie Louis Ferrus. On l'apprécia surtout pour la pureté de sa ligne et pour le minimum d'opérations d'entretien qu'il nécessitait, raisons pour lesquelles l'acatène se retrouvera incorporée à l'équipement militaire. Cependant, malgré son apparente simplicité, il s'est avéré que le réglage des pignons demeurait assez délicat à effectuer.

Références

Carlo Bourlet, *Nouveau traité des bicycles et bicyclettes : le travail*, 1898, p. 22.

Louis Ferrus, *Curiosités cyclistes : bicyclettes percutantes à une et à deux vitesses*, 1904, 24 p.

Tony Hadland, Hans Lessing, *Bicycle Design*, 2014, p. 134-148.

Raymond Henry, *Du vélocipède au dérailleur moderne*, 2003, p. 58.

Louis Lockert, *Les vélocipèdes*, 1896, p. 80.

Jay Pridmore, Jim Hurd, *The American Bicycle*, 1995.

Henry Sturmey, *The Tricyclist Indispensable Annual and Handbook*, 1882.

Bernard Chaussinand, « La Percutante », in *Cycle History*, n° 19, 2010.

Bicyclette « Acatène » La Métropole. Musée des Arts et Métiers, inv. 12862, Paris.
Photo : Site du CNAM.

Mécanisme de l'Acatène Métropole.
Photo : V-C C Open Library.

Collections et musées

Coll. Reynaud, Domazan, France.

Coll. Wéry, Amay, Belgique.

MAI, Saint-Étienne, France.

Musée Arts et Métiers, inv. 12862, Paris, France.

Musée Peugeot, Sochaux, France.

70

1895 – La « Polyceler » de Loubeyre

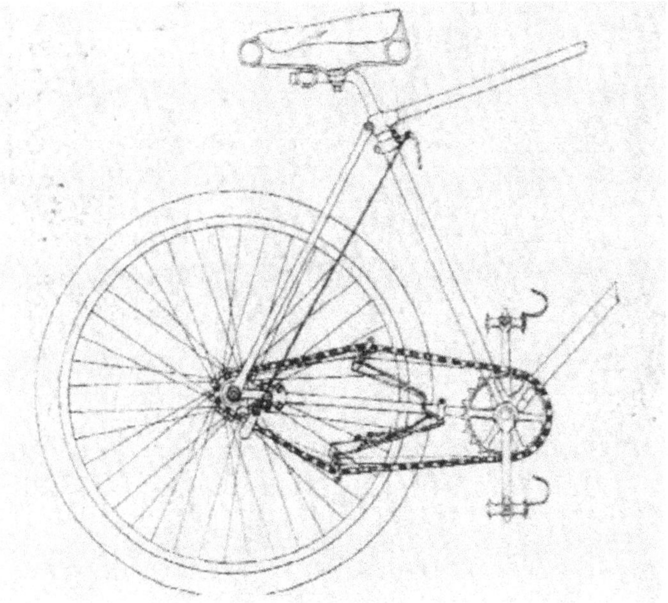

Dessin accompagnant le brevet de la Polyceler de Loubeyre, 1895. Premier dérailleur connu et commercialisé. INPI. In Raymond Henry, p. 66.

La « Polyceler », une bicyclette conçue par Jean Loubeyre et brevetée en 1895, est équipée du premier dérailleur connu et commercialisé. Une fourchette actionnée par une tringle, fixée parallèlement au hauban – une idée qui sera reprise bien plus tard sur le dérailleur Champion de 1932[213] – poussait latéralement la chaîne sur un des deux pignons fixes, solidaires de la roue arrière. Sans roue libre, la brusque accélération ou décélération de la vitesse de défilement de la chaîne, provoquée par ce changement, était absorbée par deux galets placés aux extrémités d'un angle aigu en lames d'acier souple. N'oublions pas que nous sommes en 1895, et que le passage d'un pignon à l'autre demandait une certaine souplesse latérale de la part la chaîne. Celle-ci fut de ce fait spécialement adaptée à l'invention de Loubeyre. À cette époque,

[213] Voir 97. Le « Super-Champion » d'Oscar Egg.

on respectait encore scrupuleusement la règle de l'alignement parfait entre le pédalier et son pignon. Avant de devenir universel, ce changement de pignon constitua une étonnante nouveauté, peu suivie car trop en avance sur son temps.

Références

Raymond Henry, *Du vélocipède au dérailleur moderne*, 2003, p. 66.

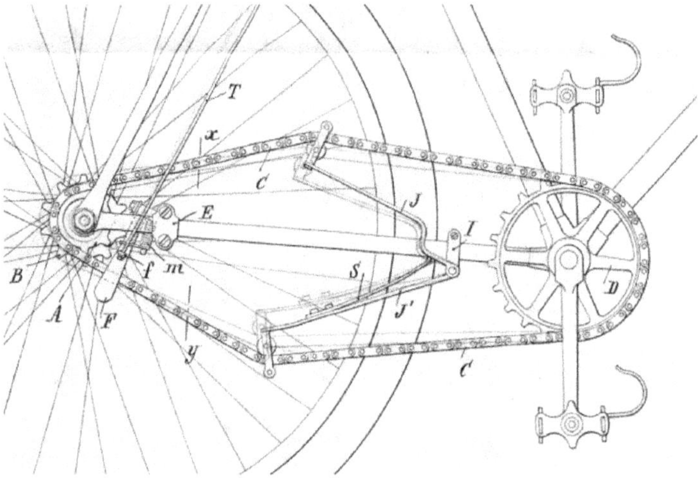

Dérailleur Loubeyre à deux vitesses, 1895. INPI.

71

1895 – La Pliante du capitaine Gérard

La bicyclette pliante.

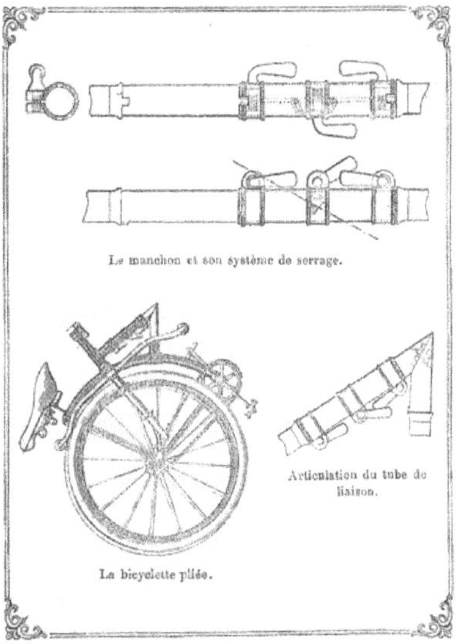

Bicyclette pliante de Charles Morel, aidé des conseils du capitaine Gérard. Bicyclette militaire. Catalogue des Cycles Charles Morel, 1895. Photo : V-C C Library.

Tôt apparus dans la vélocipédie militaire, les premiers vélos pliants prendront bientôt une part active lors des opérations de terrain. Avec eux, le rôle de la bicyclette ne sera plus confiné à celui de l'estafette, qui lui avait initialement été assigné. Au début du 20e siècle les plus illustres exemples seront : la pliante du capitaine Gérard fabriquée par Peugeot, le « Military Detachable and Folding Model » de Pedersen et la « Paratroop Folder Bicycle » de BSA[214]. Alors qu'un grand bi escamotable avait déjà été imaginé dans les années 1870, l'idée n'était pas totalement neuve. L'armée adapta également à ses besoins d'autres modèles courants de bicyclettes, comme « La Svelte Pliante » de la Société Manufacturière d'Armes et de Cycles de Saint Étienne, fournisseur exclusif de la Garde républicaine et de la Légion.

Le capitaine Henri Gérard (1859-1908) – par ailleurs auteur d'un grand nombre d'articles sur la vélocipédie militaire – testa sa première bicyclette

[214] Voir aussi : Carlo Bourlet, *La bicyclette, sa construction, sa forme*, 1899, p. 51.

pliante lors des grandes manœuvres de 1895. Quelques années plus tard, en 1899, donnant finalement suite à sa ténacité, le ministère de la Guerre décida la création de quatre unités cyclistes permanentes au sein de l'armée française. En 1901, le ministre de la Guerre désigna la Compagnie cycliste du 147e régiment d'infanterie, en garnison à Sedan, parmi les troupes qui défileront à la revue du 14 juillet. Pour cette fête nationale, 150 hommes feront à vélo le voyage de Sedan à Paris et retour[215]. L'invitation sera réitérée en 1912. Pour le capitaine Gérard et sa bicyclette, ces années seront celles de l'apothéose, malheureusement proches d'une mise en application dans un contexte réel, celui d'une guerre atroce, qui mutilera le monde du cyclisme et ôtera la vie à quelques-uns de ses plus grands champions.

C'est en 1894 que le capitaine Henri Gérard avait déposé avec l'industriel Charles Morel, un brevet pour une bicyclette pliante[216]. Le premier catalogue des cycles Morel sortira en 1895, à Domène dans l'Isère, tandis qu'un magasin s'ouvrira à Paris. Les commandes parviendront de France, mais aussi de l'armée roumaine et de l'armée russe. À l'issue du partenariat entre Morel et Gérard, la production de « La pliante du Capitaine Gérard » sera reconduite, en 1899, par Peugeot Frères, dans leurs ateliers implantés à Beaulieu. Peugeot en modifiera le plan et l'adaptera aussi au domaine civil. La fabrication cessera en 1919 après avoir sorti 46.000 exemplaires.

Les premiers essais de bicyclette pliante, que le capitaine Gérard avait réalisés sur un cadre Humber, le menèrent très vite à en modifier la structure. Pour un usage militaire, l'instrument devait répondre à des impératifs bien particuliers : tout en restant assis sur la selle, le combattant devait pouvoir continuer à utiliser son arme ; le soldat devait également être en mesure de répondre promptement aux commandements adressés à l'unité de soldats et de réagir aux menaces imprévues ; il fallait aussi que le combattant-cycliste puisse manœuvrer avec souplesse, monter, descendre facilement de machine et évoluer normalement tout en la portant. Pour le repli de l'instrument, il fallait aussi trouver un système à la fois simple, fiable et rapide à mettre en œuvre sans obligation de devoir recourir à un outillage.

Pour satisfaire à toutes ces exigences, il fallait au capitaine Gérard une bicyclette qui soit courte, basse légère : les roues seront réduites à un diamètre de 26 pouces ; la selle sera placée au sommet de la roue motrice, ce qui soulagera l'avant du vélo, devenant ainsi plus maniable. Morel avait ramené le

---

[215] Christophe Lagrange, *Sedan-Paris par 150 hommes du 147e RI*, in *Cycle History*, Actes de la 26e conférence des historiens du cycle, 2005, p. 160-168.

[216] *L'infanterie montée et la bicyclette transportable à dos d'homme*, in *Le Cycle*, 17 mars 1894 (la transmission est à leviers sur la roue avant, démultipliée à 4,40 m), article signé Henry.

cadre à un seul tube, tandis que Peugeot en ajoutera un second. Il fallait pouvoir prendre la bicyclette à bras le corps ou la sangler sur le dos, lui faire franchir les obstacles... et un poids de 13 à 14 kilos sera considéré comme raisonnable, du moins pour une personne entraînée. On ne disposait cependant encore que d'un seul développement – parfois en transmission acatène – et d'un système de freinage rudimentaire. Le but recherché par l'armée n'était évidemment pas celui de la performance sportive. Pour le déplacement des troupes, une moyenne de 16 km/h fut jugée suffisante. On roulait soit sur pneumatiques, soit sur caoutchoucs creux. Peugeot adoptera le Michelin et, bien entendu, la pliante Gérard ne mangeait pas de foin...

Références

La bicyclette pliante et portative : système du capitaine Gérard, 1901, 30 p., catalogue Peugeot de 1901.

Carlo Bourlet, *La bicyclette, sa construction, sa forme*, 1899, p. 51.

Jim Fitzpatrick, *The Bicycle in Wartime*, 2011.

Ian Jones, *The Safety Bicycle*, 2012, p. 21.

Ministère de la Guerre, Instruction sur la nomenclature, le montage, le démontage, le réglage, le pliage, le dépliage et l'entretien de la bicyclette pliante « Gérard transformée 1912 », approuvée par le ministre de la Guerre le 29 novembre 1913, Paris, Imprimerie nationale, 34 p.

Charles Morel, *Cycles Charles Morel*, Domène, Isère, 1895, catalogue de vente.

La vélocipédie dans les armées française et étrangères, extrait du *Journal des sciences militaires*, Paris, Librairie Militaire de L. Baudoin, 1898.

Louis Baudry de Saunier, *La bicyclette pliante*, in *La Nature*, n° 1175, 23 novembre 1875.

Capitaine Henri Gérard, nombreux articles sur la vélocipédie militaire.

L'infanterie montée et la bicyclette transportable à dos d'homme, in *Le Cycle*, 17 mars 1894.

Christophe Lagrange, Sedan-Paris par 150 hommes du 147e RI, in *Cycle History*, Actes de la 26e conférence des historiens du cycle, 2005, p. 160-168.

Commandant Z., Vélocipédie militaire, in *La Nature*.

LES FILS DE PEUGEOT FRÈRES

Bicyclette "Pliante" Gérard

PRIX : FR. 300

DESCRIPTION. — Cadre réglable pour toutes tailles. ◇ Diamètre des roues : $0^{m}65$. ◇ Frein extérieur sur caoutchouc avant et frein sur la roue motrice. ◇ Jantes acier. ◇ Selle n° 8. ◇ Poignées liège. ◇ Multiplication 23/9, ◇ Pneumatiques Michelin de $0^{m}040$. ◇ Émail noir.

SUPPLÉMENTS

Jantes bois et aluminium.	Fr.	7	»
Jantes nickelées.	—	7	»
Garde-boue acier.	—	5	»
Garde-boue bois	—	7	»
Pignon de roue libre.	—	7	»

RENSEIGNEMENTS

Nous fournissons sur demande un panier en osier pour emballage de Pliante (hauteur $0^{m}94$, largeur $0^{m}86$, profondeur $0^{m}38$).

PRIX : Fr. 30

Cette machine n'est livrée que conforme à la description ci-dessus.
Envoi franco de la notice spéciale.

Bicyclette pliante du capitaine Gérard, et fantassin tout équipé.
In *Catalogue Peugeot*, 1901.

Le lieutenant Gérard et sa bicyclette transportable à dos d'homme.
Modèle à leviers sur la roue avant. In *Le Cycle*, 17 mars 1894.

Collections et musées

Bicycle Culture Center, Tokyo, Japon.

Coll. Farren, Australie.

Velorama, Nimègue, Pays-Bas.

72

1895 – La bicyclette Farjas

PETITES INVENTIONS[1]

Bicyclette de route munie d'amortisseurs Farjas.— Malgré les avantages du pneumatique, quelques timorés ou prudents redoutent encore son emploi, craignant qu'un accident de route, un mauvais caillou, un tesson de bouteille, ne produise une blessure irréparable et laisse le cycliste en plan au milieu d'une belle promenade. C'est à ceux-là que s'adresse la bicyclette représentée ci-dessous. Ses roues sont munies de caoutchoucs

Bicyclette de route à amortisseurs Farjas.

creux, et l'insuffisance d'élasticité de ce bandage est compensée par son mode de suspension. Dans ce but, le cadre rigide supportant la selle, l'axe pédalier, la fourche et le guidon, ne repose pas directement sur les axes des deux roues; il est relié à ces roues par deux équerres, deux triangles dont, comme le montre la figure, les sommets adjacents au petit côté sont respectivement reliés à l'axe et au cadre, tandis que le troisième sommet s'accroche à un ressort circulaire fixé sur le cadre. Le poids du cavalier agissant sur ces équerres tend à les incliner et à les rapprocher du cadre en tendant plus ou moins les ressorts qui fléchissent à chaque impulsion et amortissent ainsi les oscillations dans une large mesure. Sans cacher nos préférences pour le pneumatique, nous devons reconnaître que la solution est élégante, et peut-être l'adopterions-nous si, au lieu de pédaler sur nos belles routes de France, nous devions nous contenter de dévorer l'espace dans certains pays où les meilleurs chemins paraissent formés de silex préhistoriques. — La bicyclette de route à amortisseurs Farjas se trouve chez M. E. Nourric, 17, rue Brunel, Paris.

La bicyclette Farjas. Caoutchoucs creux et suspension. In *La Nature*, 1895, p. 19.

Cette bicyclette, de l'ingénieur Henri Farjas, présentée au 3e salon du cycle de Paris en 1895, était équipée de caoutchoucs creux et d'amortisseurs. Par ce dispositif, elle était censée offrir tout le confort des pneumatiques, et ne présenter aucun risque de crevaison, un avantage apprécié des cyclotouristes. Le freinage sur pignon fixe se faisait tout simplement par rétropédalage.

Références

Le Journal, n° 17, décembre 1895.

La Nature, 1895, p. 19.

Revue du T-C F, novembre 1894.

73

1895 – La « Déchaînée » ou « Wattcyclette » des Frères Rouard

Bicyclette « Watt » Rouard Frères. Bicyclette à leviers, transmission selon le principe de la « mouche de Watt ». In Jacques Ballif, *Exposition rétrospective du cycle au Salon de l'automobile, du cycle et des sports*, 1906, n° 42.

Sur cette machine équipée de pneumatiques, la roue dentée reliée aux leviers est maintenue fixe sur son axe. Elle gravite autour du pignon central et lui imprime un mouvement de rotation dans le même sens. La multiplication est proportionnelle au rapport entre les deux roues dentées.

Les ingénieurs MM. Rouart Frères ont été du nombre de ceux qui, se proposant d'offrir une bicyclette de route solide et sûre, ont d'abord supprimé la chaîne. Ils l'ont remplacée par deux bielles légères et solides, reliées aux manivelles. Ce montage présenterait[217] l'avantage de ne pas soumettre la machine à une traction dissymétrique. Son nom lui vient du principe de transmission qui a d'abord été employé par l'ingénieur écossais JamesWatt (1736-1819) pour convertir le mouvement de va-et-vient du piston des machines à vapeur en un mouvement circulaire. William Murdoch (1754-1839) est toutefois à l'origine de plusieurs inventions brevetées par Watt, dont celle de l'engrenage soleil et planète en 1781. Le principe de la bicyclette des

[217] Louis Lockert, *Les vélocipèdes*, Paris, 1896, p. 183.

Frères Rouart repose en fait sur l'utilisation d'un engrenage planétaire ou « mouche de Watt », appliqué ici au mouvement alternatif des pédales reliées par des bielles aux leviers[218]. Louis Lockert le décrit comme un procédé efficace ayant l'avantage de supprimer le point mort, mais lui reproche toutefois une certaine fragilité en cas d'accident.

Cette machine, offerte au CNAM par le constructeur, a fait partie de l'Exposition rétrospective au Salon de l'Automobile, du Cycle et des Sports de Paris en 1906.

En plus de sa robuste constitution, la « Wattcyclette » décrite dans un article de *La Nature* en 1896 présente de plus longs bras de leviers, probablement très efficaces.

Références

Jacques Ballif, *Exposition rétrospective du cycle au Salon de l'automobile, du cycle et des sports*, 1906, n° 42.

CNAM, *Jeux de vélos*,

Louis Lockert, *Manuel de vélocipédie*, 1896, p. 82.

Louis Lockert, *Les vélocipèdes*, 1896, p. 183-188.

La Nature, « Exposition internationale de vélocipédie. Troisième salon du cycle », 1896, p. 100 : « La wattcyclette ».

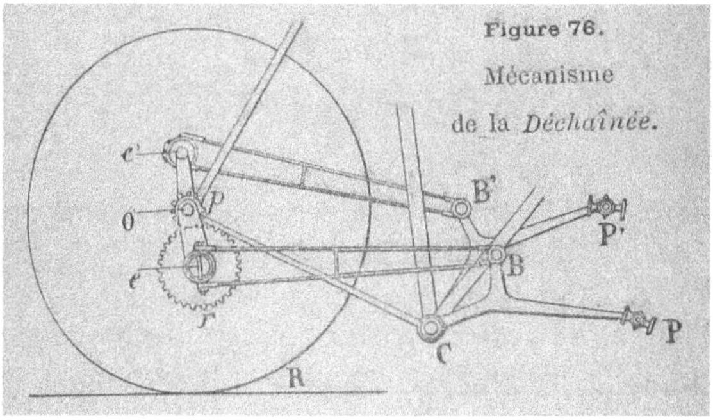

« Mouche ou roue planétaire de Watt » sur « La Déchaînée ».
In Louis Lockert, *Les vélocipèdes*, Paris, 1886, p. 185.

Collections et musées

CNAM, Paris, France, inv. 12930.

---

[218] *Ibid.*

74

1895 – La chaîne Lavigne-Terrot

— 4 —

NOUVELLE CHAINE

FABRIQUÉE PAR C. TERROT, DIJON

(Brevet LAVIGNE, Paris).

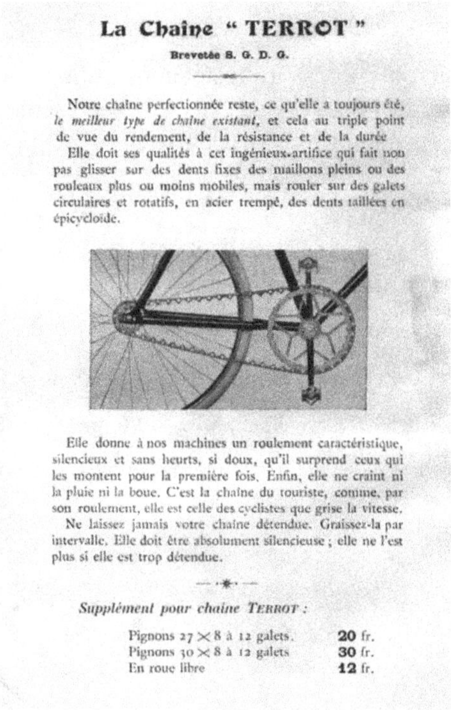

La Chaine " TERROT "

Brevetée S. G. D. G.

Notre chaine perfectionnée reste, ce qu'elle a toujours été, *le meilleur type de chaine existant*, et cela au triple point de vue du rendement, de la résistance et de la durée

Elle doit ses qualités à cet ingénieux artifice qui fait non pas glisser sur des dents fixes des maillons pleins ou des rouleaux plus ou moins mobiles, mais rouler sur des galets circulaires et rotatifs, en acier trempé, des dents taillées en épicycloïde.

Elle donne à nos machines un roulement caractéristique, silencieux et sans heurts, si doux, qu'il surprend ceux qui les montent pour la première fois. Enfin, elle ne craint ni la pluie ni la boue. C'est la chaine du touriste, comme, par son roulement, elle est celle des cyclistes que grise la vitesse.

Ne laissez jamais votre chaine détendue. Graissez-la par intervalle. Elle doit être absolument silencieuse ; elle ne l'est plus si elle est trop détendue.

Supplément pour chaine Terrot :

Pignons 27 × 8 à 12 galets.	**20** fr.
Pignons 30 × 8 à 12 galets	**30** fr.
En roue libre	**12** fr.

La chaîne Terrot. Une inversion du principe de la chaîne à rouleaux.
In Catalogue Terrot, 1895 et 1901.

En cette fin de XIXe siècle, Carlo Bourlet qui étudiait scientifiquement toutes les améliorations techniques apportées à la bicyclette, et qui suivait de près toutes les nouveautés du marché, avait déjà conclu, en 1899, que la solution de l'avenir se trouvait dans le perfectionnement de la chaîne à rouleaux – dont le principe était déjà connu en 1889[219] –, associée à une indispensable bonne technique de pédalage circulaire, le fameux *ankle play*. En attendant, si l'histoire lui donnera raison, les fabricants recherchaient toujours à faire breveter de nouveaux systèmes. Après la chaîne Vaucanson et

[219] Carlo Bourlet, *La bicyclette, sa construction, sa forme*, 1899.

la chaîne Galle, celles à blocs, à rouleaux, à doubles rouleaux, la Simpson, etc., furent parmi ceux-ci. Les chaînes à blocs étaient larges et n'avaient pas assez de souplesse latérale pour permettre un changement de vitesse par déraillement d'un pignon à un autre.

Dans les années 1880-1890, les fabricants de chaînes furent relativement nombreux : Morgan, Reynold, Abingdon, Clément, Humber, Peugeot… Vers 1895, à Dijon, la maison Terrot racheta le brevet de la chaîne Lavigne et la monta sur ses bicyclettes. Comme elle était un assemblage de dents, son principe inversait celui de la chaîne à rouleau : les dents formant la chaîne venaient s'insérer entre les rouleaux disposés autour du pédalier et du pignon. Cette chaîne Lavigne était censée être supérieure aux autres, tant du point de vue du rendement, que de la résistance et de la durée.

Références

Catherine Bertho-Lavenir, *Voyages à vélo : du vélocipède au Vélib'*, Paris, Paris Bibliothèques, 2011, 128 p.

Catalogue Terrot, 1895 et 1901.

Jacques Seray, *Deux roues, 2013, p.* 108-109.

Chaîne Lavigne sur le pignon arrière.

Bicyclette Terrot, chaîne Lavigne, ca. 1900.
Photo : V-C C Library.

Collections et musées

Collection Henry, France.

MAI, Saint-Étienne, France

75

1896 – La chaîne Simpson

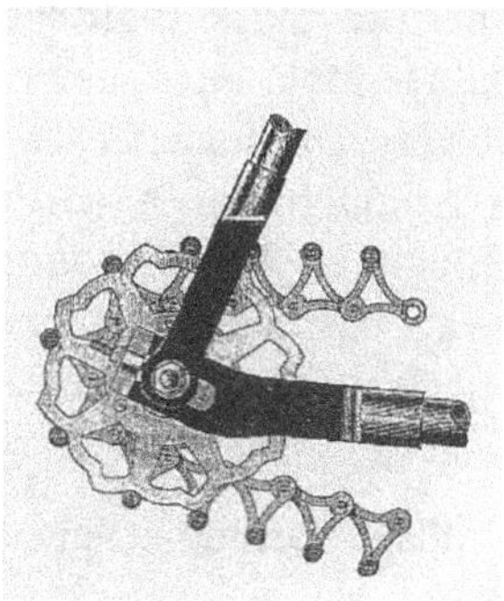

Chaîne Simpson, ca. 1896. Chaîne à leviers. Photo : V-C C Library.

À une époque où les fabricants de chaînes se livraient une âpre concurrence, communément appelée « la guerre des chaînes »[220], la Simpson à leviers, inventée en Angleterre en 1895 par William Spears Simpson, se démarquera radicalement de la conception des chaînes à blocs et à rouleaux de l'époque. Elle était composée d'un double assemblage de triangles, reliés par des rivets, et formait ainsi deux niveaux : l'interne, représenté par la base des triangles, qui enroulait le pédalier ; tandis que les rivets qui dépassaient du sommet des triangles entraînaient une double couronne solidaire du pignon

---

[220] Chaîne Galle, plate, à blocs, à rouleaux, Rousseau, Lavigne, ou acatène… Voir : Jacques Seray, *Deux roues*, p. 108-109.

arrière, et constituaient le niveau externe. On notera que le pignon et le pédalier étaient tous deux dépourvus de dents. Ce dernier offrait de simples encoches dans lesquelles des rivets de la chaîne venaient se loger.

La notion de levier – ou de moment de force – appartient au domaine de la physique, et trouve dans la chaîne Simpson une intéressante application. Dans le cas qui nous occupe, on peut théoriquement observer que le point d'application de la force sur les flasques du pignon arrière s'éloigne de l'axe de la roue. Ainsi, William Simpson était convaincu que le principe de sa chaîne à levier amplifiait l'énergie produite par le cycliste (proportionnellement à la hauteur des triangles de la chaîne) et lui procurait un indiscutable avantage mécanique. Il lui restait à le démontrer en course. Dans ce but, il engagea les meilleurs champions du moment : Tom Linton (1875-1915), Jimmy Michael (1877-1904) et Constant Huret (1870-1951), emmenés par la redoutable équipe d'entraîneurs des cycles Gladiator. Les résultats confirmèrent ses convictions. En juin 1896, Simpson organisa sur la piste Catford, située près de Londres et réputée comme étant une des meilleures d'Europe, la restée célèbre « chain race ». Un public estimé entre douze et vingt mille spectateurs y assista à la victoire de sa chaîne. Malheureusement, aux yeux du public, les performances réalisées ce jour-là seront principalement attribuées aux qualités athlétiques des coureurs[221]. Simpson réussit quant même à céder ses droits au financier et entrepreneur Ernest Terah Hooley[222], mais suite à la banqueroute de ce dernier, la production de la Simpson cessera définitivement en 1898. Soulignons bien que le mathématicien Carlo Bourlet n'avait pas été convaincu par la chaîne Simpson et persistera à penser que le perfectionnement de la chaîne à rouleaux était la réelle voie de l'avenir.

Si elle n'avait été immortalisée par une affiche publicitaire, commandée en 1896 par Louis Bouglé, alias « L.B. Spoke » – le dépositaire pour la France de la maison Simpson –, à l'artiste post-impressionniste Henri de Toulouse-Lautrec (1864-1901)[223], cette invention intrigante serait définitivement tombée dans l'oubli. Sur cette affiche, les leviers de la Simpson apparaissent on ne peut plus visiblement.

La championne belge, pionnière de l'aviation, Hélène Dutrieux (1877-1961), fit aussi partie de la « Simpson Lever Chain Racing Team », spécialement composée pour promouvoir les mérites de la marque. En 1913, elle deviendra la première femme aviatrice à recevoir la Légion d'honneur.

---

[221] Prior Dodge, 1996, p. 173.

[222] Hooley est resté célèbre pour ses manœuvres financières frauduleuses. Voir 36. La bicyclette à chaîne de Harry Lawson ; 67. La bicyclette de la Dursley Pedersen Cycle Co.

[223] Voir : Gérard De Smaele, *Le cyclisme dans les livres et les revues*, 2015, p. 179-181.

Références

Carlo Bourlet, *La bicyclette, sa construction, sa forme*, 1899, p. 82-83.

Prior Dodge, 1996, p. 170-173.

« Au cœur de la guerre des chaînes, la Simpson équipe ce tandem britannique. »
Photo : site web Sterba-Bike.cz.

La championne belge Hélène Dutrieux.
Pneus Dunlop et chaîne Simpson.

Collections et musées

Velorama, Nimègue, Pays-Bas.

76

1896 – Le « Cyclet »

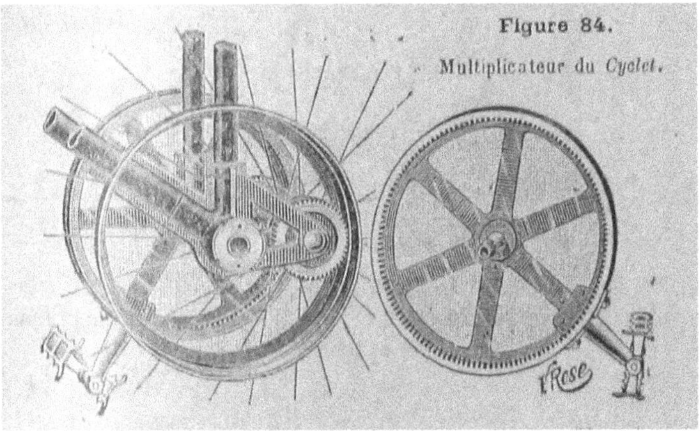

Mécanisme du Cyclet. Transmission par engrenages.
In Louis Lockert, *Les vélocipèdes*, 1896, p. 201.

Le Cyclet de M.S. Drzewieki, exposé au Troisième Salon du Cycle, à Paris en 1896, était une bicyclette à transmission par engrenages, dont le mécanisme supprimait la chaîne et les pignons d'angle. L'axe de son double pédalier multiplicateur se situait à l'intersection des bases et de la fourche arrière, prolongeant le tube de selle. L'intérieur des couronnes du pédalier était garni de dents qui entraînaient les pignons calés sur l'axe de la roue arrière, offrant une multiplication proportionnelle au rapport du nombre de dents entre ces deux organes. Le cycliste était assis juste au-dessus du pédalier, situation qui avait auparavant été jugée idéale par les amateurs de grand bi.

La machine étant très courte, elle devait offrir plus de souplesse, et permettre de virer dans un rayon plus réduit, éventuellement presque sur place. Cependant, l'auteur Louis Lockert, dans son célèbre ouvrage sur les vélocipèdes[224], tout en concédant de réelles qualités à cette machine – il écrivit qu'elle fournissait un travail symétrique et était indéréglable –, ne fut pas vraiment conquis par ce concept.

---

[224] Louis Lockert, *Les vélocipèdes*, 1896, p. 201-205.

Références

Horace Bartleet, *Bartleet's Bicycle Book*, 1931.

Carlo Bourlet, *La bicyclette, sa construction, sa forme*, 1899.

Lockert, *Les vélocipèdes*, 1896, p. 201-205.

Archibald Sharp, *Bicycles and Tricycles: An Elementary Treatrise on their Design and Construction*, 1896.

La Nature.

Le Cyclet. Coll. Velorama de Nimègue, Pays-Bas.
Photo : G. De Smaele, 2017.

Collections et musées

Velorama, Nimègue, Pays-Bas.

77

1896 – Le « Boudard Gear »

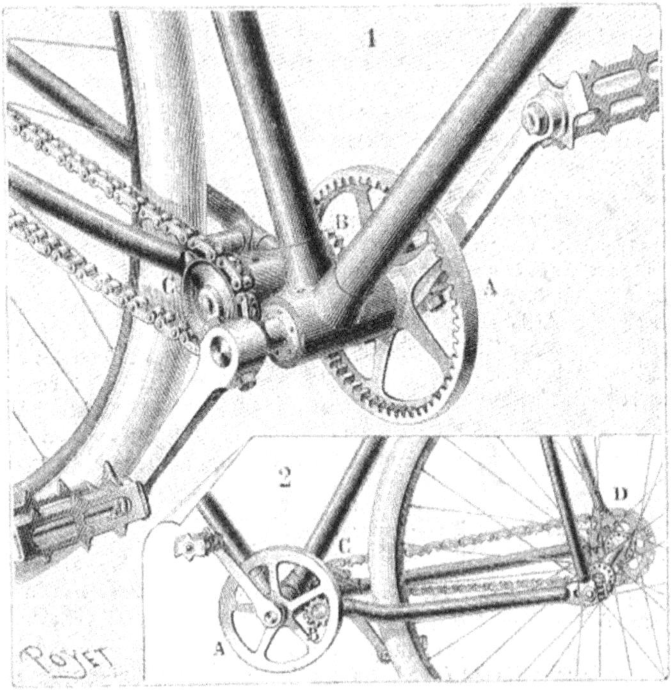

Fig. 1 et 2. — *Le Boudard Gear*, pour bicyclettes. — Fig. 1. L'appareil vu de la droite de la bicyclette. — Fig. 2. L'appareil vu de la gauche. Détails du pédalier. — A. Roue dentée, à dentelure intérieure. — B. Pignon commandé par la roue A et de dentelure correspondante. — C. Petit pignon, D, grand pignon ordinaires.

Transmission indirecte. In *La Nature*, « Troisième Salon du Cycle », 1896.

Le « Boudard Gear », un multiplicateur pour bicyclette, fut une transmission par pignons intermédiaires, inventée par un Français. Adoptée par Humbert, elle sera finalement fabriquée en Angleterre, vers 1896. Ce concept fut une complication savante du pédalier, qui présentait l'avantage de répartir les forces de chaque côté du cadre. Avec ses quatre engrenages, il nécessitait une réalisation très soignée, mais restait cependant toujours très sensible aux poussières et autres projections provenant de la route. Il aurait donc fallu enfermer le mécanisme dans un boîtier protecteur.

Le champion Anglais George Pilkington Mills (1867-1945), vainqueur du premier Bordeaux-Paris, en 1891, course qui se déroulait alors derrière entraîneur, améliorera de 8 heures son record personnel de la traversée de l'Île Britannique, la légendaire épreuve de Land's End à John o'Groats, sur une bicyclette munie d'un tel dispositif[225]. Il présentait cependant le défaut de rendre les démarrages difficiles, et ne pouvait donc convenir en toutes circonstances.

Références

Horace Bartleet, *Bartleet's Bicycle Book*, 1931.

Carlo Bourlet, *La bicyclette, sa construction, sa forme*, 1899.

Archibald Sharp, *Bicycles and Tricycles: An Elementary Treatrise on their Design and Construction*, 1896.

La Nature, « 3e Salon du Cycle de 1896 », 1896.

225 Voir 62. La Humber à cadre « Diamond » ; 63. La bicyclette « Clément » de Jiel-Laval.

78

1897 – La bicyclette américaine « Gear-to-Gear » de Carroll

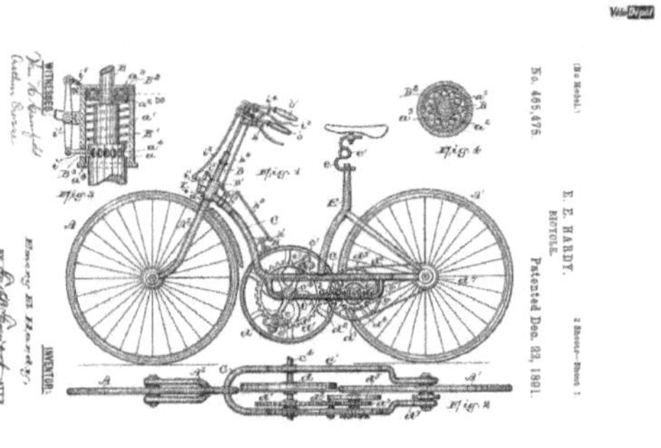

Transmission par engrenages cylindriques. Bicyclettes américaines à cascades de pignons. Brevets américains de F. Hunt et de E. Hardy, en 1851. USPO.

La chaîne mit du temps à venir, et en demandera encore pour arriver à se perfectionner. Installée sur les machines, on peut se rendre compte de ses quelques inconvénients : elle s'encrasse et il faut l'entretenir, elle se brise, elle s'allonge et il faut alors la remplacer. L'acatène[226] contourna le problème à sa façon, mais il y eut aussi, principalement aux États-Unis, une autre alternative, passagère, représentée par la transmission à engrenages cylindriques. Ici, le

[226] Voir 69. L'Acatène Metropole.

pédalier est un engrenage qui en entraîne un autre, dont l'axe se trouve fixé sur la base, entre l'axe du pédalier et celui de la roue motrice. Il s'égrène à son tour – et dans le bon sens – sur celui du pignon arrière. Ce que les Américains appelleront le « gear-to-gear » n'admettait cependant pas de changement de vitesse, mais sera aussi expérimenté avec un arrangement de pignons et de chaînes.

En 1897, Thomas A. Carroll sortit à Philadelphie son « Gear-to-Gear », dont un exemplaire se trouve conservé à l'American Bicycle Museum. Ce modèle apparu vers la fin de la grande vogue du vélo aux États-Unis n'a pas rencontré un très grand succès. Il a cependant le mérite d'illustrer une des particularités de la culture vélocipédique et technique américaine qui, de tout temps, a entretenu des spécificités propres. Carlo Bourlet nous parle aussi de quelques constructions marginales à engrenages cylindriques apparues en France à la même époque : le Cyclet[227], la bicyclette Chéreau, la Li-Sian à engrenages à friction, construites sur des modèles mécaniques comparables.

Références

Dragoslav Andric, *Les bicyclettes*, 1990, p. 154.

Carlo Bourlet, *La bicyclette, sa construction, sa forme*, 1899, p. 105-108.

Jay Pridmore, Jim Hurd, *The American Bicycle*, 1995, p. 49.

Bicyclette « Gear to gear » de Thomas A. Carroll, 1897.
In Jay Pridmore, Jim Hurd, *The American Bicycle*, 1995, p. 49.

Collections et musées

American Bicycle Museum, USA.

Musée national du Sport, Nice, France.

[227] Voir 76. Le « Cyclet ».

79

1897 – La « Ladie's New Star »

Bicyclette New Star, 1897. Transmission par leviers, sangles et rochets.
Photo : V-C C Library.

Ce cycle provient de la New Star Co., établie à Smithville dans le New Jersey, une firme qui avait succédé à la Smith Machine, qui avait fabriqué le resté célèbre American Star[228]. Son principe de fonctionnement rappelle ce dernier modèle : des sangles de cuir sont d'une part attachées aux extrémités des leviers, et sont enroulées d'autre part autour de petits cylindres solidaires des roues libres. C'est une bicyclette d'une conception très simple, exempte de chaîne, qui était spécialement destinée aux dames, car elle ne risquait nullement de salir ou d'accrocher les vêtements amples. L'idée était manifestement très bonne, mais n'eut pas grand succès, ce qui en fait aujourd'hui un rare objet de collection.

Références

Gert Jan Moed, *Bicycles from the States*, s.d. 1994.

Jay Pridmore, Jim Hurd, *The American Bicycle*, 1995, p. 65.

---

[228] Voir 41. L'« American Star Bicycle ».

Transmission de la Ladie's New Star. Velorama, Nimègue, Pays-Bas.
Photo : G. De Smaele, 2017.

Collections et musées

Bicycle Museum of America, États-Unis.

Velorama, Nimègue, Pays-Bas.

80

1897 – La « Old Hickory »

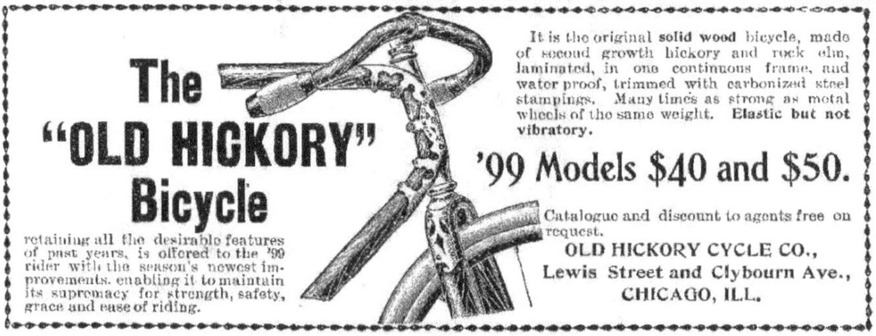

Les bicyclettes en bois. Publicité « Old Hickory », 1899.

La capacité du bois à absorber les vibrations, associée à ses qualités de résistance, de légèreté et de souplesse, fit penser qu'il pourrait honorablement remplacer l'acier ou l'aluminium dans la construction du cadre. Réputé comme matériau durable, il a de nos jours la faveur d'un public sensible à son empreinte écologique. On commence d'ailleurs à le retrouver dans la composition de certains vélos contemporains[229]. D'autre part, l'histoire nous montre que l'idée de l'utilisation du bois, ainsi que du bambou, est bien loin d'être neuve.

Si la mode des vélos en bois venait des États-Unis, en France, dans les années 1890, « La Souplette » avait quant à elle un cadre en frêne cintré, un bois traditionnellement utilisé pour la confection de manches d'outils[230]. Cette bicyclette fut conçue à la même époque et selon le même principe que les meubles de la maison autrichienne Thonet[231]. Sur le vélo, les parties de

---

[229] Voyez par exemple les vélos présentés lors de l'exposition *Bike to the Future*, au Design Museum de Gand, en 2016.

[230] M. Nosban, *Manuel Roret du menuisier, de l'ébéniste et du layetier*, Paris, Roret, 1843, décrit l'usage réservé aux diverses essences de bois.

[231] En 1896, la maison Thonet s'était aussi associée avec le constructeur autrichien Johann Puch pour la fabrication d'un modèle de vélo en bois, dont un rare exemplaire est exposé au Velorama de Nimègue. Avant de devenir un constructeur d'engins mécaniques, Puch avait travaillé comme agent pour Humber Limited et avait créé à Graz la marque de vélos Styria. Le coureur Josef Fischer, en remportant la première édition de Paris-Roubaix en 1896, en fit la renommée.

liaison, soumises aux plus fortes contraintes – pattes, tube de fourche, boîte de pédalier, raccords –, étaient bien entendu réalisées en métal.

En Asie, le bambou est d'un usage universel. Souvent mis en évidence lors d'expositions de cycles contemporains[232], ce matériau nous rappelle à son tour qu'en 1894, une firme anglaise établie à Londres, la Bamboo Cycle Company, avait déjà breveté ce concept. Les bases des modèles pour homme étant fragiles, elles étaient en métal et recouvertes d'une peinture imitant le bambou. Ce n'était cependant pas le cas du modèle pour dame, ce détail laissant entrevoir que cette partie était la plus fragile de toutes. On trouvera aussi, dès 1895, des cadres en bambou aux États-Unis.

Le *caryer* ou noyer blanc d'Amérique, aussi appelé *hickory*, est un bois renommé pour ses qualités de résistance et de souplesse, qui en font un matériau de choix pour la confection de skis ou de sticks de golf. C'est en 1897 que la bicyclette « Old Hickory » sera produite par la Tonk Manufacturing Company, implantée à Chicago, en Illinois. Cette maison, active durant la décennie du « bike boom » des années 1890, restera une des plus réputées dans le domaine de la fabrication des vélos en bois. Son cadre « endless » était constitué d'une unique pièce de bois laminé et cintré, complété par des bases et des haubans en orme. Le modèle se distinguait par son élégance et par la finesse de l'ornementation de ses raccords métalliques. Au moment où les prix des vélos avaient dégringolé, celui du Old Hickory était parvenu à se maintenir.

À la même époque, la M.D. Stebbins Manufacturing Company, active dans le Massachusetts, était une des plus importantes fabriques de vélos en bois. Le cadre de son « Chilion Hickory Wood frame », de 1897, n'était pas cintré. Les bâtons droits constituant le cadre étaient assemblés par des manchons en aluminium, selon le même principe que celui déjà appliqué aux cadres de la Bamboo Cycle Co.

N'oublions pas que tous ces modèles en bois sont apparus à un moment où des centaines, si ce n'est des milliers de fabricants, luttaient pour conquérir le marché. Bien que les qualités de légèreté et de souplesse, vantées par les publicités, étaient bien réelles, ces confortables bicyclettes – qui absorbaient aussi une partie de l'effort du cycliste – étaient principalement utilisées pour la promenade, et étaient surtout très appréciées pour leur beauté. Un particulièrement bel ensemble de ces vélos en bois se trouve réuni au Velorama de Nimègue (Pays-Bas).

---

232 Voyez par exemple le catalogue du *North American Handmade Bicycle Show*, salon organisé annuellement aux États-Unis, ainsi que *The Wooden Bicycle around the World*, de Iosifidis Kiriakos, Images Publishing, 2017.

Références

Pryor Dodge, *La grande histoire du vélo*, traduit de l'anglais, 1996.

Paul Farren, *Bicycling through Time*, 2013, p. 38, 98, 150, 154...

Losifidis Kiriakos, *The Wooden Bicycle Around the World*, 2017, 272 p.

Jay Pridmore, Jim Hurd, *The American Bicycle*, 1995, p. 65.

Bicyclette Old Hickory, États-Unis, 1897.

La Souplette, fabriquée en France, 1897. MAI de Saint-Étienne.
Photo : site web du MAI.

Publicité pour la bicyclette Old Hickory, 1897.
Photo : V-C C Library.

Collections et musées

CNAM, inv.14557, Paris, France.

Coll. Farren, Australie.

Coll. Henry, France.

MAI, Saint-Étienne, France.

Velorama, Nimègue, Pays-Bas.

81

1898 – La bicyclette « Rex »

Publicité pour la bicyclette Rex, 1898. Bicyclette à trois roues, à amortissement.
Photo : V-C C Library.

La bicyclette Rex à amortissement de chocs a été inventée et brevetée par Bohn C. Hicks, à Chicago, dans l'Illinois, qui céda ses droits à la Rex Cycle Company, de la même ville. B.C. Hicks déposa aussi d'autres brevets pour des machines du même type, conçues pour amortir les inégalités de la route sans avoir recours à des ressorts, considérés par certains comme inefficaces et inconfortables.

La selle est montée sur un tube relié à la fourche d'une petite roue située à l'arrière, cependant que la roue centrale absorbe les creux et les bosses. Comme les roues sont disposées en ligne, et bien que cette machine en comporte bien trois, nous ne l'intégrerons pas dans la catégorie des tricycles.

Malheureusement pour elle, la production de cette bicyclette n'arriva que vers la fin du *bicycle craze*, la grande vogue cycliste aux États-Unis des années 1890. De ce fait, et malgré son confort, cette invention ne put jouir que d'un succès limité, également restreint par son coût de production.

Un exemplaire de la bicyclette Rex est conservé au Musée national de l'Histoire américaine à Washington DC, où elle fait actuellement (2015) partie de l'exposition « America on the Move ». Suite à l'usure des pneus, et à la difficulté de s'en procurer de neufs, les roues originales de l'exemplaire, à jantes en bois de 28'' et de 16'', ont été remplacées par l'ancien propriétaire par d'autres roues, de 26'' et de 14''. Lors du don à la Smithsonian Institution, les roues originales accompagnaient la bicyclette, et devraient retrouver leur place initiale dans le futur.

Un autre exemplaire appartient au Bicycle Museum of America, anciennement situé à Chicago, et relocalisé à New Bremen dans l'Ohio. Cette collection illustre la surprenante originalité et la spécificité de la culture vélocipédique américaine [233]. Durant le « bicycle boom », une quantité inimaginable de brevets fut déposée à US Patent Office, au point de devoir nécessiter l'ouverture d'un département particulier[234].

Références

Jemima Dunne *et al.*, *400 vélos de légende*, Larousse, 2016.

Smith Hemstone Oliver and Donald H. Berkebile, *Wheels and Wheeling*, The Smithsonian Cycle Collection, 1973.

Jay Pridmore, Jim Hurd, *The American Bicycle*, 1995, p. 56.

Bicyclette Rex, 1898. Smithsonian Institution.

[233] Jay Pridmore, Jim Hurd, *The American Bicycle*, 1995. Voir également : Paul and Charlie Farren, *Bicycling Through Time. The Farren Collection*, 2013. Cette collection est également très riche par la diversité de ses modèles.
[234] Voir : US Patent Office sur la V-C C Library : http://veterancycleclublibrary.org.uk/ncl/pics/Patents%20US%20searchable%201860-89%20(V-CC%20Library).pdf.

Tandem Rex, 1898.
Photo : V-C C Library.

Collections et musées

Bicycle Museum of America, New Bremen, Ohio.

National Museum of American History, inv. 333,681 – 304,752, Washington DC, États-Unis.

82

1898 – Tandems et autres machines multiples

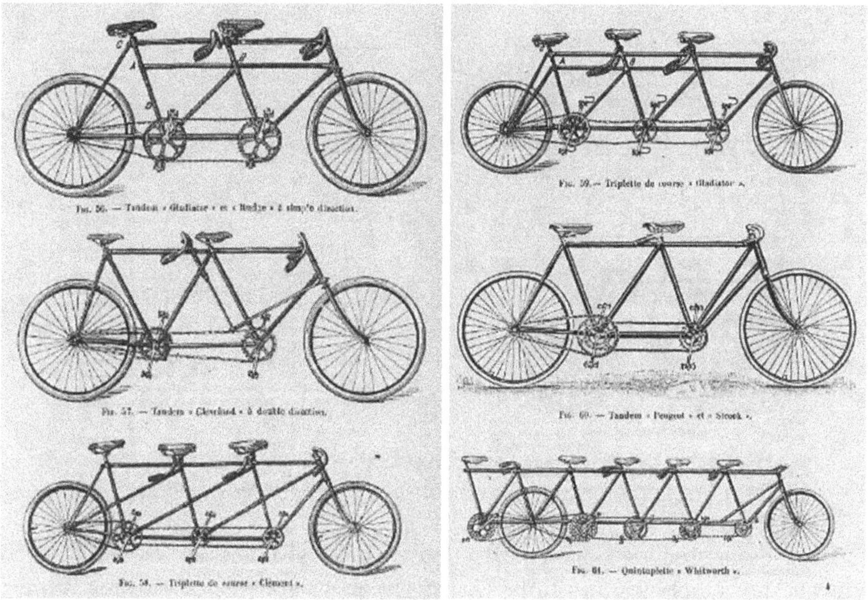

Tandems et machines multiples : Gladiator, Cleveland, Peugeot, Clément, Withworth. In Carlo Bourlet, *La bicyclette, sa construction, sa forme*, 1899, p. 46-48.

Mais alors que le sociable disposait deux personnes l'une à côté de l'autre, le tandem les alignait l'une derrière l'autre. De nombreuses machines de course évolueront sur piste, tandis que celles de tourisme deviendront emblématiques des premiers congés payés, accordés aux travailleurs français en 1936. À cette époque on trouvera de splendides tandems au catalogue d'artisans français, qui faisaient partie d'un ensemble de petits constructeurs ayant émergé dans la seconde moitié des années 1930. Ils porteront la marque d'Alex Singer, Reyhand, Herse ou Barra, ce dernier s'étant spécialisé dans l'aluminium. Ces fins « couturiers du cycle » étaient par ailleurs réputés pour la légèreté de leurs bicyclettes, fabriquées sur mesure.

Vers la fin du XIXe siècle, les tandems produits, en France comme en Angleterre, par les grands manufacturiers tels que Gladiator, Clément, Peugeot, Singer, Humber, Rudge, Quadrant, Whithworth... seront souvent utilisés par des couples, parfois intentionnellement prévus pour y placer sa dame à l'avant. Politesse oblige, elle disposait ainsi de la meilleure vue sur le trajet. Si la commande de la direction lui appartenait, un système de tringles articulées permettait encore parfois au mari, posté derrière elle, de rester en cas d'urgence maître de la situation. En 1895, la scène de couple sera le thème d'une affiche publicitaire restée célèbre de la maison Clément, signée par l'illustrateur Jean de Paleologue (1855-1942), un artiste d'origine roumaine qui signait ses œuvres de son pseudonyme Pal[235].

FIG. 62. — Tandem « G, S ».

Tandem « G, S ».
In Carlo Bourlet, *La bicyclette, sa construction, sa forme*, 1899, p. 46-48.

L'air étant une des principales causes de résistance à l'avancement du cycliste, les machines multiples à trois places, appelées triplettes, voire à quatre places ou même plus, serviront d'entraîneur aux stayers. En se protégeant derrière un abri, ces pistards cherchaient à battre des records absolus de vitesse. Pour les courses, désignées sous le terme de demi-fond, on en vint après 1900 à des engins motorisés – électriques puis à pétrole, appelés motos de stayer – de plus en plus puissants. Afin de pouvoir suivre le rythme et atteindre des vitesses de plus en plus élevées, les bicyclettes des stayers furent adaptées : diminution du diamètre de la roue avant et retournement de la fourche, avancement et soutien de la selle, et surtout une augmentation du nombre de dents du pédalier. Ce dernier finit par dépasser les 50 centimètres de diamètre, pour un développement de 11 mètres et parfois plus.

Dans les années 1950, le pathétique José Meiffret (1913-1983)[236] fut un des as de la spécialité. En 1962, il sera le premier à dépasser les 200 km/h sur un vélo : sur autoroute, derrière une voiture Talbot de course. Le pédalier que lui

---

[235] Voir 63. La bicyclette « Clément » de Jiel-Laval.
[236] Voir : Gérard De Smaele, L'Harmattan, 2015, p. 223-226.

avait réalisé T.A. comptait 130 dents, pour un développement de 18 mètres ! Son diamètre égalait celui de sa roue avant[237].

Rappelons que, par le passé, certaines épreuves cyclistes sur route se déroulaient aussi derrière entraîneur, comme la fameuse Bordeaux-Paris, créée par Pierre Giffard (par Pierre Jiel-Laval ?) en 1891. Pour son Saint-Petersbourg-Paris, O.H. Duncan, devenu le manager de Charles Terront – le vainqueur du premier Paris-Brest-Paris – avait pour l'occasion recruté toute une équipe d'entraîneurs. Tout ceci, bien entendu, avant l'apparition du Derny qui succédera aux motos de stayer.

Références

À bicyclette. Les Cycles des Collections Robert Grandseigne et Emmanuel Déhan, catalogue de l'exposition, Domaine départemental de Sceaux, du 2 juin 2014 au 31 mai 2015, 8 p.

Carlo Bourlet, *La bicyclette, sa construction, sa forme*, 1899.

Pierre Carré, *Bicyclettes et tandems à pétrole*, Paris et Nancy, Berger-Levrault et Cie, 1900, 14 p. (extrait de la *Revue d'artillerie*, juin 1900).

Louis Ferrus, *Curiosités cyclistes et automobilistes : roue libre, bicyclettes et tandems à moteur...*, Paris-Nancy, Berger-Levrault, 1904.

José Meiffret, *Bréviaire du champion cycliste*, Rodez, Subervie, 1957, 228 p.

José Meiffret, *Mes rendez-vous avec la mort*, Paris, Flammarion, 1965, 248 p.

Lucien Michard, André Ravaud, *Le cyclisme sur piste, vitesse*, Paris, S. Bornemann, 1929, 32 p., in-16. Numéro 20 de « Tous les sports par des champions ». Plusieurs rééditions.

Collection Grandseigne, *100 ans de vélos, 60 ans de moto*, catalogue de l'exposition itinérante présentée dans les villes étapes du Tour de France de 1936. Avec le soutien du ministère de la Culture et le concours du journal *L'Auto*, 1936.

Jay Pridmore, Jim Hurd, *The American Bicycle*, Osceola WI, Motorbooks International, 1995, 192 p.

Léon Vanderstuyft, André Ravaud, *Le cyclisme sur piste demi-fond*, 1929.

The Wheel and Cycling Trade Review, vol. I/19, July 6, 1888, p. 429, combinaisons de différentes transmissions.

[237] Jean Durry, alors directeur du Musée national du Sport à Paris, fit entrer les vélos du champion dans les collections du musée.

Sextulette Adolphe Grosso, 1898.
Musée départemental du domaine de Sceaux, inv. 64.24.18.
Donation de Robert Grandseigne.

Machine de piste, de la Société Alphonse Grossot, vers 1898.
Musée départemental du domaine de Sceaux, inv. 64.24.19.
Donation de Robert Grandseigne.
Photo : G. De Smaele, 2015 (exposition *La bicyclette*).

Quintuplette construite vers 1900 pour la publicité de la marque Rudge. Certaines parties étaient initialement destinées à la moto. Transport Museum, Coventry. Photo : G. De Smaele, 2017.

Moto et vélo de stayer. Exposition : *2 Räder-200 Jahre*, Mannheim. Photo : G. De Smaele, 2017.

Collections et musées

Bicycle Museum of America, New Bremen OH, États-Unis.

Collection Grandseigne / Musée de Sceaux, inv. 64.24.18, France.

MAI, Saint-Étienne. Vélo de Paillard, France.

Musée National du Sport, Nice. Vélos de José Meiffret.

83

1901 – Le changement de vitesse « Sturmey-Archer »

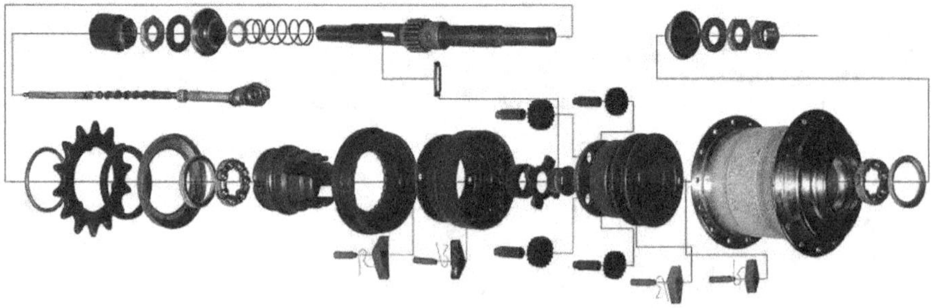

Les vitesses dans le moyeu. Vue en éclaté du mécanisme d'un changement de vitesse Sturmey-Archer récent à trois vitesses[238]. Site web de la firme, 2017.

Le Sphinx de Truffault, le Crypto Bantam et le Cyclone[239] étaient équipés de simples mécanismes multiplicateurs. Dès la fin du XIXe siècle, les changements de vitesse dans le moyeu, ou moyeux à engrenages, à deux et ensuite à trois vitesses, sont apparus en France et en Angleterre, et c'est surtout outre-Manche que des mécanismes de moyeux à plusieurs vitesses entreront en forte concurrence avec le dérailleur. Le fonctionnement de ces dispositifs est le plus souvent basé sur la transmission mécanique appelée train épicycloïdal ou engrenages planétaires. Il a la particularité d'avoir, tout comme le différentiel, deux degrés de mobilité, c'est-à-dire qu'il associe trois arbres ayant des vitesses de rotation différentes, avec une seule relation mathématique : il faut fixer les vitesses de deux des arbres pour connaître celle du troisième[240].

On pourrait établir une longue liste de fabricants et de noms de ces moyeux[241] : les Américains Bi-Gear et J. & R., le Hub Two Speed Gear, le Humber, le Morrow, le W.F.W, Villier, Faran, Durieu, Terrot et Peugeot, tous à deux vitesses. Les Anglais restèrent maîtres pour les moyeux à trois vitesses : Raleigh, BSA, Three Speed Gear, Armstrong, Crabbe, Bowden, Edco (de la maison française Cottereau), Pedersen, Cordner, Clément, Eadie,

---

238 Gérard De Smaele, 2015, p. 109-110.

239 Voir 54. Le « Crypto Brantam ».

240 Source : Wikipédia.

241 Voir Raymond Henry, 2003, p. 53-57 ; et Frank Berto (2009) principalement.

Torpedo… sans oublier le « Sturmey-Archer », actuellement fabriqué depuis plus d'un siècle. Ces changements de vitesse seront bien entendu présentés dans les colonnes du *Cycliste* et autres revues tant françaises qu'anglaises[242].

Dans les temps héroïques, les vitesses dans le moyeu ont été utilisées en course par des coureurs professionnels. S'ils sont réputés être lourds, ces mécanismes sont par contre à l'abri de la boue projetée par les pneus. Le pignon reste toujours parfaitement aligné avec son pédalier, et la chaîne peut être protégée par un carter, parfois à bain d'huile. L'ensemble dispense d'entretenir la transmission et rend le dispositif idéal pour le citadin.

Pour le cyclisme, Henry Sturmey (1857-1930) fut d'abord, parmi les premiers auteurs anglophones importants, un auteur technique et un journaliste qui s'est fortement impliqué dans la promotion de l'industrie du cycle. Le personnage est encore connu de nos jours par son association avec James Archer pour la production du célèbre moyeu à vitesses (une création de William Reilly). Après le dépôt d'un premier brevet en 1901, la compagnie « Sturmey-Archer » fut fondée en 1902 par Henry Sturmey et James Archer (1854-1920), sous l'égide de Frank Bowden (1848-1921), le premier propriétaire des cycles Raleigh[243], le sprinter américain A.A. Zimmerman (1869-1936) s'étant entre-temps fait endosser par la marque. Cette dernière, créée en 1887, devint vers 1896 la plus grande fabrique de cycles du monde.

Au départ de sa carrière, Henry Sturmey se destinait à l'enseignement des mathématiques et des sciences, mais en 1877, après avoir occupé un poste d'enseignant, il démissionna pour se consacrer à la rédaction d'un livre : *The Indispensable Bicyclists' Handbook*, un ouvrage de 300 pages traitant de toutes les machines anglaises disponibles sur le marché. La première édition fut épuisée en un mois. Après avoir repris du service dans l'enseignement, Sturmey se remit au travail pour la rédaction d'autres livres : *The Indispensable Handbook to the Safety Bicycle*, *The Tricyclists' Indispensable*, *The Complete Guide to Bicycling*[244]. Associé avec l'éditeur Iliffe & Son, il édita la revue *The Cyclist*, dont le premier numéro parut le 22 octobre 1879, et devint un des leaders du CTC anglais (The Cyclist Touring Club). En 1892, il créera l'International Cycling Association, qui sera remplacée en 1900 par l'Union Cycliste Internationale.

---

[242] Voir également : Carlo Bourlet, *Les bicyclettes : roue libre, freins, changements de vitesse*, Paris, Le Génie Civil, Touring-Club de France, 1902, 70 p.
[243] Tony Hadland, *The Sturmey-Archer Story*, self-published, 1987, 192 p.
[244] Voir bibliographie.

Henry Sturmey fut plus tard impliqué dans l'industrie de la moto et de l'automobile, associé notamment à la marque Daimler. Il participera aussi à la revue *Bicycling News*.

Références

Tony Hadland, *The Sturmey-Archer Story*, 1987.

Tony Hadland, Raleigh : Past and Presence of an Iconic Bicycle Brand, 2011.

Publicité Raleigh. In *Cycling*, 1918.

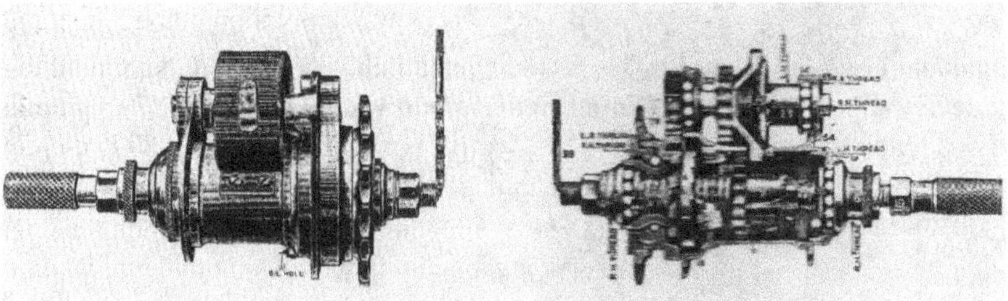

Moyeu Pedersen de 1907. Catalogue Eugène Schildge, Paris 1911.
In Raymond Henry, 2003, p. 56.

84

1902 – La « Magnat et Debon » à vitesses dans le pédalier

Le pédalier à engrenages. Bicyclette Magnat et Debon. Pédalier à engrenages, 3 vitesses, cat. 1902. In Raymond Henry, 2003, p. 51.

Magnat et Debon, ensuite Magnat-Debon, était un très important constructeur de vélos et un constructeur de motos français. Cette entreprise, issue de l'association entre Joseph Magnat (né en 1850), un gantier devenu horloger, et du mécanicien Louis Debon (né en 1862), a ouvert ses portes à Grenoble en 1893. Rachetée par Peugeot après la Première Guerre mondiale, elle travaillera en partenariat avec cette dernière jusqu'au moment de la fermeture de Magnat-Debon en 1962.

En matière de changement de vitesse, cette marque fut, en France, dès la première heure et avec la maison dijonnaise Terrot, à la pointe de l'innovation[245].

En 1902, Magnat-Debon présenta, au Concours de Bicyclettes de Tourisme, organisé par le Touring-Club de France, une trois vitesses à engrenages, logés dans le pédalier. Elle connut malheureusement un ennui technique, mais celle-ci finira par remporter la médaille d'or en 1905. Bien que le système imposait un cadre adapté sur mesure, ce dispositif, de fabrication soignée et fiable, restera longtemps au catalogue de la marque. D'autres versions ont existé, notamment celle du catalogue de 1909, offrant une vitesse en pédalage direct et deux en rétropédalage.

[245] Voir 84. La « Magnat-Debon » à vitesses dans le pédalier.

Au début des changements de vitesse, dans les années 1900 à 1920, la boîte à vitesses dans le pédalier – tout comme d'ailleurs le moyeu à engrenages – était un dispositif assez répandu. Il était proposé par de nombreux fabricants, essayant de faire breveter leurs nouveautés : le transformateur Mercier (1889)[246], le Variand (1899), le Lancelot (1902)... Idéalement, le collectionneur devrait les connaître toutes. Elles sont cependant bien trop nombreuses pour être énumérées et présentées ici[247].

Contre toute attente, le pédalier à engrenages a fait une réapparition récente sur des bicyclettes modernes. C'est actuellement un produit de haute technicité, fabriqué sous la marque allemande Pinion.

Références

Frank Berto, *The Dancing Chain*, 2009.

Carlo Bourlet, *La bicyclette, sa construction, sa forme*, 1899.

Raymond Henry, *Du vélocipède au dérailleur moderne*, 2003.

Revue du T-C F.

Pédalier Magnat-Debon, 3 vitesses, à engrenages, 1902.

Collections et musées

MAI, Saint-Étienne, France.

Velorama, Nimègue, Pays-Bas.

246 Voir Carlo Bourlet.

247 Voir bibliographie : Raymond Henry, Frank Berto, Carlo Bourlet, etc.

85

1902 – La « Côtiere » de Didier-Jean

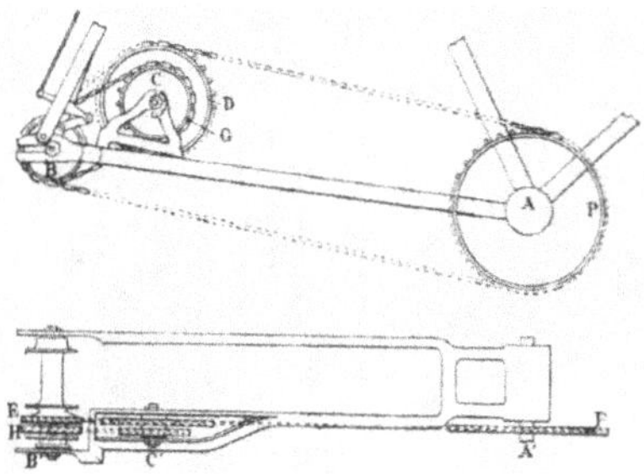

Transmission par chaîne et pignons intermédiaires. Transmission de la Côtière.
In Raymond Henry, 2003, p. 56.

La transmission de « La Côtière » de Didier-Jean est difficilement classable, et semble se trouver seule dans une catégorie de changements de vitesse faisant appel à des pignons intermédiaires. Décrite en 1902 dans *Les bicyclettes : roues libres, freins, changements de vitesse*, une publication scientifique du mathématicien Carlo Bourlet[248], elle demeure à vrai dire d'une insigne rareté.

Deux pignons inégaux montés sur l'axe de la roue motrice sont fous et peuvent être calés par une clavette. Deux autres pignons inégaux et solidaires sont montés sur le hauban du cadre. La chaîne passe sur les pignons de gauche (côté interne), tandis qu'une seconde chaîne, plus courte, s'enroule sur les deux pignons de droite (côté externe). Lorsque le pignon interne de la roue était calé et solidaire du moyeu, les trois autres tournaient à vide. Le pignon calé était alors en prise directe. Lorsque le pignon externe était à son tour calé, il était entraîné par la petite chaîne – donc par le jeu des deux pignons externes –, avec une démultiplication proportionnelle à la différence de grandeur des pignons.

Références

Carlo Bourlet, *Les bicyclettes*, Paris, 1902.

Raymond Henry, 2003, p. 56.

---

[248] Carlo Bourlet, *Les bicyclettes : roue libre, freins, changements de vitesse*, Paris, Le Génie Civil, Touring-Club de France, 1902, 70 p.

86

1902 – La « Grosse routière » du Dr Encausse

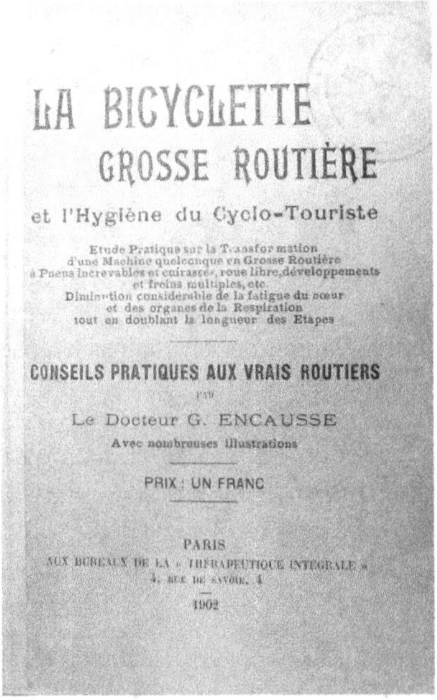

G. Encausse, La bicyclette grosse routière, 1902. Machine de tourisme. Exemplaire de la Bibliothèque Germaine Tillon, Paris.

En 1902, apparaît dans la littérature cycliste un ouvrage pour le moins étonnant, rédigé par un auteur qui ne l'est pas moins. Le Dr Encausse, diplômé en médecine en 1894, a peu publié sous son véritable patronyme. Surnommé le « Balzac » de l'occultisme, « Papus » était mieux connu sous son nom de plume, celui de l'écrivain renommé pour la production d'un important corpus d'œuvres ésotériques[249].

Le titre de son essai cycliste, intitulé *La grosse routière et l'hygiène du cyclotouriste*, est suivi d'un sous-titre qui en dit déjà long sur le programme de l'auteur : *Étude pratique sur la transformation d'une machine ordinaire en grosse routière à pneus increvables et cuirassés, roue libre, développements et*

[249] Gérard De Smaele, *Le cyclisme dans les livres et les revues*, 2015, p. 194-198.

freins multiples, etc. Diminution considérable de la fatigue du cœur et des organes de la respiration tout en doublant la longueur des étapes, édité à Paris, Aux Bureaux de la Thérapeutique Intégrale, 1902.

On est en droit de se demander comment le Dr Gérard Encausse en est venu à se répandre sur le thème de la bicyclette, et à publier une étude qui semble tellement sortir de ses occupations habituelles. À en croire la dédicace de son livre, des amis lui auraient simplement fait aimer le tourisme à vélo. L'auteur affirme avoir trouvé dans l'activité physique un repos bien gagné après les efforts intellectuels. Il en est par la suite venu à développer sa recherche du confort à bicyclette, l'hygiène du « routier » n'étant pas étrangère aux occupations du médecin qu'il était.

Adepte des théories de Paul de Vivie, Gérard Encausse se concentrera essentiellement sur la machine. Dès lors, il passera en revue l'équipement complet de la bicyclette de tourisme : pneus increvables, changement de développement, roue libre, selle oscillante, freins efficaces, accessoires utiles... Un modèle, qu'il baptise « la bicyclette grosse routière », constitué selon ses idées, fut présenté à Paris à l'Exposition du cycle en 1901. Il l'avait imaginé sûre et capable de résister à toutes les épreuves de la route... et à la masse de son concepteur qui dépassait les 100 kilos !

Le Dr Gérard Encausse invite ses lecteurs à prendre leurs distances face aux injonctions de ce qu'on appellera plus tard le « marketing », des réclames, de la mode, et à essayer les inventions nouvelles pour se faire eux-mêmes une opinion indépendante. Les annonces publicitaires ont de tout temps rempli les pages des revues spécialisées et contribué à la santé financière des revues cyclistes. En s'exprimant librement, comme le faisait *Le Cycliste* de Vélocio, on prenait le risque de perdre des annonceurs. Gérard Encausse s'était d'ailleurs fait reprocher d'avoir proposé des inventions étrangères dans un article de La Revue du TCF, paru en juillet 1901.

Comme le montre la légende de l'illustration qui accompagne son opuscule, le vénérable docteur avait tout examiné et tout prévu dans le moindre détail, jusqu'à une poire à ammoniaque pour éloigner les chiens de ses mollets (n° 5 du dessin).

Références

Gérard De Smaele, *Le cyclisme dans les livres et les revues*, 2015, p. 194-198.

Gérard Encausse, *La bicyclette grosse routière*, 1902.

R. Henry, *Dérailleur. Du vélocipède au dérailleur moderne*, 2003, p. 38

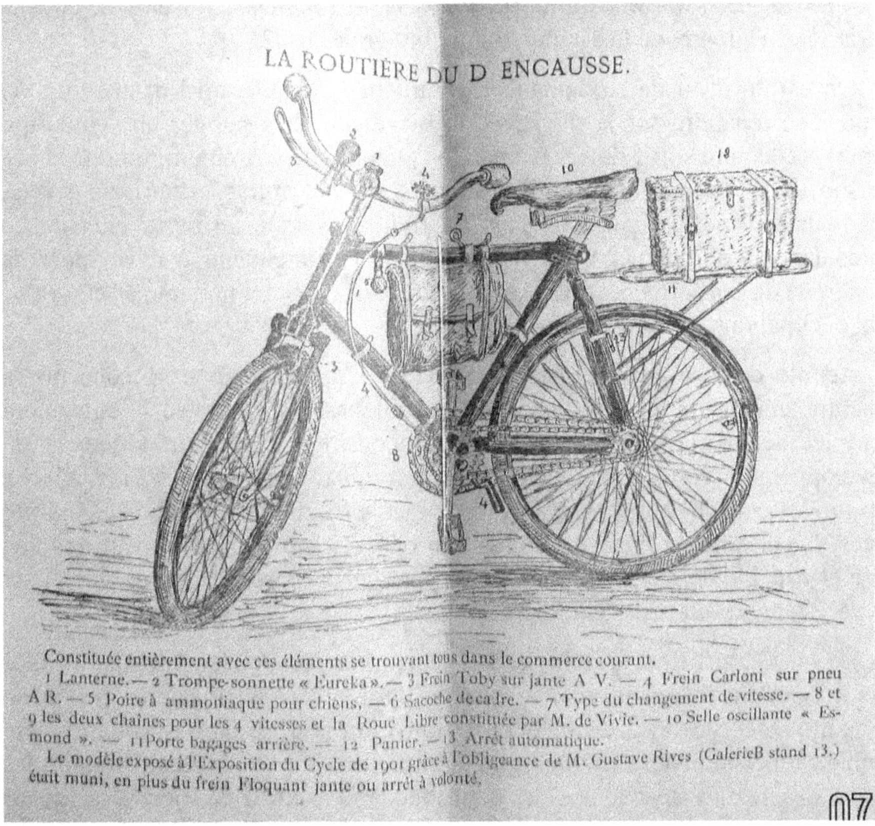

Bichaîne du Dr Encausse.
In G. Encausse, *La bicyclette grosse routière*, 1902.

87

1903 – La « Rétro-directe » Hirondelle

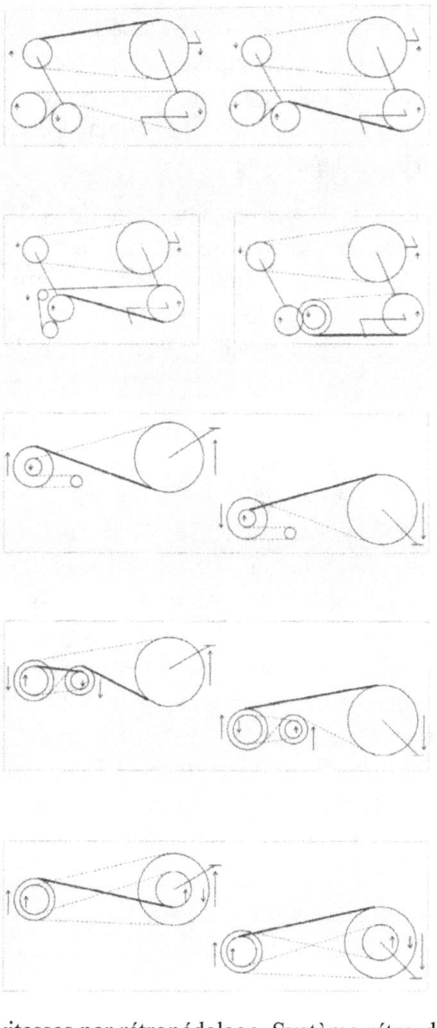

Deux vitesses par rétropédalage. Système rétro-direct.
De haut en bas : bichaîne de Viviès (1899) ; bichaîne Magnat-Debon (1900-1902) et Hirondelle (1901) ; Hirondelle (1903) ; Terrot (1903) ; Peugeot à chaîne quatre brins (1906). Le brin de chaîne qui travaille est en gras, l'autre est en pointillés.
In Raymond Henry, *Du vélocipède au dérailleur moderne*, 2003, p. 46.

La rétro-directe nous rappelle, de près ou de loin, le principe générateur du « véloce à double marche », mis au point en 1869 par Barberon et Meunier[250]. On y revint trente ans plus tard, alors que la roue libre commençait à remplacer le pignon fixe sur les bicyclettes. Il y eut bien, entre-temps, d'autres machines à pédalage inversé, mais celles-ci n'avaient qu'un seul développement.

Le renouveau vint d'un certain M. De Viviès (voir figure ci-dessus), cyclotouriste du Tarn, qui imagina en 1899 une bichaîne, une de chaque côté du cadre. La première était de configuration normale, avec sa roue libre. Pour l'autre, la chaîne passait sur un pignon de renversement en bois, tandis que le pignon denté tournait en roue libre lors du pédalage en avant. Le mouvement s'inversait lors du rétropédalage.

Le capitaine Émile-Félix Perrache, bien connu des colonnes de la revue *Le Cycliste* et autres revues spécialisées, se livra à des recherches scientifiques sur le rétropédalage et publiera même une monographie sur le sujet[251]. Convaincu des avantages, voire de la supériorité du pédalage en arrière, il fournit en 1900, à la maison Magnat-Debon, de Grenoble, les indications pour la construction d'une bichaîne de sa conception, qui sera la première rétro-directe commercialisée.

Plusieurs systèmes à deux, trois, voire à quatre vitesses furent proposés sur le marché. Quatre de ces machines furent présentées au Concours de bicyclettes de tourisme organisé par le T-C F en 1902 dans les Pyrénées. Les fabricants ont proposé des mécanismes alliant bichaîne et autres processus d'inversion à engrenages, mais la solution qui sera la plus populaire, et probablement la plus simple, sera celle de la marque Hirondelle (voir ill. ci-dessous), système de 1903, à deux roues libres, pignon de renvoi et une seule chaîne. Lorsqu'on pédale en « direct », c'est le petit pignon, donc la grande vitesse, qui est en prise. En rétropédalage, c'est le grand pignon, donc la petite vitesse, qui est à son tour en prise, tandis que l'autre pignon tourne en roue libre. Ces différents systèmes de changement de vitesse sans déraillement de la chaîne et utilisant le pédalage en arrière, seront commercialisés de 1902 à 1939.

Références

Frank Berto, *The dancing Chain*, 2009, p. 77, 82, 384.

Carlo Bourlet, *Les bicyclettes à rétropédalage*, 1904.

---

[250] Voir 19. Barberon et Meunier : le véloce à « double marche ».

[251] Capitaine Émile-Félix Perrache, *La bicyclette rétro-directe*, Paris-Nancy, Berger-Levrault et Cie, 1903, 42 p.

Exposition Le cycle à Saint-Étienne, 2014.

Raymond Henry, *Du vélocipède au dérailleur moderne*, 2003, p. 43-46.

Raymond Henry, *Vélocio. L'évolution du cycle et le cyclotourisme*, Saint-Étienne, MAI-FFCT, 2005.

Le Manufrance du collectionneur, Titre IV, *Cycles et motocycles*, éd. par Bernard Caminade, Ciboure, Éditions du PÉ.CA.RI., 1996.

Capitaine Émile-Félix Perrache, *La bicyclette rétro-directe*, Paris-Nancy, Berger-Levrault et Cie, 1903, 42 p.

Le rétropédalage, son historique, ses avantages, Saint-Étienne, Manufacture française d'armes et de cycles, 1933, 19 p.

Catalogue de la Manufacture française d'armes et cycles de Saint-Étienne.

Le Cycliste.

Revue de l'Artillerie.

Revue du TCF, juin 1901.

Fig. 16. — Bicyclette rétro-directe « Hirondelle ».
(Vue d'ensemble de la transmission.)

Rétro-directe Hirondelle. Mécanisme avec engrenage de 1901.
In Capitaine Perrache, *La rétro-directe*, 1902, p. 37.

La rétro-directe Hirondelle, système de 1903, catalogue de 1906.
In Raymond Henry, *Du vélocipède au dérailleur moderne*. p. 45.

Collections et musées

Coll. Wéry, Amay, Belgique.

MAI, Saint-Étienne, France.

Velorama, Nimègue, France.

88

1904 – La Terrot « Modèle H »

Le « Modèle H » de la marque dijonnaise Terrot, 1904. Un des tout premiers dérailleurs, par soulèvement de la chaîne. Photo : site du MAI de Saint-Étienne.

En Angleterre apparaissent, après 1895, les tout premiers dérailleurs. Parmi ceux-ci, le Gradient à 3 vitesses de Edmunt Hugh Hodgkinson et le New Protean à deux vitesses de la marque Whippet de Linley & Biggs[252], qui connaîtront un certain succès. Le Gradient fonctionnait en trois phases bien distinctes : soulèvement de la chaîne du pignon arrière (par rétropédalage), déplacement latéral de la cassette de pignons et remise en place de la chaîne sur le pignon sélectionné, ce qui garantissait un alignement parfait de la chaîne, règle souveraine de l'époque[253]. Un bras articulé à ressort maintenait cette chaîne tendue. En dépit des simplifications apportées à son fonctionnement et des bons commentaires émanant de la presse spécialisée, les cyclistes anglais préféraient toujours les changements de vitesse à engrenage épicycloïdal. Le Gradient n'était vendu que par la marque fondatrice, et en

[252] Voir 55. La « Whippet Safety ».

[253] Afin d'assurer un parfait alignement de la chaîne, le TriVelox, un brevet des Anglais Alec Shutleworth et William Bill pour un dérailleur à trois vitesses, dont les pignons se déplaçaient latéralement, sera exploité dans les années 1930 et 1940, notamment par la Triumph Company Limited. On ignore si ces inventeurs connaissaient le « Gradient » développé plus tôt par Edmund Hodgkinson.

quelques années, le système tomba dans l'oubli. Finalement, Hodgkinson vendit, en 1904, son brevet à Terrot, grand fabricant français installé à Dijon. Son « Modèle H » (un rappel du nom de l'inventeur) sera un des tout premiers dérailleurs réellement produits. Le système décrit ci-dessus est actionné par un levier fixé au cadre, à portée de la main du cycliste. Terrot lui ajoutera un second pédalier (changement avec les doigts), pour obtenir 6 vitesses, et modifiera le jeu des commandes. Après être passé par un soulèvement de la chaîne par pédalage en arrière, tout en conservant le déplacement latéral de la roue libre, Terrot finit par renoncer à ce *modus operandi*, la phase de soulèvement de la chaîne[254].

Détails du mécanisme de la Terrot Modèle H. In Raymond Henry, 2003, p. 67.

Dans l'ensemble, les trois versions successives – H, HE et HT – firent une honnête carrière jusqu'à la Grande Guerre.

Actuellement, les motos Terrot demeurent peut-être mieux ancrées dans la mémoire collective. N'empêche que les bicyclettes de cette marque conservent une importance des plus significatives dans l'histoire industrielle du cycle français. Variété des modèles, qualité de la production, recherche constante d'amélioration, et innovations ont été les signes distinctifs de cette grande marque.

---

254 Raymond Henry, 2003, p. 67.

Références

Frank Berto, *The Dancing Chain*, 2009, p. 55-58.

TriVelox 3 Speed Gear : http://trivelox.cambrianmoons.com (2018).

Tony Hadland, Hans Lessing, *Bicycle Design*, 2014, p. 243.

Raymond Henry, *Du vélocipède au dérailleur moderne*, 2003, p. 66-67.

Site MAI de Saint-Étienne.

Le Cycle.

Bicyclette Gradiant, à 3 vitesses, 1899.

Bicyclette New Protean, à 2 vitesses.

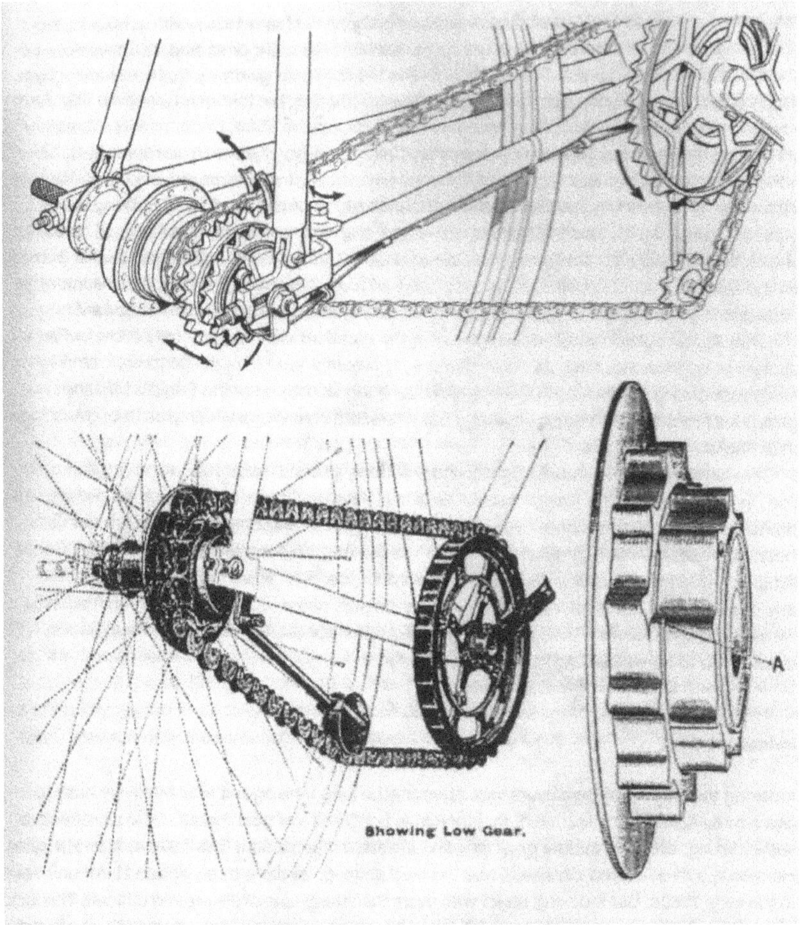

En haut : dérailleur Gradiant de Hodgkinson à 3 vitesses et soulèvement de la chaîne.
En dessous : dérailleur New Protean à 2 vitesses, connu plus tard sous le nom de « Whippet ». On notera la configuration particulière de la chaîne.
In Tony Hadland, Hans Lessing, *Bicycle Design*, 2014, p. 245 ; Frank Berto, *The Dancing Chain*, 2009, p. 57 et 58.

Collections et musées

MAI, Saint-Étienne, France.

89

1905 – La « Lévocyclette » Terrot

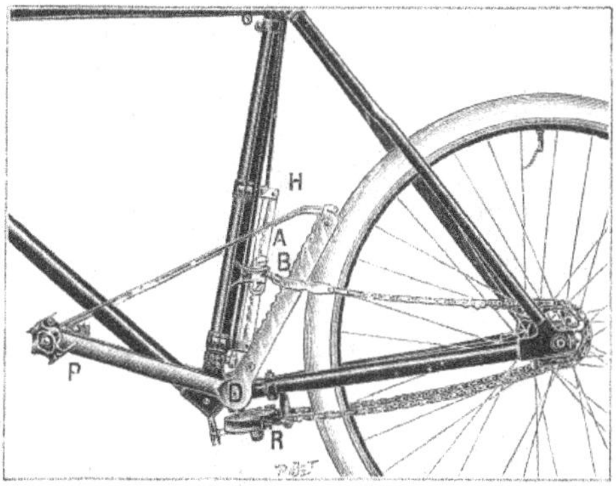

La lévocyclette Terrot de 1905. Système de transmission alternatif par leviers, 10 développements. In *La Nature*, 1905, p. 29.

Bien que d'apparence délicate et compliquée, la « bicyclette de côte Svéa » fabriquée en Suède, dès 1898, par Palmkrantz, était en fait une machine parfaitement robuste et efficace. Elle ne connut cependant pas un très grand succès[255]. La double commande de son changement de vitesse[256], constitué d'une transmission pneumatique – par une paire de poires et de tuyaux en caoutchouc –, lui conférait cette apparente fragilité. En 1905, le constructeur dijonnais Terrot racheta les brevets suédois et remplaça – entre autres choses – le système original de commande du changement de vitesse par une manette tournante fixée au guidon et un mécanisme à curseurs (un de chaque côté). Finalement cette Terrot remportera le « Concours de Tourisme du TCF ». La Lévocyclette pouvait réellement affronter les côtes les plus sévères, et fut présentée par son constructeur comme la machine idéale pour le tourisme. Ses 10 vitesses en marche constituaient un fait remarquable pour l'époque[257]. Les adeptes de la Lévocyclette pensaient aussi que le pédalage alternatif permettait

---

[255] Jan Holt, *The « Svea (1892) and the « Itera » (1982): Two Unsuccessful Swedish Bicycle Projects*, 3e conférence de l'ICHC, 1992, p. 52-69, 95.

[256] Sur la Svéa, on dispose d'une commande pour chaque côté, laissant le choix d'un développement différent pour chacun des leviers. Ceci sera abandonné par Terrot.

[257] La Peyton & Peyton de 1869, jouant sur la longueur des bras de levier exploitait déjà une conception similaire. Voir : Claude Reynaud, *Vélos de légende*, p. 88-91.

d'éviter le point mort inhérent au pédalier circulaire. Le fait ne se vérifie cependant pas dans la pratique (les points morts sont plus sensibles encore que dans le pédalage ordinaire) et sera d'ailleurs toujours démenti dans les écrits de l'ingénieur Carlo Bourlet.

Le système d'entraînement de la roue motrice est assez élaboré : mélange de divers types de chaînes, doubles flasques en lieu et place de pignons dentés, forme elliptique de ces derniers[258]... Deux flasques sont montés de part et d'autre du moyeu. La transmission du mouvement des pédales à la roue motrice se fait alternativement à partir de la traction de deux chaînes, disposées de part et d'autre de l'axe moteur. Ces chaînes sont fixées et passent par dessus les flasques. Chacune se déroule lorsque la pédale correspondante s'abaisse, pour s'y enrouler à nouveau lorsque la pédale opposée descend à son tour. Cette coordination est rendue possible par l'intervention d'une troisième chaîne dont les extrémités s'enroulent en passant par dessous les deux autres flasques. Le mouvement de va-et-vient de cette chaîne est assuré par une poulie de renvoi (sans gorge et sans denture) située sous le pédalier, ce qui coordonne le mouvement des pédales : l'une monte alors que l'autre s'abaisse. Étant donné que cette poulie et ces pignons travaillent dans des plans perpendiculaires entre eux, deux maillons spéciaux font tourner la partie médiane de la chaîne de 90°.

La rotation de la poignée gauche du guidon actionne le changement de vitesse, par modification de la position des curseurs. Ces derniers modifient à leur tour le point d'ancrage de la chaîne sur le levier. Les bras de ces leviers portent 10 crans, faisant varier le développement de 7,60 à 2,35 m, en passant par tous les intermédiaires, soit 52,5 cm par cran. Le modus operandi s'apprend très vite et on y serait familiarisé en moins d'une heure.

De 1906 à 1909, la Lévocyclette de Terrot sera élégamment représentée par Maurice Tamagno (1851-1933). L'artiste italien réalisera de nombreuses affiches pour le constructeur dijonnais.

Références

Bougier H., *Cycles et motocycles*, 1911, p. 57-62 – description du fonctionnement.

Pryor Dodge, *La grande histoire du vélo*, traduit de l'anglais, Paris, Flammarion, 1996.

Paul and Charlie Farren, *Bicycling Through Time. The Farren Collection*, 2013.

Raymond Henry, *Vélocio*, 2005, p. 323-324.

Jeux de vélos, catalogue de l'exposition, 1992, p. 56.

---

[258] Voir 65. La bicyclette Cyclidéal.

Maria-Anne Privat-Savigny, Élise Fau, *L'épopée fantastique : cycles & motos, 1820-1920*, catalogue de l'exposition, 2016, p. 50.

Jan Holt, *The « Svea » (1892) and the « Itera » (1982): Two Unsuccessful Swedish Bicycle Projects*, 3e conférence de l'ICHC, 1992, p. 52-69, 95.

Les lévocyclettes, « Revue du TCF », mai 1904, p. 213-216.

La Nature, n° 1536, 1er novembre 1902, p. 339-342.

La Nature, 1905, p. 29-30.

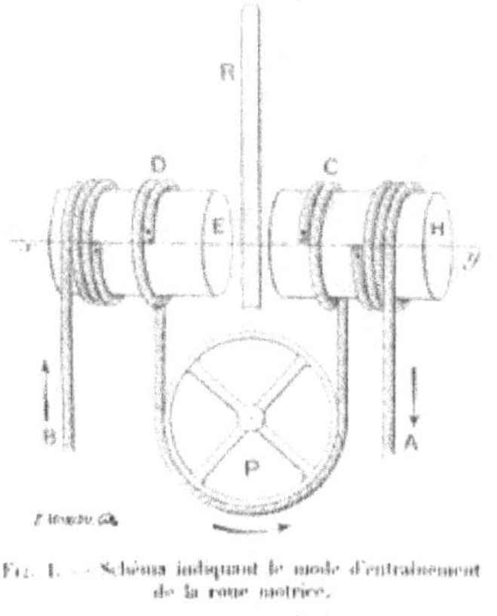

Principe d'entraînement de la roue motrice par l'action des pédales. Bicyclette de côte « La Svéa », In *La Nature*, n° 1536, 1er novembre 1902, p. 339.

Lévocyclette Svéa. Ici, la commande du changement de vitesse est pneumatique. In *La Nature*, n° 1536, 1er novembre 1902, p. 339.

La Lévocyclette Terrot, 1905.
Photo : site web Sterba Bike.

Axe de la roue arrière de la Lévocyclette Terrot.
Velorama, Nimègue, Pays-Bas. Photo : G. De Smaele, 2017.

Poulie de renvoi sous le pédalier. Velorama, Nimègue, Pays-Bas.
Photo : G. De Smaele, 2017.

Collections et musées

CNAM, Paris, France – inv. 19569.

M.A.I., Saint-Étienne, France – une machine dérivée de la Svéa, construite par Vélocio.

Coll. Pryor Dodge, États-Unis.

Coll. Farren, Australie.

Musée de la Voiture et du Tourisme, Compiègne - inv. CMV-1971.

Velorama, Nimègue, Pays-Bas.

90

1906 – La Peugeot à changement de vitesse Badois

Le changement de vitesse automatique Badois. Bicyclette Peugeot modèle « A Route », changement de vitesse Badois. In *Catalogue Peugeot*, Valentigney, 1909.

Dans les années précédant la Première Guerre mondiale, la bicyclette bénéficiait d'une série de nouvelles commodités, comme celle de la roue libre, associée à de bons freins sur jantes. Elle jouissait aussi du confort des pneumatiques et avait acquis une forme de cadre considérée comme immuable. Il restait aux fabricants à se concentrer sur diverses autres améliorations possibles, dont principalement celle du changement de vitesse. Le catalogue de la marque Peugeot, société établie en France depuis un quart de siècle (depuis1882), offrait déjà un beau choix de machines raffinées : « La Percutante », « La Sans Chaîne », « La pliante Gérard », « La bi-chaîne »… lorsque s'y ajouta, en 1907, une surprenante bicyclette équipée du changement de vitesse automatique L. Badois. Même si l'idée d'une transmission automatique remonte aussi loin qu'à 1899[259], le concept de Louis Badois peut pour l'époque être qualifié d'avant-gardiste. L'idée d'un changement de vitesse automatique sera d'ailleurs reprise bien plus tard par des fabricants qui nous sont contemporains, les plus perfectionnés faisant appel à l'électronique.

[259] Voir les systèmes automatiques de transmission décrits par Tony Hadland et Hans-Erhard Lessing : *Bicycle Design*, MIT Press, 2014, p. 247 et suiv.

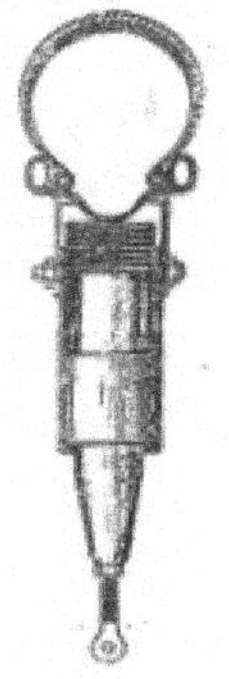

Masse régulatrice et ressort poussoir fixés à la jante.
In *Catalogue Peugeot*, Valentigney1909.

Le brevet déposé par Louis Badois en 1906 sera exploité en exclusivité par Peugeot de 1907 à 1913. Son principe repose tout simplement sur l'utilisation de deux masselottes reliées au moyeu par des tringles. La résistance des ressorts poussoirs, placés entre la jante et les petites masses de métal, est réglée de manière à ce que la force centrifuge déclenche le mécanisme de changement de vitesse à 13 km/h. Ce sont ces mêmes ressorts antagonistes qui provoquent l'effet inverse lorsque la vitesse de rotation des roues diminue.

Dans son catalogue de 1909, Peugeot proposait le changement de vitesse automatique sur son modèle « A Route », mais aussi en option – pour un supplément de 100 francs – sur les modèles « E Route, Dame A, Ecclésiastique et Routière de luxe ».

Le mécanisme Louis Badois sera proposé par Peugeot en deux versions distinctes : à deux et à une seule chaîne. Dans le premier cas, deux pédaliers et deux chaînes sont reliés à deux pignons, tous placés du même côté. Celui correspondant à la petite vitesse est une roue libre ordinaire qui est reliée au plus petit plateau. L'autre, correspondant à la grande vitesse, est fou, et est muni d'un encliquetage à galets commandé par les masses régulatrices et les ressorts qui poussent en sens inverse. Dans ces conditions, de 0 à 13 km/h – le pignon de grande vitesse étant fou – la bicyclette utilise la petite vitesse et se comporte comme une bicyclette normale à roue libre. À partir de 13 km/h le pignon de grande vitesse devenant roue libre, il entraîne la roue plus vite que le pignon de petite vitesse, qui étant une roue libre n'a plus d'action. La bicyclette fonctionne alors comme une bicyclette normale à roue libre et à grande multiplication. À noter que le démarrage se fait toujours « en douceur », sur le petit développement.

Dans le second cas de figure, le système n'a qu'une chaîne et est toujours basé sur le même principe d'utilisation de la force centrifuge. Il comporte un moyeu à deux vitesses[260] et ne nécessite par conséquent qu'un pignon et qu'un pédalier. Peugeot ajoutera une possibilité de blocage sur la grande vitesse, commandé par une manette placée sur le tube supérieur du cadre, en option et sur demande pour ce type de moyeu.

Peu de ces bicyclettes ont survécu. Bien que réglable au niveau des ressorts antagonistes[261], la commande de changement de vitesse s'effectuant automatiquement, mais pas toujours au moment souhaité par le cycliste, le mécanisme vanté par Peugeot a pu être perçu par certains comme une contrariété. Il aboutira au système de blocage de la grande vitesse mentionné ci-dessus, et vraisemblablement à la modification ultérieure de beaucoup de machines. Les collectionneurs considèrent néanmoins le changement de vitesse Badois comme une innovation singulière, qui liée à sa rareté en fait une pièce de choix pour un musée.

Références

Catalogue Peugeot, Valentigney, 1909, p. 43.

Tony Hadland, Hans-Erhard Lessing, *Bicycle Design*, 2014, p. 247 et suiv.

Hilger Lucien, *Peugeot et le cyclisme*. 2004.

Henry Raymond, *Du vélocipède au dérailleur moderne*, 2003, p. 39.

Reynaud Claude, *Vélos de légende*, 2013, p. 162-163.

La Nature.

Collections et musées

Coll. Reynaud, Domazan, France.

[260] Raymond Henry, 2003, p. 55.

[261] Le catalogue Peugeot de 1909 décrit les modalités de ce réglage : 1. Pour trouver la cadence de référence, on se base sur celle de la marche normale sans fatigue… 2. On exécute le réglage en sélectionnant deux ressorts (un par masselotte) parmi ceux livrés avec la machine. On peut aussi les raccourcir en les limant jusqu'à obtenir la cadence désirable.

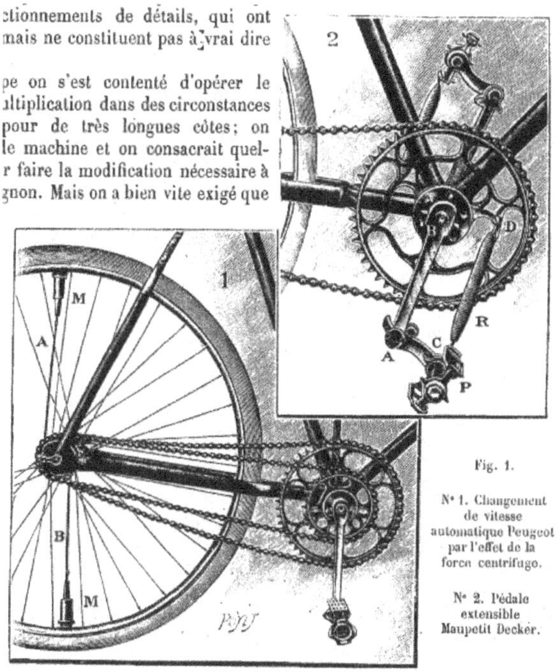

Changement de vitesse automatique Peugeot par l'effet de la force centrifuge.
In *La Nature*, vers 1907.

Masselotte et tringle du système de changement de vitesse breveté en 1906 par Badois et exploité par Peugeot de 1907 à 1913.
Photo : Site web du forum *Tonton Vélo* (2017).

Roue libre à galets du moyeu à deux vitesses intégrées.
Photo : Site web du forum *Tonton Vélo* (2017).

91

1906 – La « Célerette »

Retour aux sources. La « Célérette ».
In Jacques Ballif, *Exposition rétrospective du cycle au Salon de l'automobile, du cycle et des sports*, 1906, n° 48.

À près d'un siècle de distance, la draisienne du baron von Drais réapparaîtra sous la forme d'un jouet pour enfants. Cependant, son constructeur, M. Paul Clerc la considère comme une bicyclette pratique, simple et légère… Et que l'on peut même fabriquer soi-même.

Références

CNAM, *Jeux de vélos*, 1992.

La Nature, 1896.

Collections et musées

CNAM, Paris, France.

La « Célérette ». In *La Nature*, 1896.

92

1911 – Le « Chemineau » et le « Cyclo »

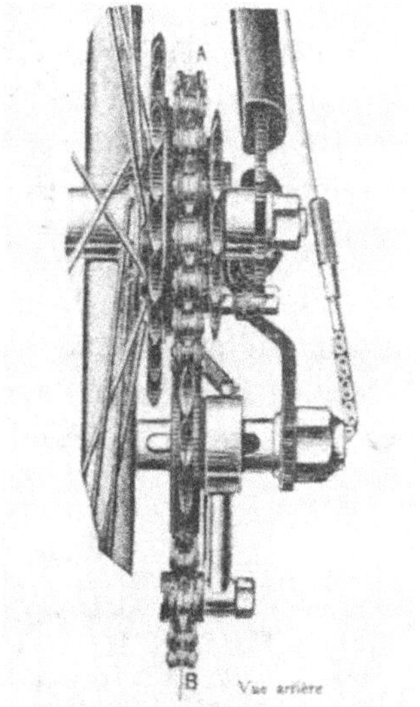

Les premiers grands dérailleurs français. Dérailleur Le Chemineau, trois vitesses. Catalogue de 1912. In Raymond Henry, 2003, p. 73.

Joanny Panel (1887-1970) est né près de Saint-Étienne et y passera toute son existence active. Passionné de cyclisme, il y établira des contacts fréquents avec Vélocio, qu'il admirait et qui devint son mentor. Après avoir travaillé, pour la maison Rivolier Père et Fils – un fabricant d'armes et des cycles RFP depuis 1909 –, Panel fondera les Cycles Chemineau et fit connaître, dans les années 1910, son dérailleur en dehors du monde des cyclo-touristes : une amélioration d'un modèle « pince à linge » créé par Vélocio, qu'il appellera tout comme ses vélos « Le Chemineau ». Dans le milieu des coureurs, on ne connaissait alors rien d'autre que le changement de vitesse par retournement de roue. Rappelons-nous qu'à cette époque, l'organisation du Tour de France acceptait le classement de coureurs indépendants, inscrits dans la catégorie des « isolés », qui deviendra celle des « touristes-routiers », libres quant à eux de participer avec un dérailleur. À l'aide de son coureur Benoît Faure, Joanny Panel put démontrer la supériorité de son matériel. Le Tour, ainsi que la participation à d'autres épreuves et concours techniques, lui apporta une grande publicité. Bien après s'être illustré dans Bordeaux-Paris et au Paris-Brest-Paris, Gaston Rivierre (1862-1942) se retrouvera lui aussi sur une réclame du Chemineau.

Sur le modèle extrait du catalogue de 1912, le pignon baladeur est poussé vers les rayons par un ressort. La chaînette l'entraîne dans le sens inverse. La commande, fixée au tube horizontal du cadre est bloquée en trois points (comme une manette de Sturmey-Archer). Cette indexation est indispensable car elle retient la poussée continuelle du ressort.

Panel fabriqua aussi, à partir de 1927, une version à moindre prix de son dérailleur : « L'Izoard ». La qualité était cependant moindre. Il s'intéressa par la suite, mais sans succès, à l'adaptation de la bicyclette au vol aérien, expérience qui se termina sur un arbre ![262] Par la suite, un tandem sur flotteurs n'eut aucun succès commercial.

Par manque de clairvoyance commerciale, Joanny Panel refusera pour un temps de vendre son dérailleur autrement que monté sur les vélos de sa fabrication. C'est un autre Stéphanois, Albert Raymond (1885-1953), un de ses anciens collègues de chez Rivolier, qui en saisit l'opportunité.

Publicité pour Le Chemineau. In *Le Cycliste*, janvier-février 1925.

En 1924, Albert Raymond mit au point, d'abord pour Rivolier, le dérailleur « Cyclo », à transmission hélicoïdale, qui supplantera le Chemineau de Panel, et connut le premier véritable succès commercial. Différentes versions du Cyclo connurent une grande popularité chez les randonneurs et les cyclotouristes, auprès desquels il gardera la faveur jusqu'à la l'approche de la Seconde Guerre mondiale. Fabriqué en France, à Saint-Étienne, il sera aussi

[262] Voir p. 7, « Blue Horse ».

vendu en Angleterre, et finalement produit sous licence, par la Cyclo Gear Company Ltd, créée à Birmingham dans les années 1930. La guerre mit un frein à cette expansion. D'autre part, la concurrence vint de France, avec le Simplex de Lucien Juy, de conception plus simple, puis d'Oscar Egg[263] et tant d'autres innovateurs... jusqu'à l'apparition des dérailleurs à parallélogramme. Après la guerre, Albert Raymond, un résistant qui avait été malmené par l'occupant et en avait gardé des séquelles, confiera son entreprise à ses enfants. Cyclo, sans totalement abandonner le dérailleur, s'orientera alors vers la production de roues libres. L'entreprise prit fin dans les années 1980.

Références

Frank Berto, *The Dancing Chain*, 2009.

Bernard Chausinand, *Joanny Panel : le Chemineau*, 2004.

Bernard Chausinand, *L'industrie du cycle à Saint-Étienne*, 2014.

Raymond Henry, *Du vélocipède au dérailleur moderne*, 2003, p. 80-84.

Le Cycliste.

Publicité pour le Cyclo.
In *Le Cycliste*, janvier-février 1925.

[263] Voir 97. Le « Super-Champion » d'Oscar Egg.

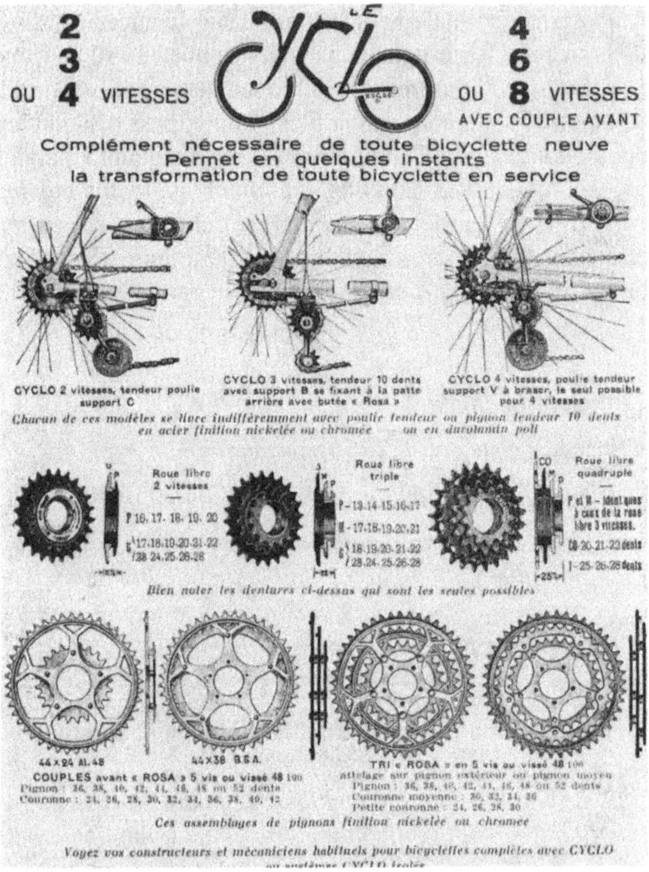

Publicité pour le Cyclo, adaptable à toutes les bicyclettes.

Collections et musées

MAI, Saint-Étienne, France.

93

1912 – La « chaîne flottante » et le « doigt d'acier » de Vélocio

Le changement de vitesse sans dérailleur. Le sculpteur Vernon Blake sur sa flottante à 5 plateaux. Le « doigt d'acier » est visible sous le pignon.

Avant que n'apparaissent les dérailleurs de chaîne – autant pour les pignons à l'arrière que pour le pédalier à l'avant –, on pouvait déjà obtenir différents développements en juxtaposant plusieurs pignons et/ou plusieurs pédaliers. Le changement de vitesse se faisait alors à l'aide d'une tige en fer, piquée sur un bouchon, fichée ensuite dans le bout du cintre. D'autres préféraient opérer à l'aide de leurs doigts (éventuellement gantés), voire du bout du pied, ou à l'arrêt.

Avec la roue libre, on pouvait se permettre de moins tendre la chaîne, n'empêche que celle-ci nécessitait un minimum de tension, assurée par un galet tendeur, maintenu en place par un écrou à oreilles. À Saint-Étienne,

Vélocio, qui recherchait toujours les solutions les plus simples, se hasarda à supprimer ce galet, ce qui provoqua de temps à autre la montée de la chaîne sur les dents du pignon... suivi d'un coup de pédale dans le vide, et éventuellement d'un déséquilibre du cycliste... suivi d'une chute. En 1912, il imagina de laisser flotter la chaîne et de fixer sous le pignon un petit cylindre, qu'il nommera « doigt d'acier », qui l'empêcherait de se décoller. La flottante était née.

Le système connut plusieurs variantes : avec trois pédaliers et un pignon, avec trois pédaliers et deux séries de trois pignons et retournement de roue... Le cyclotouriste obtenait ainsi un jeu de développements pour la plaine et d'un autre pour la montagne, le changement de vitesse étant toujours effectué à l'aide de la tige de fer ou des doigts. Ce *modus operandi* fut baptisé « Whippet A » par Vélocio. Whippet[264] était bien entendu la marque du New Protean, un des premiers dérailleurs anglais, et si dès 1901 Vélocio commença à désigner indifféremment ainsi tout dérailleur arrière, ce dernier terme n'était pas encore en usage, puisqu'à cette date ces mécanismes ne l'étaient pas non plus. Quant à la lettre A, elle symbolisait l'avenir, puisqu'il pensait que la simplicité prévaudrait toujours.

La flottante eut ses partisans, dont le plus illustre fut le sculpteur anglais Vernon Blake (1875-1930)[265], initialement chimiste et physicien diplômé de l'University College de Londres, bien connu des cyclotouristes pour avoir relié Londres à Constantinople à vélo. Une centaine de ces flottantistes se sont rassemblés en 1920 et ont continué à se réunir annuellement jusqu'au début des années trente, mais le système, bien que connu des cyclotouristes, ne conquit jamais le grand public. [266]

Références

Frank Berto, *The Dancing Chain*, 2009, p. 79.

Raymond Henry, *Du vélocipède au dérailleur moderne*, 2003, p. 35.

---

[264] La Whippet Cycle Syndicate Ltd était une marque, celle de la fameuse bicyclette à suspension (voir 55. La « Whippet Safety »), du pédalier extensible Protean et du New Protean. Vélocio acheta en 1901 une bicyclette munie de ce dernier dispositif à deux vitesses. Comme le nom « dérailleur » n'existait pas, il l'appela « whippet », ainsi que tous les autres dérailleurs arrières à venir dont il parlera, jusqu'à ce que le terme français s'impose. L'anglicisme pour une fois ne gagna pas la partie (Raymond Henry, 2003, p. 58).

[265] Steve Griffith, *Vernon Blake (1875-1930): Gearing Pioneer, Painter, Philosopher, Polymath*, John Pinkerton Memorial Foundation, Veteran-Cycle Club / Cycling History, n° 3, 2012, 74 p.

[266] Cette page est inspirée du livre de Raymond Henry, *Du vélocipède au dérailleur moderne*, 2003, p. 34.

Steve Griffith, *Vernon Blake (1875-1930): Gearing Pioneer, Painter, Philosopher, Polymath,* John Pinkerton Memorial Foundation, Veteran-Cycle Club / Cycling History, n° 3, 2012, 74 p.

Le Cycliste, janvier 1912, p. 11 ; février 1912, p. 31 ; avril-mai-juin 1920, p. 31-32.

Le « doigt d'acier » de Vélocio, commercialisé par Cyclo. Extrait du catalogue. Il connaîtra diverses versions, parfois faites maison, parfois à partir d'un simple fil de fer.
In Frank Berto, *The Dancing Chain*, 2009, p. 79.

Collections et musées

MAI, Saint-Étienne, France.

94

1920 – « L'As »

Dérailleur commandé par rétropédalage. Publicité pour le dérailleur L'As.
Photo : Internet.

En 1920, Brunet et Cie, fabricant installé à La Grand-Croix, près de Saint-Étienne, commercialise sous la marque « L'As », un dérailleur à deux vitesses d'une grande simplicité, dont la commande se fait par un quart de tour de pédalier en rétropédalage, système rapidement abandonné pour faire place à un trois vitesses commandé par la rotation d'une tringle. Il avait été mis au point par le mécanicien Couzon et le coureur Claudius Bouillez[267]. Ce dernier sera bientôt impliqué dans la fabrication du vélo Chemineau de Joanny Panel.

[267] Bernard Chaussinand, *Claudius Bouillez (1887-1957), pionnier du dérailleur et disciple de Vélocio*, Saint-Étienne, chez l'auteur, 2002, 62 p.

L'arrivée des pneumatiques (1891) permettait de rouler plus vite. Quelques pionniers des années 1890 ont ainsi commencé à rechercher une plus grande vitesse à bicyclette. En matière de déraillement de la chaîne, tout était encore à découvrir. En Angleterre, qui était pourtant le berceau du Gradient et du New Protean[268], on restait encore très attaché aux vitesses dans le moyeu. Ce seront alors Loubeyre (1895) et Terrot (1904)[269] qui en France ouvriront la marche. Vers 1910, quatre autres dérailleurs furent véritablement commercialisés, dont le « P. d'A. » de l'inventeur Prével d'Arlay à Lyon[270]. Entre-temps, les chaînes s'étaient améliorées, étaient devenues plus souples et supportaient plus de déport latéral. En 1911, « Le Chemineau » de Joanny Panel[271], à trois vitesses, fut une étape importante dans la diffusion du dérailleur chez les cyclotouristes, les coureurs de l'époque se contentant encore du retournement de roue. Il fut concurrencé par « L'As », et finalement supplanté, dès 1924, par le « Cyclo » d'Albert Raymond. Le « Simplex » de Lucien Juy arriva en 1928, suivi en 1932 du « Champion » d'Oscar Egg, dont le modèle « Super-Champion » connut en 1934 un succès phénoménal en course. Les années 1930 seront aussi celles de l'apparition des dérailleurs « Vittoria Margherita », du « Huret » et du resté célèbre « Corsa » de la marque Campagnolo. Ce dernier ne sortit son premier dérailleur à parallélogramme déformable, le « Gran Sport » qu'en 1949.

L'histoire de l'évolution des changements de vitesse est magistralement décrite dans les travaux de Raymond Henry, de Tony Hadland, de Frank Berto et de Bernard Chaussinand, dont nous vous recommandons la lecture[272]. Ensemble, ces auteurs analysent la totalité des systèmes connus, des origines à nos jours : bichaînes, rétro-directes, dérailleurs avant et arrière, vitesses dans le moyeu, boîtes de pédaliers à vitesses… et tant d'autres.

De 1895 à 1940, tant de modèles ont vu le jour, dont finalement peu ont survécu. Les mécanismes compliqués ont vite été éliminés, ainsi que ceux qui nécessitaient un cadre spécial, frein à leur diffusion. On se sépara aussi de ceux qui, trop coûteux à fabriquer, furent absorbés par la concurrence du marché. D'autres se sont montrés trop lourds, pas assez solides, ne résistant pas à l'usure. Ils étaient parfois arrivés trop en avance sur leur temps. Des améliorations – comme celles dont bénéficia la chaîne – ont pu rendre d'autres systèmes obsolètes et remiser au placard les transmissions par engrenages. Le problème des frottements – on parlera longtemps des résistances passives – a

---

268 Voir 88. La Terrot « Modèle H ».
269 Voir 88. La Terrot « Modèle H ».
270 Raymond Henry, p. 69-71.
271 Bernard Chaussinand, *Joanny Pannel (1887-1970). Le Chemineau*, Saint-Étienne, chez l'auteur, 2004, 78 p.
272 Voir bibliographie.

beaucoup alimenté les discussions techniques. Ils étaient souvent dus à des mécanismes trop complexes. À ce sujet, le mathématicien Carlo Bourlet introduira l'importante distinction à faire entre les systèmes à transmission superposée et ceux à transmission juxtaposée.

Dans le passé, les publications des scientifiques venaient déjà en aide aux inventeurs et aux constructeurs : celles de Macquorn Rankine (1870), Carlo Bourlet (1894 et après), Louis Ferrus (1904), Archibald Sharpe (1896)... relayées par la presse spécialisée, dont *Le Cycliste* de Paul de Vivie, grand propagateur de la polymultiplication, demeurera la plus emblématique.

Les mécanismes trop simples ont été améliorés, mais ils ont disparu de l'appareillage technique de la bicyclette. En fin de compte ce sera toujours l'épreuve de la route qui constituera le test décisif.

L'histoire des changements de vitesse constitue un des aspects des plus intéressants de l'évolution du cycle. Elle se montre cependant trop étendue que pour qu'il soit question de réellement l'approfondir dans le cadre de notre ouvrage[273].

Références

Frank Berto, *The Dancing Chain*, 2009.

Bernard Chaussinand, *Claudius Bouillez*, 2002.

Bernard Chaussinand, *Joanny Panel*, 2004.

Exposition Le cycle à Saint-Étienne, 2014.

Tony Hadland, Hans Lessing, *Bicycle Design*, 2014.

Raymond Henry, *Du vélocipède au dérailleur moderne*, 2003, p. 14.

[273] Voir principalement : Frank Berto, Bernard Chaussinand, Tony Hadland, Raymond Henry.

Dérailleur « L'As ». Photo : Internet.

Pignon baladeur-tendeur de « L'As ». Exposition *Le cycle à Saint-Étienne*, 2014.
Photo : G. De Smaele.

Collections et musées

MAI, Saint-Étienne, France.

95

1932 – Le « Vélo-Vélocar » de Mochet

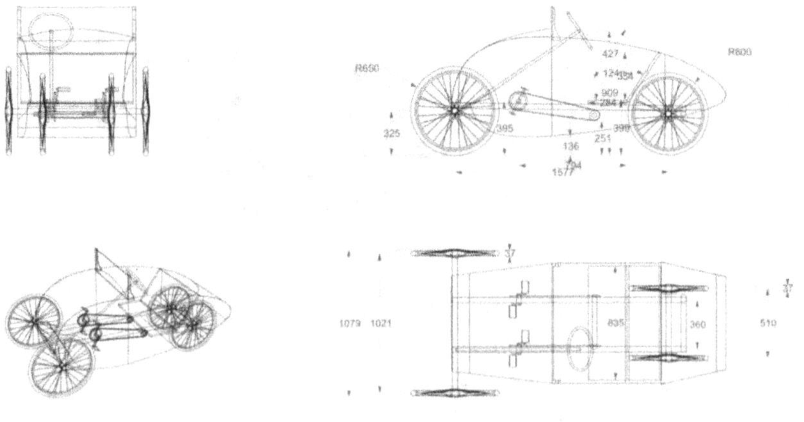

Une voiture à propulsion humaine. Plans d'une voiturette « Vélocar » de Charles Mochet fabriquée dans les années 1940.

À partir de 20 km/h, l'air oppose au cycliste une résistance proportionnelle au carré de la vitesse, et il faut bien avouer que de ce point de vue la bicyclette classique était encore loin d'être le véhicule le plus efficace. En ce qui concerne l'aérodynamisme, la recherche de la position idéale sur le vélo de course posera toujours un problème car par nature contraignante. Pourra-t-on jamais concilier aérodynamisme, rendement, confort et sécurité ? Les vélos couchés ont été conçus dans cette optique, mais on leur reprochera toujours – selon le contexte d'utilisation –, un manque de manœuvrabilité et de visibilité pour les autres usagers de la route. Leur retour en force dans le dernier quart du XXe siècle a été loin de constituer une nouveauté, car les premiers prototypes du genre nous ramènent à la fin du XIXe siècle, avec par exemple la « bicyclette normale de M. Challand », présentée en 1896 dans le journal *La Nature*.

Les précurseurs des VPH – nom moderne pour désigner les véhicules à propulsion humaine – sont même plus anciens. Dès les années 1870, la dangerosité du grand bi avait amené les constructeurs à concevoir quantité de tricycles et de quadricycles, propulsés par un seul ou par plusieurs cyclistes. On compta jusqu'à quatre personnes à bord. Rappelons que la motorisation de ces engins –tel le tricycle De Dion-Bouton, fabriqué à Puteaux en 1885 – sera une étape vers la moto, et à l'origine de l'essor de l'automobile.

Dans les années 1920-1930, en mettant son « Vélocar » sur le marché – une voiture à propulsion humaine à 3 ou 4 roues, et de 1 à 4 places –, Charles Mochet (1880-1934) et ses descendants vont naviguer à contre-courant du progrès technologique. Ces véhicules à pédales, ancêtres des « vélomobiles », qui étaient des voitures légères à pédales, comblaient le fossé entre la bicyclette et la voiture. S'ils font de prime abord penser à des jouets d'enfant, leur conception ingénieuse en faisait un moyen de transport aux multiples qualités : protection contre les intempéries, profil aérodynamique, confort de la position, et siège offrant un solide point d'appui au dos lors de la poussée exercée par les jambes. Une publicité de 1934 rapporte même un tour du monde effectué par deux Français en tractant une petite caravane de camping !

Le pédalier du Vélocar était à la même hauteur que le siège, pour un pédalage à l'horizontale. Au constat de son efficacité, Charles Mochet voulut adapter cette configuration au deux-roues. La position couchée et l'appui du siège furent ainsi reportés sur le « Vélo-Vélocar », appelé aussi « Vélorizontal », qui n'était en fait qu'un Vélocar coupé en deux ! Deux versions virent le jour : un modèle de tourisme et un autre pour la course. À l'aide de ce dernier, un record fut établi sur piste, sur vélo non caréné[274], en 1933 par Francis Faure (1910-1953) : 45,005 km dans l'heure, battant ainsi Oscar Egg qui avait parcouru 44,247 km quelque vingt ans plus tôt. La performance de Faure fut invalidée l'année suivante par l'Union Cycliste Internationale (UCI), n'accordant plus ses homologations de records qu'aux bicyclettes courantes, mais le coureur fut en 1939 le premier cycliste au monde à dépasser les 50 km/h, sur un vélo-Vélocar caréné, dans la foulée du « Vélo-Torpille » de l'ingénieur Étienne Bunau Varilla, piloté au Parc des Princes par Marcel Berthet[275] en 1913 ; du « Vélo-Fusée » d'Oscar Eggs, en 1932 ; et du « Vélodyne » de l'ingénieur Riffard, un vélo en aluminium, caréné de bois d'épicéa et de magnolia, revêtu d'une toile, piloté également par Marcel Berthet au Parc des Princes et dont la performance fut encore

[274] Il est à noter que depuis 1914 les performances réalisées sur vélos carénés ne sont plus acceptées par l'Union cycliste internationale.

[275] Triple recordman du monde de l'heure à Paris au vélodrome Buffalo : 41 km 620 en 1907 ; 42 km 741 en 1913 ; 43 km 775 en 1913. Aussi recordman de vitesse sur le kilomètre : 57,3 km/h en 1913.

améliorée deux mois plus tard sur l'autodrome de Linas-Montlhéry en 1933. Il est à noter que depuis 1914 les performances réalisées sur vélos carénés ne sont plus acceptées par l'Union cycliste internationale, une réglementation dont Mochet tiendra compte lors de ses premières tentatives de record.

Sur route, le coureur Paul Morand s'illustra lors du Paris-Limoge de 1933, dépassant les vélos classiques jusqu'à l'interdiction par le règlement de l'UCI des vélos couchés (et carénés), dans les courses.

Remarquons que ces vélos ne connaissent pas les inconvénients liés à la selle des bicyclettes classiques. La direction de ceux fabriqués à Puteaux par Charles Mochet, se complète d'un système à cardan pour que le guidon puisse se trouver en bonne position.

Outre les Vélomobiles et les vélos couchés, les Établissements Mochet – actifs de 1924 à 1959 – produisirent également à Puteaux des motocyclettes, des side-cars et des mini-automobiles de petites cylindrées (max. 350 cc). Ces véhicules n'étaient pas soumis aux lois sur la taxe de circulation et au permis de conduire. En 1960, la nouvelle législation sera fatale à la marque, dont les chiffres de vente avaient culminé lors des premiers congés payés de 1936, également âge d'or du tandem cycliste. Les restrictions durant la Seconde Guerre mondiale seront aussi favorables aux véhicules à propulsion humaine, tel le vélo-taxi, en circulation dans les rues de la capitale française.

Références

Dragoslav Andric, *Les bicyclettes*, 1990.

Hermann Brüning, *Mochet. Minimalisme sur roues*, 2000, 154 p.

CNAM, *Jeux de vélo.*

François P. Jeanson et François J. Jeanson, *Charles Mochet : le minimum sur roues.*

La grande bibliothèque des bicyclettes, exposition à Roulers, 2014.

Arnfried Schmitz, Tony Hadland, *Human Power: the Forgotten Energy*, 1913-1992, 2000.

David Gordon Wilson, *Bicycling Science*, 2004, p. 31.

L'Auto, 16 octobre 1932.

Le Génie civil, 30 décembre 1932 et 13 janvier 1934, p. 43.

L'Industrie des cycles.

La Nature, n° 1220, 17 octobre 1896 – La bicyclette normale de M. Challand.

Science et Monde, 27 octobre 1932.

Vélo-Vélocar fabriqué en 1933, Musée d'Art et d'Industrie de Saint-Étienne, inv. 95-64-5.
Photo : site du MAI.

Collections et musées

MAI, Saint-Étienne, inv. 95-64-5, 1933, France.

Coll. Henry, Entraigue/s Sorgue, France.

Velorama, Nimègue, Pays-Bas.

Wielermuseum, Roulers, Belgique.

96

1933 – Le « Cambio Corsa » de Tullio Campagnolo

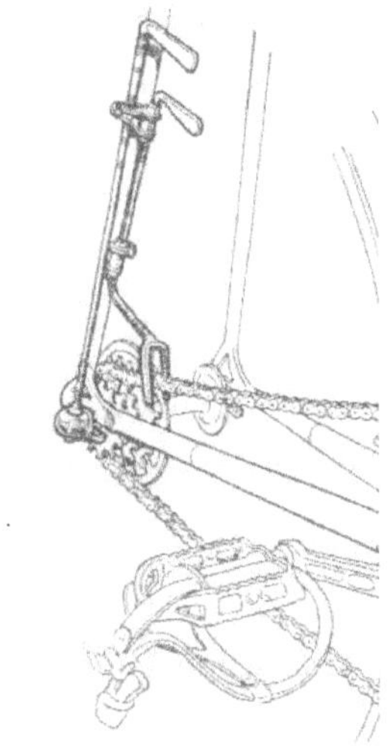

Un tendeur de chaîne par crémaillère : le dérailleur « Corsa » de Campagnolo, première version.
In Daniel Rebour, *La pratique du vélo*, 1949, p. 115.

Toujours coureur professionnel, l'Italien Gentullio « Tullio » Campagnolo (1901-1983) dépose en 1930 un premier brevet pour un blocage rapide des roues, une alternative aux papillons qui étaient utilisés par les coureurs pour le changement de vitesse par retournement de la roue arrière. La production de cet accessoire commencera en 1933 dans l'arrière-boutique de son père, quincaillier à Vicence, en Italie. La même année Tullio Campagnolo introduit un autre brevet pour un « dérailleur à baguette », actionné par deux tringles fixées au hauban droit du vélo. C'est en 1940 qu'il mettra définitivement fin à sa carrière sportive, pour se consacrer exclusivement à son entreprise. Inspiré par les premiers dérailleurs à parallélogramme déformable, système toujours utilisé de nos jours, Campagnolo en deviendra, dans les années 1950, le premier grand propagateur. Son nom deviendra une marque incontournable de l'équipement des coureurs cyclistes, une estampille réputée pour sa qualité et sa fiabilité. Sur le Tour de France de 1963, 110 coureurs sur les 130 inscrits, vont avoir recours au dérailleur arrière Campagnolo, le mythique « Gran

Sport », qui sera produit durant plus de 10 ans. En 1983, une série limitée du groupe « 50 » éditée en commémoration du cinquantenaire de l'entreprise, visserie plaquée or, sera mise en vente, pour devenir une prestigieuse pièce de collection. Entre temps, la maison fut agrandie et établit une extension à Bologne. Elle passera alors sous la direction de Valentino Campagnolo, fils du fondateur. L'entreprise ayant développé son expertise dans la fonte du manganèse, son secteur d'activité s'élargit à la production de jantes pour voitures de course et de pièces légères destinées au secteur de l'aviation.

Le « Cambio Corsa » fut le nom de baptême attribué au premier dérailleur inventé par Tullio Campagnolo en 1933. D'abord fabriqué artisanalement, il fut popularisé après la guerre par les champions italiens Gino Bartali (1914-2000) et Fausto Coppi (1919-1960), deux figures mythiques du cyclisme des années 1940-1950. Si la mise en œuvre du Corsa réclamait une certaine adresse, ces deux coureurs le manipulaient avec aisance.

En matière de vélo, l'Italie – tout comme la France – eut jusque dans les années 1940 ses propres références et ses propres traditions techniques. Le pays était resté attaché aux dérailleurs à fourchettes et à tringles, qui avaient le mérite d'éliminer le risque de rupture de câble, de minimiser les frottements, d'être simples et de se montrer insensibles aux projections de boue sur la chaîne.

La première version du Corsa ne sera commercialisée que dans les années 1940. Une fourchette appliquée au brin supérieur de la chaîne lui permettait de dérailler. Il fallait donc rétropédaler pour changer de vitesse. La rotation de la seconde tringle assurait ensuite – par un système à crémaillère – la tension de la chaîne, une opération peu aisée en situation de montée. De plus, cette manœuvre pouvait s'avérer périlleuse lorsque le coureur se trouvait pris au cœur du peloton. Le mécanisme de tension de la chaîne nécessitait aussi le montage de pattes de fourches adaptées. Celles-ci étaient spécifiques et présentaient une rangée de dents. Si tous les vélos d'une même équipe n'en étaient pas équipés, l'échange de roue entre coureurs devenait impossible. Le Corsa rappelle à la fois le second modèle Vittoria des frères Nieddu – devenu « Vittoria-Margherita » après qu'on lui eut ajouté une fourchette en 1935 – et le Champion d'Oscar Egg, devenu Super-Champion en 1934[276].

Au cours de sa carrière, le dérailleur Corsa fut plusieurs fois redessiné et amélioré. Il finira avec une seule tringle, rassemblant les opérations de déraillement et de tension de la chaîne. Sur la dernière version, le passage de vitesse pourra se faire en pédalage normal. Le tendeur de chaîne du Corsa demeure cependant un principe sophistiqué, car il fallait relâcher le blocage de

[276] Voir par ailleurs : le « Super-Champion » d'Oscar Egg.

la roue arrière. En tout état de cause, la fabrication de Campagnolo était artisanale et très soignée. Le système était opérationnel, fiable. Sa crédibilité sera renforcée par de grands succès en course. Équipé de ce matériel, Bartali remportera le Tour de France de 1948 et Coppi la course Paris-Roubaix de 1950. Le Corsa changea alors de nom, pour devenir le Campagnolo « Paris-Roubaix ».

Références

Berto, *The Dancing Chain*, 2009, p. 167-171.

Paolo Facchinetti, *Guido P. Rubino, Campagnolo: 75 Years of Cycling Passion*, 2008.

Henry, *Du vélocipède au dérailleur moderne*, 2003.

100 Years of Bicycle Component and Accessory Design, 1998.

Daniel Rebour, *La pratique du vélo*, 1949.

Daniel Rebour, *Cycles de compétition et cyclotourisme sportif*, 1962.

Robert Van der Plas, Frank Berto, *Rebour : The Bicycle Illustrations of Daniel Rebour*, 2013.

Fourchette sur le brin supérieur de la chaîne et système de tension de la chaîne du « Corsa ». Modèle tardif à une seule tringle.

Pattes de fourche arrière dentées du dérailleur « Corsa ».

Gino Bartali actionnant le Corsa.

Collections et musées

Coll. Wéry, Amay, Belgique.

Wielermuseum, Roulers, Belgique.

97

1934 – Le « Super-Champion » d'Oscar Egg

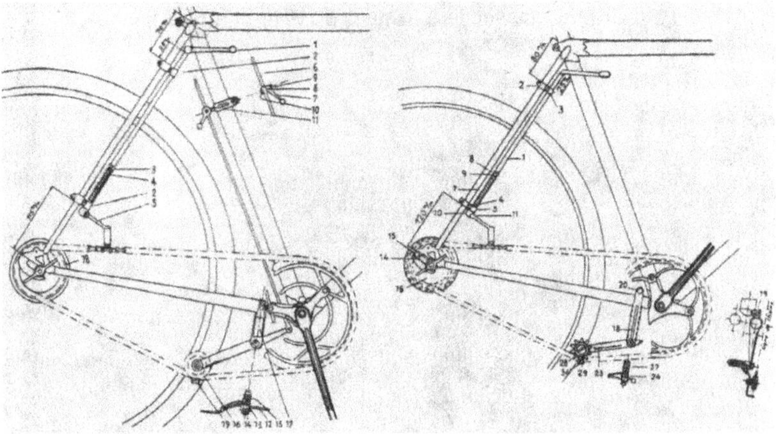

Le premier dérailleur officiel du Tour de France 1937. Dérailleur « Champion » d'Oscar Egg, 1932.

Dérailleur « Champion » d'Oscar Egg, seconde édition, sans blocage du tendeur de chaîne. Catalogue Peugeot, 1937.

De 1911 à 1926, le Suisse Oscar Egg (1890-1961) fut une grande figure du cyclisme professionnel. Il gagna notamment quelques étapes du Tour de France et inscrivit de 1912 à 1914 – dans une lutte serrée contre son rival mais néanmoins ami Marcel Berthet –, trois records du monde de l'heure. Sa troisième performance, 44,247 km dans l'heure – homologuée en 1914 sur la piste en béton de 333 m du Vélodrome Buffalo –, ne fut surpassée qu'en 1933. Egg est aussi connu pour avoir expérimenté en 1932, un « vélo fusée », équipé d'un carénage destiné à améliorer l'aérodynamisme de la machine à records[277].

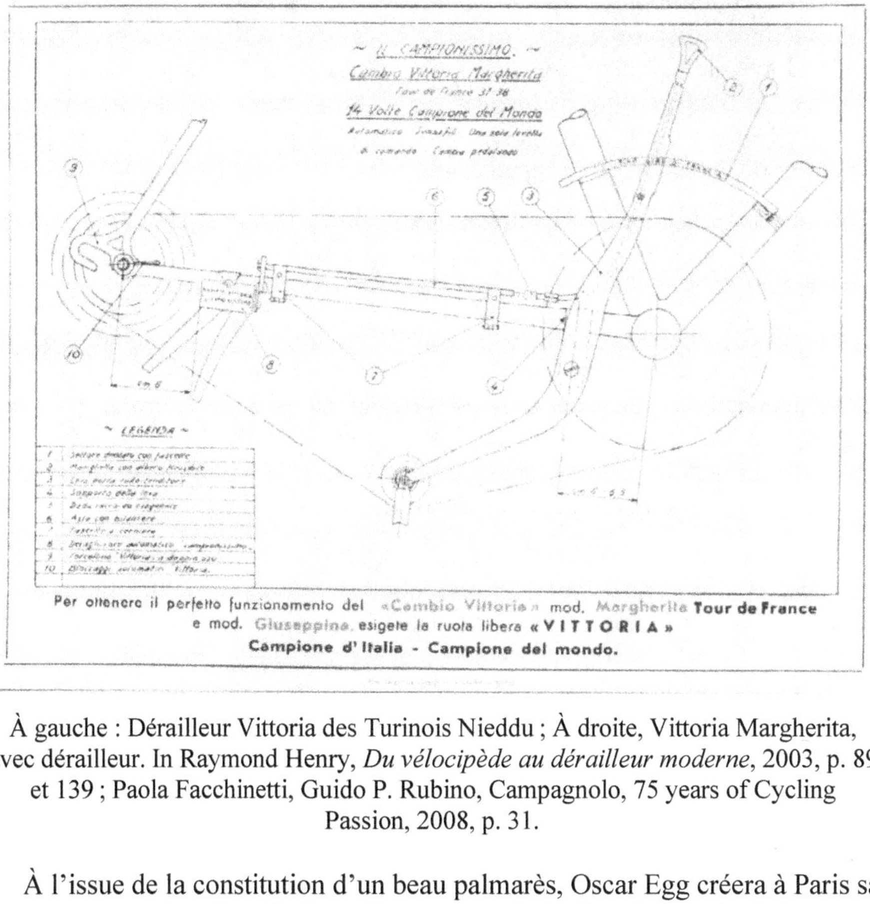

À gauche : Dérailleur Vittoria des Turinois Nieddu ; À droite, Vittoria Margherita, avec dérailleur. In Raymond Henry, *Du vélocipède au dérailleur moderne*, 2003, p. 89 et 139 ; Paola Facchinetti, Guido P. Rubino, Campagnolo, 75 years of Cycling Passion, 2008, p. 31.

À l'issue de la constitution d'un beau palmarès, Oscar Egg créera à Paris sa propre marque de vélos. Il s'installera avenue de la Grande Armée, la luxueuse vitrine des maisons de cycles, et développera par la suite un modèle de dérailleur emblématique de l'évolution du règlement du Tour de France. Ce n'est en effet qu'en 1937 que le dérailleur fut admis au cours de l'épreuve. Considérant que pour être valable l'avantage devait être le même pour tous, le

[277] En 1913 et 1914, Marcel Berthet, mentionné ci-dessus, avait déjà réalisé des essais similaires aux commandes du « Vélo-Torpille », conçu par l'ingénieur aéronautique Bunau-Varilla. En 1933, il pilotera le « Vélodyne » dessiné par l'aérodynamicien Marcel Riffat, fabriqué par le constructeur des avions Caudron. Il atteindra les 52 km/h.

choix du « Super-Champion » fut imposé par le règlement pour tous les concurrents, indépendamment de l'équipe ou de la nationalité.

En 1932, Oscar Egg était agent général du changement de vitesse italien « Vittoria ». Celui-ci consistait en un bras de levier prolongé par un tendeur de chaîne. Après avoir relâché la tension de la chaîne, il suffisait de la faire dérailler avec les doigts, en pédalant en arrière, et ensuite de la retendre. C'est à partir de ce dispositif qu'Oscar Egg développa ses propres conceptions. D'abord avec le dérailleur « Champion », introduit en 1932, qui conservera le principe du blocage du bras tendeur du Vittoria, tandis qu'une tige fixée le long du hauban droit, actionnera une fourchette pour faire dérailler le brin supérieur de la chaîne, en rétropédalage.

La seconde édition du Champion abandonnera le blocage du bras tendeur, remplacé par un ressort, ce qui simplifiera la manœuvre de changement de vitesse.

En 1934, apparaîtra enfin le « Super-Champion », une amélioration du modèle précédent. Avec sa fourchette appliquée au brin inférieur de la chaîne, le changement de vitesse pouvait s'effectuer en pédalage normal. C'est ce modèle qui fera la fortune d'Oscar Egg, car si en 1937, les moyennes sur le Tour de France se montraient plus élevées, c'est finalement le Super-Champion qui en sortait en grand vainqueur.

En plus de ses vélos de course, Oscar Egg fabriquera aussi des randonneuses. Tenant compte de l'évolution du marché, d'autres modèles de dérailleurs furent fabriqués dans son usine de Levallois-Perret, à la sortie de Paris, tant et si bien qu'en 1936 les ateliers avaient atteint une capacité d'assemblage de 4.000 unités par jour. En 1939, plus d'un million de Super-Champion avaient été produits[278].

Références

Berto, *The Dancing Chain*, 2009.

Raymond Henry, *Du vélocipède au dérailleur moderne*, 2003.

Daniel Rebour, *La pratique du vélo*, 1949, p. 108.

278 Raymond Henry, *Du vélocipède au dérailleur moderne*, 2003, p. 89-91.

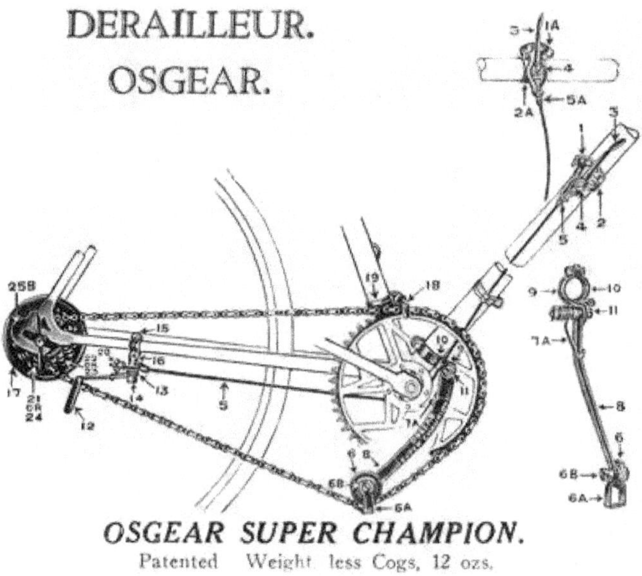

Brevet et publicité pour le dérailleur « Super-Champion » du Tour de France.
Source : Internet.

98

1935 – Le « Vélocino » de E. Pettazzoni

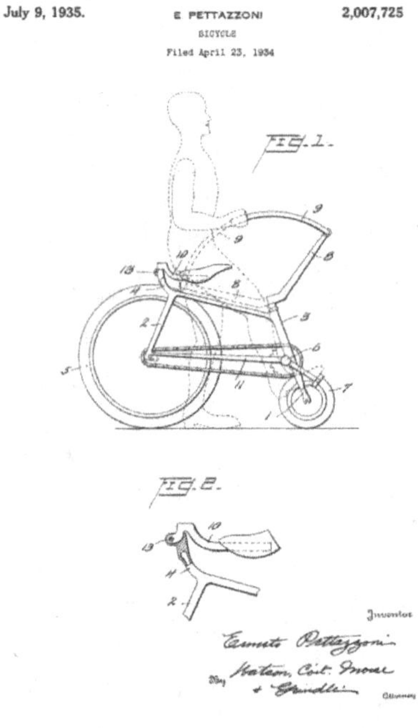

Un vélo compact. Brevet d'Ernesto Pettazzoni, 1935.

Le milieu des années 1930 connut un certain engouement pour les vélos couchés. Une lointaine variante de ceux-ci fut proposée dès 1928 par l'ingénieur italien Ernesto Pettazzoni. Son « Velocino » – un semi-couché qui n'est pas sans rappeler le Humber « Open front Ladies » de 1896 – donne la possibilité de retourner le cintre sous la selle. Placé dans cette position, on vire en faisant pivoter latéralement la direction. Sans en être un, ce vélo compact fait penser à un pliable qui, avec sa roue avant de 10 pouces, se montre léger, peu encombrant et facilement transportable. Relativement peu maniable, et peu commode dans les côtes, il présentait cependant l'avantage de permettre une descente rapide de machine. Selon la publicité de l'époque, on pourrait même, en cas de collision, se protéger avec les mains… Confortable pour les petits trajets urbains, le Velocino sut retenir l'attention du public, mais avec l'entrée en guerre il sera abandonné par l'Italie.

En 1933, Pettazzoni introduira aussi une première demande de brevet en Angleterre, tandis que d'autres marques reprennent son idée : le « Strano » sera produit dès 1958 par le constructeur hollandais Union ; le « Donkey » apparut un peu plus tard en Allemagne, et dans les années 1960 Raleigh ayant racheté différents brevets de bicyclettes originales, ajouta le Velocino à son catalogue. On en retrouve jusqu'à nos jours différentes variantes, tel le « Halbrad », un demi-vélo de conduite relativement souple et sûre, dont l'axe de la direction se trouve dans le prolongement direct de la potence.

Dans les années 1960, le concept initial de Pettazzoni a probablement inspiré la création de vélos pliables – comme le Strano hollandais –, devenant ainsi le complément de la voiture : un mariage de raison !

Références

Dragoslav Andric, *Les bicyclettes*, 1990, p. 186-187 (le Strano, fabriqué aux Pays-Bas en 1958).

Jeremy Garnet, The Ergonomy of Direct-Drive Recumbent Bicycles, http://www.hupi.org

Tony Hadland, Hans-Erhard Lessing, *Bicycle Design*, 2014, p. 477-479.

Le « Velocino » d'Ernesto Pettazzoni. Publicité de 1935.

Collections et musées

Velorama, Nimègue, Pays-Bas.

Wielermuseum, Roulers, Belgique, inv. R/0179 (Strano hollandais).

99

1935 – La bicyclette « Caminargent » de Pierre Caminade

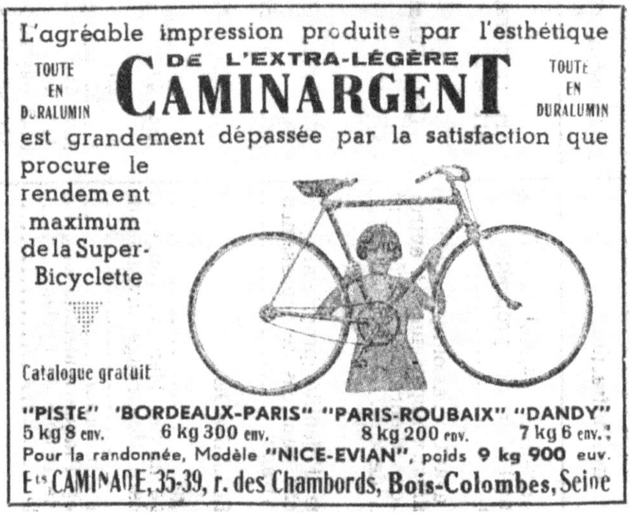

Bicyclette en aluminium. Publicité « Caminargent », ca. 1935.

Les concours de machines, organisés pour le public des cyclotouristes, avaient pour but de tester le matériel dans des conditions réelles d'utilisation[279]. Dans la seconde partie des années 1930, les constructeurs se sont surtout employés à tenter de réduire le poids des vélos. Il ne fallait cependant rien sacrifier à la solidité, et les cadres en acier, fabriqués par d'habiles artisans, furent ainsi confrontés à ceux en aluminium. Ce dernier est non corrosif et d'une densité trois fois plus faible que celle de l'acier, ce qui en ferait le matériau idéal pour la fabrication de bicyclettes légères. Toutefois, sa malléabilité le rend moins rigide. De plus, il est plus sensible à la fatigue du métal, et à l'apparition de fissures. Par conséquent, les tubes du cadre en aluminium devront être plus épais et d'un diamètre plus important, causant la perte d'une partie de l'avantage escompté. Mais en réalité, le problème s'est posé de manière plus nuancée et plus complexe.

[279] Germain Maysounabe, « Les concours de machines », in *Le Cycliste*, mai-juin 1964.

Assemblage sans soudure, par raccords et boulons, des tubes de section hexagonale.

Le premier lingot d'aluminium, élément chimique découvert en 1807, sera présenté par le chimiste français Henri Sainte-Claire Deville, à l'Académie des Sciences en 1854. Ce métal ne commencera à être produit que vers la fin des années 1850, mais la méthode par voie chimique, employée à cette époque, était extrêmement coûteuse à mettre en œuvre. À l'époque, l'aluminium se négociera donc à un prix comparable à celui de l'or. On en fabriquera des bijoux et de l'orfèvrerie de luxe, destinés à une élite financière, notamment la cour des tsars de Russie et celle de Napoléon III, qui reçoit ses invités de marque avec des couverts en aluminium. Les autres auront quand même droit aux honneurs du vermeil, qui est tout de même de l'argent recouvert d'or. Les progrès de l'électricité et la découverte, en 1886, d'une méthode de production par électrolyse, permettront de baisser les coûts de production dans une fort importante mesure. Dès lors, l'aluminium trouvera de nouvelles applications, par exemple dans les ustensiles de cuisine, et en alliage, dans l'industrie de l'aéronautique notamment. La bicyclette en aluminium du Dr Susini sera présentée en 1892 dans la revue *Le Cycle*[280].

La technique de soudure des tubes destinés aux bicyclettes mettra encore du temps avant d'être maîtrisée. Ainsi, le modèle en aluminium proposé par Humber en 1898, était assemblé à l'aide de manchons. Peu durable, il n'eut pas grand succès. En 1908, l'Allemand Alfred Wilm découvre le duralium – ou duralumin –, un alliage à base d'aluminium (>90%), de cuivre, de magnésium et de manganèse, dont le traitement thermique augmentera la dureté et la résistance à la traction.

Les ateliers du Français Pierre Caminade produiront à partir de 1935 les vélos « Caminargent », réalisés entièrement en duralumin et composés de tubes de section hexagonale, assemblés par des raccords du même métal. Ces

[280] « Bicyclette en aluminium du Dr Susini », in *Le Cycle*, 9 janvier 1892, p. 243.

tubes sont emmanchés et ne sont donc pas soudés, mais maintenus ensemble par le serrage de boulons. La bicyclette Caminargent sera donc démontable et éventuellement réparable. Ces vélos, bien connus des collectionneurs, sont toutefois relativement fragiles.

Dans un but d'allègement, les pièces et accessoires en duralumin se sont rapidement répandus sur les vélos : jantes, potences, cintres, freins, garde-boue[281].

Finalement, les méthodes de soudure se perfectionnant (soudure autogène), Nicolas Barra, un célèbre constructeur parisien, sortira vainqueur du concours de machines organisé en Auvergne en 1934 par le Groupe Montagnard Parisien. L'année suivante, Barra se distinguera encore en se plaçant premier ex aequo avec André Reiss, un autre artisan notoire, dont le pilote, Bernadet, roulait quant à lui sur cadre en acier. Il participera également, entre autres concours techniques, au Grand Prix Duralumin de 1936, millésime mis sur pied dans la région de Saint-Étienne.

Nicolas Barra, passé maître dans l'art de souder l'aluminium, faisait partie du cercle restreint des « grands couturiers » du cycle artisanal, et son « Barralumin », considéré comme « un poids plume » connaîtra un beau succès auprès des connaisseurs. Sa production de vélos et de tandems jouira, jusque dans les années 1950, d'une grande réputation. Les bicyclettes en aluminium apparues dans les années 1970 feront appel à de nouveaux procédés de soudure (TIG), dont la finition n'a rien de comparable avec celle de « l'artiste du chalumeau » Nicolas Barra.

Références

Charles Faroux, *La bicyclette moderne Duralumin*, 1937.

Ad. Minet, *L'aluminium, sa fabrication, son emploi, ses alliages*, 1892.

Archibald Sharp, 1896, p. 287.

Henri de Graffigny, « L'aluminium dans le cyclisme », in *Le Cycle*, 2 janvier 1892, p. 228-229.

Yves Guédon, « Première bicyclette en aluminium du Dr Susini », in *Le Cycle*, 9 janvier 1892, p. 243.

[281] Charles Faroux, *La bicyclette moderne Duralumin*, Paris, Société du Duralumin, 1937, 25 p.

Publicité des Cycles Barra.

Tandem Barra en aluminium, 18 kg, ca. 1950.
Photo : site web du MAI.

Collections et musées

Coll. Grandseigne, Sceaux, France.

Coll. Raymond Henry, Entraigues s/Sorgue, France.

MAI, Saint-Étienne, France.

Science Museum, London, Grande-Bretagne.

Transport Museum, Coventry, Angleterre.

Conclusion

« Un cycliste doit toujours être plus poli qu'un automobiliste… parce qu'il occupe une situation plus élevée[282]. »

Tout comme le « Cheval bleu », la sculpture de B.K Adams qui illustre la couverture de ce livre, le cyclisme peut être observé sous une multitude d'angles et être présenté à divers degrés d'analyse. Notre ouvrage n'a certainement pas la prétention d'avoir épuisé le sujet, ni même de constituer une encyclopédie complète des machines cyclistes. Il pourrait être approfondi et élargi à d'autres domaines, comme ceux par exemple de l'évolution sociétale, l'histoire économique et industrielle, et être complété par plus de détails techniques : l'étude d'aspects particuliers, comme ceux des matériaux, d'autres systèmes de transmission des forces, des roulements, des pneumatiques, du freinage, de l'éclairage, des accessoires, etc. Au besoin, nous renvoyons le lecteur vers notre bibliographie. Il y trouvera des pistes utiles à l'alimentation de sa curiosité et de ses recherches.

Notons également que notre bibliographie, mise à jour lors du présent travail, est également loin d'être exhaustive. Elle pourrait être complétée par autant d'ouvrages de fiction, de récits de voyage, ou simplement d'écrits appartenant à d'autres langues que le français ou l'anglais. Un flot de nouveaux livres continue aussi d'affluer sur le marché, preuve que le cyclisme demeure un sujet qui passionne de nombreux adeptes. Une partie de ces publications traite plus spécialement des machines et des mécaniques. Ce seul aspect constitue un sujet dont l'ampleur surprendra le néophyte, et nous encourageons l'amateur à poursuivre l'étude des points qui l'intéressent par des recherches personnelles. Par delà l'approche livresque, soulignons encore que rien ne remplacera la pratique. Pour les machines, le contact direct avec les pièces historiques deviendra lui aussi indispensable[283].

Lorsque l'on observe le public des musées, on est parfois surpris par la rapidité avec laquelle certains visiteurs survolent les collections exposées. Trop souvent aussi, le jeune public néglige de nombreux détails, qui sont

---

282 Paraphrase d'une sentence de Louis Baudry de Saunier, dans *Recettes utiles et procédés vélocipédiques*, Paris, 1893.

283 Pour rappel, une liste de près de 200 collections de cycles est répertoriée et mise à jour sur le site de Robert Štěrba : http://www.sterba-bike.cz/section/contacts?lang=EN.

cependant souvent la clé de la compréhension. Nous espérons par la présente publication contribuer à sensibiliser le public à la richesse technique et culturelle de cette merveilleuse machine qu'est le cycle. Ce dernier représente un concept mécanique fondamental dont l'éclosion a posé les premiers jalons de la naissance de l'automobile. Si cette dernière semble avoir oublié ses origines modestes, force est de constater que notre siècle est condamné à remettre en question ses modes et ses moyens de locomotion. Pour le bien de tous, la voiture devra solutionner les problèmes liés à ses nuisances, et c'est dans cette optique que nous osons penser que le vélo participera pour une part importante à l'apaisement les villes. Depuis la révolution industrielle, la marche du progrès technologique s'en est allée à un rythme sans cesse accéléré, sans prendre de recul, sans en mesurer les réelles conséquences. La belle voiture flatte son propriétaire, mais la vieille idée selon laquelle le cycliste serait un « automobiliste déchu »[284] doit être reléguée au passé. Le vélo et sa « chevalerie » sont en prise directe sur le monde actuel. Il participe plus que jamais à la modernité, et nous espérons que ce livre contribuera à la revalorisation de l'image du cycliste, celle d'un citoyen responsable.

Deux siècles après l'invention de la draisienne le vélo appartient à l'héritage de l'Humanité, mais comme ce sera trop souvent le cas dans notre vieille Europe, théâtre de tant de conflits d'intérêts, la mise en scène de son histoire a souvent été la proie de divers nationalismes. Le vélo, humble moyen de déplacement, est aussi une voie de contemplation et de méditations diverses et nous sommes ravis que notre époque se soit dégagée de ces entraves superflues. Tournons notre regard vers l'essentiel : la pureté du geste, l'inoffensif, la beauté d'une harmonie entre une machine et l'homme.

> « Ils ne comprennent pas que le progrès est une arme à deux tranchants quand il est désordonné comme l'est un peu trop celui d'aujourd'hui, basé sur un matérialisme vorace, ignorant et cruel, ivre des seules jouissances ou soi-disant telles du présent. Arme admirable de paix, en principe, Mars veut l'arracher des mains de Cérès, à d'effroyables fins. »
>
> Louis Bonneville, in *Le vélo, fils de France*, 1938.

Puisse le vélo nous aider à retrouver notre simplicité, voire notre nature profonde. Nous sommes persuadés qu'il peut nous emmener vers un monde plus équilibré, en harmonie avec sa véritable raison d'exister. – G.D.S., 2018

---

284 Selon l'expression de Jacques Faizant : « Le cycliste n'est pas un automobiliste déchu. C'est un piéton miraculé. »

Bibliographie

mise à jour en août 2018

Orientations bibliographiques – Ouvrages de référence

La présente sélection d'ouvrages consacrés au cyclisme est la dernière mise à jour de la bibliographie de notre livre *Le cyclisme dans les livres et les revues* (L'Harmattan, 2015, p. 26-91, comprenant 1.021 références) qui, souhaitons-le, devrait dans le futur continuer à être actualisée sur Internet[285]. Il sera toujours intéressant de prendre en considération toutes les facettes de l'histoire du cyclisme : points de vue historique, sociologique, socio-économique, sportif, récréatif, artistique, « philosophique »... Dans le cadre de ce travail, nous attirons plus spécialement l'attention des lecteurs sur les publications qui abordent l'aspect technologique de l'évolution du cycle, et plus particulièrement sur la transformation de l'effort musculaire appliqué à des pédales en une translation du système corps-machine. À partir de ces sources, il sera encore possible de trouver d'autres orientations bibliographiques, des liens vers des sites web (Gallica et autres bibliothèques virtuelles...). Un bon nombre de références citées pourront aussi être localisées physiquement par l'outil informatique. Sur Internet, l'offre à la lecture libre de publications anciennes, voire plus récentes, évolue de jour en jour. Il sera donc toujours conseillé d'introduire chaque référence dans son moteur de recherche.

L'ensemble de ces notices bibliographiques pourrait faire l'objet d'une classification : bibliographie générale sur l'évolution du cycle, études concernant les aspects techniques et la mécanique cycliste, monographies portant sur une marque ou un fabricant, catalogues d'expositions, répertoires, catalogues de marques, etc. Dans la mesure où beaucoup de ces ouvrages relèvent de plusieurs domaines d'investigation, et étant donné que les titres des publications sont le plus souvent assez explicites, nos notices seront

---

[285] Gérard De Smaele, *Le cyclisme dans les livres et les revues : Entre deux expositions universelles (Paris, 1867-Bruxelles, 1958)... et après*, Paris, L'Harmattan, 2015, 298 p. Préfaces de Keizo Kobayashi et d'Isabelle Lesens. Postface de Jean Durry. Mise à jour : www.desmaele5str.be (« Publications »).
Voir le site de l'éditeur :
http://www.editionsharmattan.fr/index.asp?navig=catalogue&obj=livre&no=46117.
Voir aussi l'aperçu sur Google et sur You Scribe :
http://www.youscribe.com/catalogue/livres/loisirs-et-hobbies/sports/le-cyclisme-dans-les-livres-et-les-revues-2550953.

simplement présentées en ordre alphabétique : par auteurs, par titres des ouvrages anonymes et par titres de périodiques. Au besoin, certaines de ces notices seront complétées par une brève indication du ou des thèmes abordés.

D'autre part, il serait fastidieux de relever tous les articles de périodiques. Le choix a été pris de nous limiter aux titres des revues directement en rapport avec notre propos et d'indiquer au fil de l'ouvrage les titres de revues ou références d'articles utiles à l'illustration du sujet présenté. Néanmoins, un choix limité d'articles sera joint à notre répertoire. Libre au lecteur d'en ajouter d'autres.

A

ABBOTT Allan, WILSON David Gordon, *Human-Powered Vehicules*, Champaign, Human Kinetics Publishers, 1995, 279 p.

Actes de la deuxième conférence internationale sur l'histoire du cycle. Organisée par le MAI et la FFCT, Saint-Étienne, juin 1991, 144 p.

ADAMS G. Donald, *Collecting and Restoring Antique Bicycles*, Orchard Park NY, Pedaling History / Burgwardt Bicycle Museum, 1996, 369 p.

A'GREEN Georges, *This Great Club of Ours: The Story of the C.T.C.*, London, The Cyclists' Touring Club, 1953, 95 p.

AGUDO Shirley, *The Dutch and their Bikes: Scenes from a Nation of Cyclists*, Xpat Scriptum Publishers, 2017, 352 p.

AHETZE J.-C. d', *Roue libre !*, illustrations d'Uzelac, Nice, Éditions des Douze, 1940, 136 p. – réédité en 1947 sous le titre *En roue libre.*

ALBERNY Renaud, *Des grands hommes à vélo*, Grenoble, Glénat, 1998, 135 p.

ALBIN M., *Perfectionnez votre bicyclette*, Paris, Société Française d'Édition, 1952, 24 p.

Album vélocipédique, Gébert et Thiévin, 1891 et 1892, 396 p.

ALLAIS Alphonse, *Pour cause de fin de bail : œuvres anthumes*, Paris, La Revue blanche, 1899.

ALLARD Marcel, *L'école de cyclisme*, Paris, Amphora, 1976, 212 p.

ALLEN James Titus, *Digest of Cycles or Velocipedes, with Attachements Patented in the United States from 1789 to 1892*, 2 vol., US Patent Office (USPO), 1892 – voir USPO.

ALLEN Thomas G., SACHTLEBEN William L., *Across Asia on a Bicycle*, New York, The Century Co., 1894 (Inkling Books, 2013).

Allez Maurice ! De l'aube du cyclisme aux triomphes de Maurice Garin, Commune d'Arvier, impr. Musumeci, 1983, 181 p.

Almanach illustré de la vélocipédie de 1895, Paris, L'Industrie vélocipédique, 156 p.

Almanach des vélocipèdes illustré, par un cheval sans ouvrage, Librairie du Petit Journal, 1869, 96 p. – voir LESCLIDE Richard.

Almanach du vélocipède pour 1870, Paris, Le Vélocipède illustré, 1870, 96 p – voir aussi LESCLIDE Richard.

ALMERAS Henri d', *La vie parisienne sous la Restauration*, Paris, Albin Michel, 1910, 418 p.

ALTHUSER Jean, *Pierre Michaux et ses fils pionniers de la grande épopée du vélo*, Bar-le-Duc, chez l'auteur (Verdun, Impr. Lefèvre), 1986, 28 p. – aussi au Musée du Cycle de Trois-Fontaines – traduit en anglais par Derek Roberts : *Pierre Michaux and His Sons, The Pioneers of the Bicycle*, Jim Willis, 1986, 28 p.

AMBROSE Tom, *The History of Cycling in Fifty Bikes*, Rodale Books, 2013, 224 p.

American Bicyclist, revue courante.

AMEYE Thomas, DE ZAEYTIJD Dries, *Koers is Religie: Een catechismus van het wielrennen*, Kannibaal & Wielermuseum Roeselare, catalogue de l'exposition à la Paterskerk de Roeselare, 2015.

AMIART J.-Fr. (et collectif d'auteurs), *Le vélocipède interactif*, Saint-Étienne, École supérieure d'art et de design, CD multimédia, 1997.

AMICIS de Edmondo, *La tentation de la bicyclette*, Paris, Éditions du Sonneur, 2009, 48 p. – traduction de l'édition originale parue en italien, vers 1900.

ANDREWS Guy, *The Brooks Compendium of Cycling Culture*, Thames and Hudson, 2017, 182 p.

ANDREWS Guy, *Magnum Cycling*, Thames and Hudson, 2016, 224 p.

ANDRIC Dragoslav, GAVRIC Branco, SIMONS Willem Jacob, *Les bicyclettes : 200 ans d'histoire de la « Petite Reine »*, trad. Jeanne Bouniort, [Paris], Ars Mundi, 1990, 208 p. Édition hollandaise : *Fietsen: van loopfiets tot mountain bike*, Haarlem, Schuyt, 1990, 208 p. Titre original : *Two Centuries of the Bicycle*, 1990.

ANGELI M., *Cours de cyclisme sportif*, Paris, De Vecchi, 1994, 154 p.

ANGOT Marcel, *« La clé à 8 trous »*, *Entretien-réparation*, Paris, *Le Cycle* (Les Cahiers du *Cycle*) / SOCLAM, 2e édition, 1982, 88 p. – assisté de Claude Lavaud.

Annuaire de 1887 de l'Union Vélocipédique de France, 372 p., publié par les soins d'Henri Pagis, en vente chez M. L. Villetard, trésorier de l'union, Paris.

Annuaire de l'Union Vélocipédique de France. Annuaire de 1895, 8e année, Paris, Société des Publications Périodiques, 4 vol., 117 p., 225 p., 235 p., 91 p.

Annuaire du cyclotourisme. Recueil de voyages et d'excursions cyclistes, Saint-Étienne, Le Cycliste, 1893-1894, 186 p.

Annuaire du Touring-Club de France pour 1982, Paris, TCF.

Annuaire général de la vélocipédie (1892-1893), Paris, Imprimerie de la bourse de commerce, 1892, 600 p. – voir aussi THÉVIN F., HOURY Ch.

Annuaire général de la vélocipédie, des machines à coudre et des industries qui s'y rattachent, Paris, Annuaire Didot-Bottin, 1925, 2196 p.

Annuaire officiel de la Ligue vélocipédique belge, Bruxelles, Revue vélocipédique belge, ca. 1895.

ANQUETIL Jacques, CHANY Pierre, SCOB Michel, *Cyclisme*, *compétition*, *loisir*, Paris, Robert Laffont, 1975, 195 p.

ANQUETIL Janine, CHANY Pierre, *Anquetil*, Paris, Hatier, 1971, 156 p.

ANTONY (pseudonyme d'Henri De Bray) & FAUVEAU F., *L'art de vaincre à vélo*, préface d'Édouard de Perrodil, Paris, Impr. Casse-grain, 1894, 128 p.

AOKI Takahiro, *Alex Moulton 90th Anniversary*, *Alex Moulton Bicycle Exhibition*, catalogue d'exposition, Daikanyama Hillside Terrace, 2010, 156 p.

ARCY Gillen d', PIGNARRE Philippe, *L'année sans été*, Paris, La Découverte, 2016, 304 p.

ARMAN, *Les cycles de vie*, Paris, Galerie Anne Lettrée, 2002.

The Arnfield's Derailler Collection, collection d'Arnfield Schmitz – sur le blog de Tony Hadland.

Art et bicyclette, exposition du 11.12.2011 au 03.06.2012, Mouans-Sartoux, Espace de l'Art Concret. Commissariat : Paul Ardenne et Fabienne Fulchéri, assistés d'Alexandra Deslys. Voir à l'adresse : http://www.espacedelartconcret.fr/uploads/fichiers_pdf/ressources/expositions_temporaires/2011/art_bicyclette/Dpresse_art_bicyclette_09_12_2011.pdf.

ASTIE Charles, *Musée virtuel du vélocipède : 1817-2000*, Toulouse, Cépaduès, 2003, 175 p.

AUBRY J.-H., HAURIGOT G., ROBIN A., *Itinéraires vélocipédiques*, Paris, Larousse (Guides Larousse illustrés, séries rouges, vertes et bleues, 20 vol. Publié avec le concours de l'U.V.F.), 1894, 36 p.

AUGÉ Marc, *Éloge de la bicyclette*, Paris, Payot & Rivage, 2008, 93 p.

AUGENDRE Jacques, *Les cols durs, 30 cols français examinés à la loupe*, Paris, SOCLAM, coll. « Les Cahiers du *Cycle* », 1979, 66 p.

AUGENDRE Jacques, *Le Tour. Abécédaire insolite*, Paris, Solar, 2011, 427 p.

AUGENDRE Jacques, *Historique du Tour de France*, 2012, http://www.letour.com/le-tour/2012/docs/Historique-VERSION_INTEGRALE-fr.pdf.

AUGENDRE Jacques, CHAPATTE Robert, *Cyclisme : technique, entraînement, compétition*, Condé-sur-Noireau, 1964, 116 p.

AUGENDRE Jacques, CHAPATTE Robert, *Histoires de cyclisme*, Paris, Calmann-Lévy, 1966, 253 p.

AUGENDRE Jacques, CORMIER Jean, LASSUS Symbad de, *Antoine Blondin : la légende du Tour*, Monaco, Le Rocher, 2015, 212 p.

AURENCHE Henry, *Mémoires d'une bicyclette*, Paris, Ollendorff, 1923, 184 p.

AUROUSSEAU Philippe, *Paul Ordner : 40 ans de dessin sportif, humoristique et politique*, Montigny-le-Bretonneux, Éditions de l'oncle Archibald, 2014, 168 p. – cyclisme omniprésent.

Auto (L'), revue omnisport, directeur Henri Desgrange, 1903 – (fait suite à *L'Auto-Vélo*, revue omnisport. *L'Équipe* succède à *L'Auto* en 1946.)

Auto-Vélo (L'), Journal comique et illustré, revue cycliste, rédacteur en chef Mascabille, 1897. Fusionne avec *La Trompe* pour donner *Auto-Vélo-La Trompe*.

Auto-Vélo (L'), revue omnisport, directeur-rédacteur en chef Henri Desgrange, 1900.

B

BABILOTTE Ingrid, *Le marché de la bicyclette en France, 1879-1914*, Paris, Université Panthéon-Sorbonne, 2001, 198 p. – mémoire de maîtrise.

BABILOTTE Ingrid, *Le marché de la bicyclette en France de la fin du* XIX*e* *siècle à nos jours. L'histoire cyclique d'une mobilité décriée, acceptée, enviée et renouvelée*, thèse de doctorat d'histoire sous la direction de Jacques Marseille, Université Panthéon-Sorbonne Paris I, 2012, 2 vol., 456 p., 116 p.

BABILOTTE Ingrid, *Le marché de la bicyclette en région parisienne dans l'entre-deux-guerres* – mémoire de master, sous la direction de Jacques Marseille.

BABY Daniel, *Vade-mecum du véloceman, conseils pratiques*, Pau, Impr. G. Cazaux, 1888, 92 p. – voir KOBAYASHI Keizo, *Pour une bibliographie du cyclisme*, p. 53.

BAKER d'ISY Albert *et al.*, *Roger Rivière, ce phénomène*, Paris, Éditions du Monde, 1957, 40 p.

BALAN Sandrine, DÉON Bernard, *Les cycles anciens de la collection Butheau*, Montbard, Musée Buffon, 1997, 22 p.

BALLANTINE Richard, GRANT Richard, *Réparation et entretien de votre vélo*, Paris, Hachette, 1995, 96 p.

BALLERET Jean-Louis, « Les débuts du cyclisme dans la Nièvre (1865-1900) », Nevers, Camosine (Caisse des Monuments et Sites de la Nièvre), *Les Annales des pays nivernais*, n° 139, 2010, 32 p.

BALLIF Jacques, *Exposition rétrospective du cycle au salon de l'automobile, du cycle et des sports, décembre 1906*, 48 pl. photos noir ; 27 x 19 cm. – album de l'exposition, du 07 au 23 décembre 1906, à Paris, au Grand Palais, et offert par J. Ballif à la bibliothèque du T-C F.

BALLY S. E., *Six semaines de vacances en vélocipède*, London, Percival & Co., 1891, 124 p.

BARONCELLI Adrien de, *L'annuaire de la vélocipédie pratique, 1883-1884*, Paris, chez l'auteur, 1883, 152 p. Rééd. sous le titre : *La vélocipédie pratique.*

BARONCELLI Adrien de, *Guide des environs de Paris à l'usage des vélocemen*, Paris, chez l'auteur, 1884, 167 p.

BARONCELLI Adrien de, *Guide des environs de Paris dans un rayon moyen de 140 kilomètres, avec l'itinéraire abrégé de la France indiquant les voies vélocipédiques... manuel des distances à l'usage des vélocemen*, Paris, 1889, 456 p.

BARONCELLI Adrien de, *Guide routier de la France à l'usage des cyclistes et de la locomotion automobile*, Paris, Firmin-Didot, s.d., 425 p.

BARONCELLI Adrien de, *Guide routier du véloceman en France et en Europe*, Paris, 1891, 352 p.

BARONCELLI Adrien de, *Guide vélocipédique des environs de Compiègne*, Paris.

BARONCELLI Adrien de, *Guide vélocipédique de la Forêt et des environs de Fontainebleau*, Paris, 1886.

BARONCELLI Adrien de, *Itinéraires vélocipédiques* (plusieurs brochures séparées).

BARONCELLI Adrien de, *La vélocipédie pratique*, Paris, chez l'auteur, plusieurs éditions de 1885 à 1889, 84 p. – (son ouvrage le plus important).

BARONCELLI Adrien de, *Guides routiers régionaux à l'usage des cyclistes et de la locomotion automobile*, n° 1 à 15 (Ardennes, Bretagne, Dauphiné et Savoie, Environs de Paris, Jura et Suisse, Littoral de l'Océan, Morvan et Bourgogne, Normandie, etc.), Paris, Impr. G. Maurin, 1900.

BARTLEET Horace Wilton, *Bartleet's Bicycle Book*, London, J. Burrow & Co. Ltd., 1931 (Pinkerton, 1983/V-C C, 1993), 186 p.

BARTHES Roland, *Mythologies*, Paris, Seuil, coll. « Point », 1957, 252 p. – voir « Le Tour de France comme épopée », p. 125-135.

BASTIDE Roger, *Doping. Les surhommes du vélo*, Paris, R. Solar, 1970, 256 p.

BASTIDE Roger, *Eddy Merckx cet inconnu*, Verviers, Marabout, 1972, 126 p.

BASTIDE Roger, *Prestige du cyclisme*, Paris, Pac, coll. « Grands du sport », 1977, 296 p.

BATCHELOR Laurence Anthony, « The Industrial Development and Restructuring of Coventry Industry », in *A Great Munition Centre*, Coventry University, 2008 – thèse.

BAUDIN Cl., DION Albert de, BOUTON Georges, *Images du passé, 1883-1926 : La création de l'automobile en France*, Paris, Blondel La Rougery, 1937, 125 p.

BAUDRY DE SAUNIER Louis, *Histoire générale de la vélocipédie*, Paris, P. Ollendorff, 1891, 321 p.

BAUDRY DE SAUNIER Louis, *Le cyclisme théorique et pratique*, Paris, Librairie illustrée, 1892, 588 p. – (fac-similé, Maxtor, 2011).

BAUDRY DE SAUNIER Louis, *Les mémoires de Terront. Sa vie, ses performances, son mode d'entraînement*, revus et mis en ordre par Louis Baudry de Saunier Paris, chez l'auteur, 1893, 252 p. – Précédés d'un hommage d'Henri Desgrange et d'une introduction de Jacques Seray, Paris, Prosport, 1980, 183 p.

BAUDRY DE SAUNIER Louis, *L'art de bien monter la bicyclette*, Paris, chez l'auteur, 1894, 160 p.

BAUDRY DE SAUNIER Louis, *Recettes utiles et procédés vélocipédiques*, Paris, chez l'auteur, 1894, 131 p.

BAUDRY DE SAUNIER Louis, *L'art de la bicyclette*, Paris, chez l'auteur, 1896, 254 p.

BAUDRY DE SAUNIER Louis, *Manuel pratique de la bicyclette*, Paris, Dunod, 1901, 297 p.

BAUDRY DE SAUNIER Louis, *Ma petite bicyclette. Son anatomie*, Paris, Ernest Flammarion, 1925, 222 p.

BAUDRY DE SAUNIER Louis, *Ma petite bicyclette. Sa pratique*, Paris, Ernest Flammarion, 1925, 157 p.

BAUDRY DE SAUNIER Louis, DOLLFUS Charles, GEOFFROY Edgar de, *Histoire de la locomotion terrestre, La voiture, le cycle, l'automobile*, Paris, *L'Illustration*, 1936, 446 p. (chapitre sur le cycle dans vol. II).

BAUER Carl Johann Siegmund, LESSING Hans-Erhard, *Das erste Zweirad fuhr in Mannheim: die früheste Beschreibung der Drais'schen Laufmaschine 1817*, Nürnberg, 1817 ; fac-similé : Mannheim, Verl. der Quadrate-Buchhandlung, 2001 – Westhafen Verlag, 2016, 112 p.

BAUGÉ Alphonse, *Le secret de Choppy*, Paris, Librairie de l'Auto, 1901.

BAUGÉ Alphonse, *Le tour de France 1907 : Lettres à mon directeur*, Paris, Librairie de l'Auto, 1908, 119 p.

BAUGÉ Alphonse, *Messieurs les coureurs. Vérités, anecdotes et réflexions sur les courses cyclistes et les coureurs*, Paris, Garnier Frères, 1925, 160 p.

BAUWENS Pierre, *Le test du vélo*, *Belgique*, Éditions Axono, s.d. (1999).

Bearings : The Cycling Magazine.

BEAU Jules, *Collection de photographies sportives*, t. I, 1894-1895.

BEAUFILS Armel, MALEPEYRE F.L., *La bicyclette devant la loi*, Paris, Marchal et Billard, 1897, 265 p.

BECKER Annette, LAMPE Stefanie, NEGUSSIE Lessano *et al.*, *Ride a Bike: Reclaim the city*, Basel, Birkhaüser, 2018, 280 p. [catalogue de l'exposition au Deutsches Architekturmuseum de Frankfort, 2018].

BEELEY Serena, *A History of Bicycles*, Studio EDNS, 1992, 144 p.

Béhobie-Handicap, nouvelle vélocipédique illustrée, par E.C., Bordeaux, Librairie nouvelle, 1888 (édité par le *Véloce-Sport*).

BELANDO Laurent, *Vélos urbains : de la roue libre au fixie*, Éditions Tana, 2015, 192 p.

BELLENCONTRE Désiré, *Hygiène du vélocipède*, Paris, L. Richard, 1869, 39 p.

BELLUT André, *De la voiture au vélo. En route vers le changement*, Paris, Dangles, 2011.

BENON, *Origine du vélocipède, le vélocipède actuel, le vélocipède à trois roues*, Paris, Imprimerie Guérin, 1868, 23 p. – voir KOBAYASHI Keizo, Pour une bibliographie du cyclisme, p. 368.

BERNARD J., TOUCHEBEUF L., *Petits clichés et grandes épreuves. Guide photographique du touriste cycliste*, Paris, Gauthier-Villars, 1898, 148 p.

BERNARD M.-L., DUMONT F., *Affiches sportives en Belgique, 1890-1940*, Exposition au Passage 44 à Bruxelles, Bruxelles, Crédit communal, 1981-1982, 141 p.

BERNARD Tristan, *Allez messieurs*, Paris, Ollendorff, 1897, 40 p.

BERRUYER Alfred, *Manuel du véloceman : notice, système, nomenclature, pratique, art et avenir des vélocipèdes*, Grenoble, Typographie de F. Allier, 1869, 84 p. – (aussi : Grenoble, Prud'homme, 1869).

BERRUYER Alfred, *Caducêtres ou jambes étrières pour vélocipède*, Grenoble, F. Allier, 1869, 8 p.

BERTHET Marcel, LATOUR André, *Le cyclisme*, Paris, Nilsson, s.d. [1914 ou 1922], 64 p.

BERTHO-LAVENIR Catherine, *La roue et le stylo : comment nous sommes devenus touristes*, Paris, Odille Jacob, coll. « Le Champ médiologique », 1999, 438 p.

BERTHO-LAVENIR Catherine, *Voyages à vélo : du vélocipède au Vélib'*, Paris, Paris Bibliothèques, 2011, 128 p.

BERTHO-LAVENIR Catherine, VALLET Odon (collectif d'auteurs, coordonné par), *La bicyclette*, Paris, Gallimard, coll. « Les Cahiers de médiologie », 1998, 318 p.

BERTIN, « Vacances cyclistes de 1937 », manuscrit déposé au Touring-Club de France, 70 p.

BERTO Frank, *The Birth of Dirt*, San Francisco, Van der Plas, Cycle Publishing, 2008, 128 p.

BERTO Frank, SHEPHERD Ron, HENRY Raymond, *The Dancing Chain*, San Francisco, Van der Plas, 2009 (3rd ed. revised, updated and expanded), 400 p.

BERTOT Jean, *La France en bicyclette, étapes d'un touriste, de Paris à Grenoble et à Marseille*, Paris, May et Motteroz, 1894, 412 p. – (réédité par Les Artisans Voyageurs).

BERTOT Jean, *Guides du cycliste en France. De Paris à Grenoble*, Paris, Ch. Mendel, 1895, 185 p.

BERTOT Jean, *Guides du cycliste en France. De Paris au Nord de la France*, Paris, Charles Mendel, s.d., 238 p.

BERTOT Jean, *Guides du cycliste en France*, Paris, chez Ch. Mendel, 1895 – 12 guides : *De Paris à Grenoble, à Toulouse, au Nord de la France*, etc.

BESSE Louis, *La débauche*, Paris, Albin Michel, 1898 – roman cycliste.

BESSE Nadine, *Manufrance : l'album d'un siècle, 1885-1985* [Fonds photographique du Musée d'Art et d'Industrie de Saint-Étienne], Lyon, Fage, 2010, 335 p. – avec 1 DVD de 78 minutes.

BESSE Nadine, *Voici des ailes. Affiches de cycles*, catalogue d'exposition [Saint-Étienne, Musée d'Art et d'Industrie, 3 mai-22 septembre 2002], textes de Nadine Besse et Paul Fournel, Saint-Étienne, Musée d'Art et d'Industrie ; Paris, Réunion des musées nationaux, 2002, 127 p.

BESSE Nadine, *Le vélocipède objet de modernité. The Velocipede a Modern Object, 1860-1870*, catalogue d'exposition [Saint-Étienne, Musée d'Art et d'Industrie, 12 juin-31 octobre 2008], textes de Nadine Besse, Anne Henry, Keizo Kobayashi, David Herlihy, Alex Poyer, Scotford Lawrence, Nick Clayton, Milan, Silvana Editoriale, 2008, 239 p.

BESSE Nadine, BURDY Jean-Paul, ZACARINI Michèle (avant-propos d'André VANT), *L'usine modèle de Monsieur Mimard (1885-1938). L'industrie du cycle à Saint-Étienne. Aspects économiques, techniques, culturels et sociaux*, Saint-Étienne, Musée d'Art et d'Industrie, Mission du patrimoine ethnologique, Rapport de recherche, décembre 1982-avril 1984, 316 p.

BEVING Paul, *Le dictionnaire cycliste : historique complet du sport cycliste depuis ses origines au 31 décembre 1921*, Bruxelles, Société Anonyme d'Imprimerie, 1922, 148 p.

Biblio-cycles de Philippe ORGEBIN, Hervé LE CAHAIN et Jean-Yves MOUNIER, site d'information sur les parutions d'ouvrages sur le vélo, http://biblio-cyclesdephilippeorgebin.hautetfort.com

BEVINGTON William, *Japanese Steel*, Rizzioli International Publications, 2018, 240 p.

Bicycle, périodique, première parution en 1876.

Bicycle Journal, périodique, première parution en 1876.

Bicycle & Tricycles, annuaire fabricants anglais, 1885…

La Bicyclette, périodique, Paris, 1892-1897.

À bicyclette, Centre de l'affiche, de la carte postale et de l'art graphique, Toulouse, 1998 – catalogue d'exposition.

À bicyclette. Les Cycles des Collections Robert Grandseigne et Emmanuel Déhan, catalogue de l'exposition, Domaine départemental de Sceaux, du 2 juin 2014 au 31 mai 2015, 8 p.

Bicycle Quarterly, périodique courant, Seattle, édité par Jan Heine – (*Vintage Bicycle Quarterly* deviendra *Bicycle Quarterly*).

Bicycling News, périodique, Birmingham, première parution en 1876.

Bicycling Time (The), périodique, London, ca. 1880.

Bicycling and Tricycling Trades Review, Coventry / London, Illife & Sons, 1880s.

Bicycling World, périodique, Boston, ca. 1880 – réédition disponible : Charleston SC, League of American Wheelman, Vol. 17, 1888, 2011, 494 p.

BIDOT Jean, *Allez môme*, Paris, Nicea, 1953, 72 p.

BIDOT Jean, *Tu seras champion*, Paris, L'Écho des Sports, 1953, 160 p.

Bidwell Cycle Co. Cat., USA, 1892.

BIERRE René, *La préparation au sport cycliste*, Sceaux, Impr. Charaire ; Paris, Éditions de l'As, 1928, 96 p.

BIJKER, Wiebe, Of Bicycles, Bakelites, and Bulbs : Toward a Theory of Sociotechnical Change, 1997, MIT Press, 390 p. – reprint edition.

Bike Culture Quarlerly, périodique courant, Kriftel, Allemagne.

Bikelore, périodique courant, premier numéro en 2000 – voir KONRÁD Gábor et Mélanie. *Bike to the Future*, brochure accompagnant l'exposition éponyme, présentée au Design Museum de Gand, du 25 mars au 23 octobre 2016, 111 notices – NL-EN-FR.

Bikeology, revue courante.

BIVORT, *Le Salon du Cycle 1894*, Paris, Impr. de la Bourse de Commerce, 1894, 32 p. (GA-pdf-*L'Industrie du cycle*, janvier 1894, numéro spécial).

BLANC Raymond, MEURAUD Sylvie, *Journal de véloscopie*, Le Creusot, Cracap, 1976, 42 p.

BLANC Yves, BADE Bruno, *Les vélos mythiques du Tour de France*, Neuilly-sur-Seine, Michel Lafon, 2003, 191 p. – édité avec le magazine *Le Cycle*.

BLISH Jeffrey, *La bicyclette*, Ottawa, Éditions de l'Homme, 1974, 231 p. – traduit de l'anglais.

BLONDEL Madeleine, PALLEGOIX Daniel, REBSAMEN François, *La gloire Terrot à travers ses affiches*, catalogue d'exposition, Dijon, Musée de la Vie bourguignonne, 2001, 122 p.

BLONDIN Antoine, *Sur le Tour de France*, Paris, Mazarine, 1979, 112 p.

BLONDIN Antoine, *L'Ironie du sport : chroniques de L'Équipe 1954-1982*, Paris, F. Bourin, 1988.

BLONDIN Antoine, *Tours de France : Chroniques de L'Équipe, 1954-1982*, Paris, La Table Ronde, 2001, 941 p.

BOBET Jean, *Le cyclisme*, Paris, Librairie Hachette, 1960, 64 p.

BOBET Jean, *Cyclisme de plaisance*, Paris, Prosport, 1980, 178 p.

BOBET Jean, BOBET Louison, *Une vélobiographie*, Paris, Gallimard NRF, 1958, coll. « L'Air du temps », 258 p.

BOBET Jean, CREFF A.-F., *La course en tête*, Paris, La Table Ronde, 1966, 184 p.

BOBET Louison, LE BERT Raymond, *En selle*, Paris, Points et Contre-Points, 1955, 124 p.

BOBET Louison, *Mes vélos et moi*, Paris, Éditions du Lys, 1951, 215 p.

BOBET Louison, *Champion cycliste*, Paris, Hachette, coll. « Bibliothèque Verte », 1959, 190 p.

The Boneshaker, périodique courant du V-C C.

BONNEVILLE Louis, *Les locomotions mécaniques. Origines : dates et faits*, Paris, Dunod, 1935.

BONNEVILLE Louis, *Le vélo fils de France*, Nice, ETAC, 1938, 278 p.

BORGÉ Jacques, VIASNOFF Nicolas, *Archives du vélo*, Paris, M. Trinckvel, 1998, 203 p.

BOSC Paul, article sur la position sur le vélo – non publié.

BOSSUT H., *Guide vélocipédique belge*, Louvain, Fontein, 1885.

BOSSUT H., *Itinéraires de la Belgique*, Bruxelles, 1890.

BOSSUT H., *Guide pratique du vélocipédiste pour les provinces de Namur, Luxembourg, Liège…*, Bruxelles, Le Cycliste belge, 1891, 128 p.

BOSSUT H., *Guide du vélocipédiste et du voyageur-touriste en général, comprenant la Belgique et les provinces limitrophes*, Bruxelles, Le Cycliste belge illustré, 1892, 380 p.

BOSSUT H., *Supplément au guide du vélocipédiste et voyageur-touriste en général, comprenant la Belgique et les provinces limitrophes*, Bruxelles, Le Cycliste belge, 1892, 70 p.

BOTREL Théodore, *Nos bicyclistes : opérette en un acte*, Paris, Bricon, 1895, 72 p.

Bottin du cycle et des industries connexes, Paris, Didot-Bottin, 1946, 1024 p. (et autres années) – publié depuis 1891.

BOTTOMLEY Joseph Firth, *The Velocipede: Its Past, Present and Its Future*, Warvick, National Cycle Archive (1st ed. 1869 – Kessinger Publishing, 2008), 144 p. – voir HADLAND Tony, LESSING Hans-Erhard, *Bicycle Design*, 2014, p. 538.

BOUGIER H., *Cycles et motocycles*, Paris, H. Dunod et E. Pinat, 1911, 259 p.

BOUILLON Louis, *Pierre Lallement, mécanicien, et l'invention du vélocipède : un compatriote oublié*, Reims, Matot, 1907.

BOULANGER Général, *Détermination des vitesses vélocipédique. Vélographie*, Bruxelles, Le cycliste belge illustré, 1894, 50 p.

BOUNY Dr Élisée, *Étude expérimentale du coup de pédale*, Paris, G. Steinheil, 1899, 75 p.

BOURGIER Jean-Paul, STARON Gérard, Conditions climatiques et compétitions cyclistes : atmosphères de courses, Paris, L'Harmattan, 2007, 315 p.

BOURLET Carlo, *Traité des bicycles et bicyclettes, suivi d'une Application à la construction des vélodromes*, Paris, Masson et Gauthier-Villars, coll. « Encyclopédie des aide-mémoire Léauté », section de l'ingénieur, n° 113 B, s.d. [1894], 232 p. – voir KOBAYASHI Keizo, *Pour une bibliographie du cyclisme*, p. 18.

BOURLET Carlo, *Nouveau traité des bicycles et des bicyclettes*, Paris, Masson et Gauthier-Villars, 1898, vol. 1, *Le travail*, 187 p., vol. 2, *Équilibre et direction*, 180 p.

BOURLET Carlo, « Étude sur la bicyclette », *Bulletin de la société mathématique de France*, tome 27, 1899, p. 47-67.

BOURLET Carlo, *La bicyclette, sa construction et sa forme*, Paris, *Le Génie Civil* et Gauthier-Villars, 1899, 228 p.

BOURLET Carlo, *Les bicyclettes : roue libre, freins, changements de vitesse*, Paris, Le Génie Civil, Touring-Club de France, 1902, 70 p.

BOURLET Carlo, Généralités : étude sur les lanternes des cycles internes à acétylène (modèle Jupiter), 1903.

BOURLET Carlo, *Les bicyclettes à rétropédalage*, Paris, *Le Génie Civil*, Extrait du journal *Le Génie Civil*, 1904, 24 p.

BOURLET Carlo, « La bicyclette à rétropédalage », Conférence du 31 janvier 1905, Paris, Secrétariat de l'Association française pour l'avancement des sciences, 10 p.

BOURLET Carlo, Sur la détermination de la surface d'une piste de vélodrome, chez l'auteur, 8 p.

BOUSSINESQ Joseph, *Aperçu sur la théorie de la bicyclette*, Paris, Gauthier-Villars, 1899, 18 p. – extrait du *Journal des mathématiques appliquées*, 1899.

BOUZIGUES Alcide, *Voyage fantastique en bicyclette de Paris à Lannamezan*, Paris, chez l'auteur, 1896, 182 p. (réédition en 1970 et chez Les Artisans Voyageurs en 2009).

BOWDEN Frank, *Cycling for Health and Points for Cyclists*, London, The Criterion Press, 1913, 49 p.

BOWDEN Gregory-Houston, *The History of Raleigh Cycle*, 1975 (1976), 216 p.

BOYER Marc, *Histoire générale du tourisme, du XVIe au XXIe siècle*, Paris, L'Harmattan, 2005, 327 p.

BRANDT Jobst, *The Bicycle Wheel*, Palo Alto CA, Avocet Inc., 1993, 3rd ed., 150 p.

BRANS Lionel, *Seul à bicyclette de Paris à Saïgon*, 73 photographies de l'auteur, Paris, Amiot-Dumont, 1950, 339 p.

BRANT Richards, WORLAND Steve, RANCHOUX Vincent, *Le VTT*, Paris, Larousse, 1998, 159 p.

BREYER Victor, COQUELLE Robert, *Les Rois du cycle. Comment sont devenus champions Bourrillon, Cordang, Huret, Jacquelin, Morin, Protin*, Paris, E. Brocherioux, 1898, 333 p.

BREYER Victor, COQUELLE Robert, *Les Rois du cycle*, VI. *Protin*, Paris, E. Brocherioux, 1898, 61 p.

BREYER Victor, COQUELLE Robert, *Les géants de la route. Bordeaux-Paris*, Paris, E. Brocherioux, 1899, 108 p.

BRIAND Louis, BOSCUS Alain, *La révolution du cycle par la carte postale*, catalogue d'exposition, Castre, Centre national et Musée Jean Jaures, 1992, 120 p.

BRIAULT, *Les Pyrénées et l'Auvergne à bicyclette : Chartres à Gavarnie par Bordeaux, retour par Clermont*, Chartres, Impr. industrielle et commerciale, 1895, 213 p.

Le bricolage de la bicyclette : les outils, les conseils... (brochure distribuée par Élite), Fontaniva, Italy, ca. 2000, 45 p.

BRIMONT Comte Gabriel de, GILBERT Frédéric, *Guide vélo des environs de Paris et de toute la France*, Paris, Taride, 1896, 560 p.

BRIOLE Éric, EYCHENNE Florence, LERICHE Rodolphe, *Évolution technologique de la bicyclette*, mémoire de l'Université de technologie, Compiègne, 1988, 200 p. – Initiation à la recherche, histoire de la bicyclette, de ses origines mythologiques au vélo moderne, son évolution d'un point de vue technologique et social.

BRITISH MEDICAL ASSOCIATION, Dr Fleur FISHER project director, *Cycling Towards Health and Safety*, Oxford-New York, Oxford University Press, 1992, 159 p.

BROCK Steven, *Biciclette Fiorentine*, Inverness Press, 2008, 84 pages doubles – livre d'art – http://www.stevenbrock.com.

BROGAN Una, *Le vélo dans la littérature : les modernités alternatives d'un moyen de transport à propulsion humaine en Grande-Bretagne et en France, 1880-1920*, thèse de doctorat, Université de Paris 7, 2016, 467 p., français et anglais.

BROOKS Dr. Chris, *All About North American Acetylene Gas Bicycle Lamps*. Nijmegen, Dutch National Bicycle Museum Velorama, 2011.

BROOKS Dr. Chris, *Jack Kitchen, The Manchester Acetylene Gas Bicycle Lamps*.

BROUILLON Louis, *Un compatriote oublié : Pierre Lallement et l'invention du « vélocipède »*, Reims, Matot-Braine, 1907, 16 p.

BROWN Gérard, FIFE Greame, *The Elite Bicycle: Portraits of great marques, makers and designers*, London-New Delhi-New York-Sidney, Bloomsbury Publishing, 2013, 224 p.

BRUNEL Philippe, *Le Tour de France intime : seigneurs et forçats de la route*, Paris, Calmann-Lévy, 1995, 155 p.

BRUNEL Philippe, *Merckx intime*, Paris, Calmann-Lévy, 2002, 286 p.

BRUNO G. (nom de plume d'Augustine Fouillée, née Tuillerie), *Le tour de la France par deux enfants*, Paris, Librairie Belin, 1877 – plusieurs rééditions : 2000, 2006, 2012 – atteint 7,4 millions d'exemplaires en 1914 – un livre sans rapport avec le cyclisme, cité en raison de son titre et de sa signification générale.

BULGIER Mark, « Vintage Bike Catalog Archives (Vélo-Rétro) », en ligne : http://bulgier.net/pics/bike/Catalogs/

Bulletin officiel de la propriété industrielle, Paris, INPI, 1884-1901.

Bulletin officiel de l'UVF, périodique, 1890-1914.

BURGESS Tom – voir Velox.

BURGWARDT Carl, *Buffalo's Bicycles: Reflections on Buffalo's Colossal and Overlooked Bicycle Heritage*, Orchard Park, Pedaling History Bicycle Museum, 2001, 164 p.

BURROWS Mike, *Bicycle Design: Towards the Perfect Machine*, Mukilteo, Wa., Alpenbooks, 2000, 160 p.

BURROWS Mike, HADLAND Tony, *Bicycle Design. The Search for the Perfect Machine*, London, Snowbooks Ltd., 2008 (2000), 216 p.

BURY Pol, *L'art à bicyclette et la révolution à cheval*, Paris, Gallimard, 1972, 184 p.

BURY Viscount, HILLIER G. Lacy, *On Cycling*, London, Long-mans, Green and Co, 1887.

But-et-Club, périodique – voir Miroir des Sports.

BYASSON, GREFFIER, *Petit recueil de jurisprudence à l'usage des touristes, cyclistes et voyageurs*, Auch, T. Bouquet, 1899, 67 p.

BYRNE David, *Bicycle Diaries*, London, Faber and Faber, 2009, 297 p.

C

CABUY, *Cyclisme et philosophie, Badinage très rationnel en vers très prosaïques*, Ixelles, H. Coduys, 1900, 16 p.

CADIOU Georges, *Les pionniers du cyclisme breton*, Locus Solus, 2015, 192 p.

Caducycle, périodique de la Commission médicale de la FFC (Amicale cycliste du corps de santé, Société d'études médicales du cyclisme), de 1973 à 1984.

Caminiti Martin : sculptures, catalogue d'exposition, Nice, Musée national du Sport, 1994.

CAMPS Hugo, VANDENHAEGHE Stijn, *De Ronde*, Lido, 2011.

CAPOL J. de, *Guide de l'excursionniste, recommandé aux cyclistes*, Calais, Impr. Albeaux-Gérardin, 1895, 100 p.

CARD Peter W, *The Electric-Powered Bicycle Lamp : 1888-1948*, Birmingham, John Pinkerton Memorial Publishing Fund, 2006.

CARD Peter W., *Early Cycle Lighting: 1868-1948*, Ramsbury, The Crowood Press Ltd., 2007, 176 p.

CARLES Jacques, *La bicyclette et les tribunaux*, Moissac, Impr. J. Fauré, 1897, 44 p.

CARLTON Reid, *Roads Were Not Built for Cars: How Cyclists Were the First to Push for Good Roads and Became the Pioneers of Motoring*, Washington DC, Island Press, 2015 (2014).

CARLTON Reid, *Bike Boom : The Unexpected Resurgence of Cycling*, Washington DC, Island Press, 2017 (3rd ed.), 296 p.

CARRE Jean-René, « Les obstacles à l'usage du vélo, aspects sociologiques », in *Le vélo, un enjeu pour la ville*, Actes du 4e congrès national du club des villes cyclables, 1992, p. 8-12.

CARRÉ Pierre, *Bicyclettes et tandems à pétrole*, Paris et Nancy, Berger-Levrault et Cie, 1900, 14 p. (extrait de la *Revue d'artillerie*, juin 1900).

CARRÉ Pierre, *La bicyclette à moteur*, Paris, H. Morin, 1924, 139 p.

Cartes routières Taride, cartes pour cyclistes et automobilistes.

Cartes routières des environs de Paris, Paris, Lanée.

Cartes routières du TCF.

CARTOUX Paul, DECOIN Henri, *Le Roi de la pédale*, Paris, NRF Gallimard, 1925, 128 p.

Catalogue des brevets d'invention, 1872-1883, Paris, INPI.

Catalogue de la maison Jiel-Laval, Bordeaux.

Catalogue du Conservatoire National des Arts et Métiers : Transport sur route, Paris, 1953 – section DA, traction à moteur humain, p. 33 et suiv.

Catalogue officiel du 34e Salon de l'automobile, du cycle et des sports 1947, Paris, s.n., 1947.

A Catalogue of the Papers of the Cyclists' Touring Club, Cyclists', University of Warwick Library, 1878-, en ligne : http://web.warwick.ac.uk/services/library/mrc/ead/328c.htm.

Catalogue de la vente de la collection d'affiches de Gérard Buisset, Périgueux, 2003 – voir PAPON Mathias.

CAUNTER Cyril Francis, *The History and Development of Cycles as illustrated by the collection of cycles in the Science Museum*, Part 1: *Historical Survey*, London, Her Majesty's Stationery Office / Ministry of Education, Science Museum, 1955, 75 p.

CAUNTER Cyril Francis, *Handbook of the Collection Illustrating Cycles*, Part 2: *Catalogue of exhibits with descriptive notes*, London, Her Majesty's Stationery Office / Ministry of Education, Science Museum, 1958, 77 p.

CAUNTER Cyril Francis, *The History and Development of Cycles as illustrated by the collection of cycles in the Science Museum*, London, London Science Museum, 1972, 72 p.

CAVANNA François, MASSONNET Paul, *Le Tour de France*, Paris, Charpentier, 1960, 192 p. – préface de Géo Lefèvre.

100 ans de vélos, 60 ans de moto, catalogue de l'exposition itinérante présentée dans les villes étapes du Tour de France de 1936. Avec le soutien du ministère de la Culture et le concours du journal *L'Auto*, 1936 – Collection de R. Grandseigne.

CAZENTRE Thomas, *Petite Reine. Fous du vélo : photographies de Jules Beau*, Paris, BnF, 2016, 48 p.

CERFBERR Gaston de Médelsheim, RAMIN M.-V., *Le Dictionnaire de la femme*, Paris, Firmin-Didot, 1897, 732 p.

Cercle royal militaire de vélocipédie : statuts, Anvers, Impr. Van Caneghem, 1895, 18 p.

CHABANNES Jacques, *Bob, « Homme de Six-Jours »*, Paris, Ernest Flammarion, 1926, 247 p.

CHABANNES Jacques et RALPH, *Traité rationnel d'entraînement cycliste*, avec la collaboration de MM. Panosetti, Pernès, Thémar et Varnier. Lettre-préface de M. Henri Desgrange. Introduction de M. le Dr Socquet, Paris, La Pédale, 1926, 172 p.

CHAIX Henri, MARRE Philippe, *Paul de Vivie, alias Vélocio, 1853-1930*, Paris, *Le Cycliste*, 1954 – voir RABAULT André.

CHAMBAZ Bernard, *À mon Tour*, Paris, Seuil, 2003, 219 p.

CHAMBAZ Bernard, *Petite philosophie du vélo*, Paris, Flammarion, coll. « Champs », 2014, 130 p. – 1re édition parue aux Éditions Milan en 2008.

CHAMBAUD Laurent, *Des vélos dans la ville*, Presses de l'EHESP, 2016, 128 p.

CHAMPIN Jean, « Vélocio », ca. 1930 – extraits publiés dans *Cyclo-Magazine*. (Il ne subsiste qu'un seul exemplaire connu des quatre tapuscrits originaux.)

CHAMPONNIÈRE Just Lucas, *La bicyclette*, conférence faite à Caen le 10 août 1894 au congrès de l'Association française pour l'avancement des sciences, Paris, Léon Chailley, 1894, 48 p. – (extrait de *La Revue mensuelle du TCF*).

CHANY Pierre, *Arriva Coppy, ou les Rendez-vous du cyclisme*. Paris, La Table Ronde, 1960, coll. « L'Ordre du jour », 265 p.

CHANY Pierre, *Le Tour de France*, Paris, Plon, 1972, 432 p.

CHANY Pierre, *La fabuleuse histoire du cyclisme*, Paris, Odil, 1975, 1052 p.

CHANY Pierre, *La fabuleuse histoire du tour de France*, Paris, Odil, 1983, 832 p.

CHANY Pierre, *L'album 90 du cyclisme : avec l'histoire des « Nations », 1932-1990*, Lausanne, Favre, 1990, 213 p.

CHANY Pierre, CAZENEUVE Thierry, *La fabuleuse histoire du Tour de France*, Éditions de la Martinière, 2011, 1056 p.

CHANY Pierre, PRUDHOMME Christian, *La légende du Tour de France*, Genève, Minerva, 1998, 231 p. (2e éd.).

CHAPPAZ Claude, *Motobécane. Tout l'univers des deux roues par le timbre*, Paris, Bellamy et Martet, 1980, 55 p.

CHARRETON Pierre, *Les fêtes du corps : histoire et tendances de la littérature à thème sportif en France, 1870-1970*, Saint-Étienne, CIEREC, 1985, 175 p.

Chasseur français (Le). Organe universel de tous les sports et de la vie en plein air, revue omnisport, Saint-Étienne, 1re parution le 15 juin 1885.

CHAUSSINAND Bernard, *Claudius Bouillez (1887-1957), pionnier du dérailleur et disciple de Vélocio*, Saint-Étienne, chez l'auteur, 2002, 62 p.

CHAUSSINAND Bernard, *Joanny Pannel (1887-1970). Le Chemineau*, Saint-Étienne, chez l'auteur, 2004, 78 p.

CHAUSSINAND Bernard, *Un siècle de sport cycliste, associé à l'histoire de Saint-Étienne*, Saint-Étienne, chez l'auteur, 2010, 116 p.

CHAUSSINAND Bernard, *L'industrie du cycle à Saint-Étienne et dans le bassin de la Loire*, Saint-Étienne, chez l'auteur, 2014, 168 p.

CHÉRIÉ Alfred et Maurice, *Annuaire général illustré des cyclistes français et étrangers pour l'année 1892*, Paris, Ligue vélocipédique universelle, 1892, 323 p., supplément 49 p.

CHESAL René, *Cyclistes 100 % : avis, conseils, principes*, Paris, Guénivet et Coradin, 1937, 52 p.

CHESAL René, *De la course cycliste*, Paris, J. Susse, 1944, 141 p.

CHESAL René, *Le Tour et le cœur de la France à bicyclette*, Paris, Vigot Frères, 1947, 244 p.

CHESAL René, *Cinquantenaire de l'Union Cycliste Internationale, 1900-1950*, Paris, Raimbault, Rousselot et Grouver, 1950, 160 p.

CHESAL René, *Tour du monde à l'occasion des 16es Jeux olympiques*, Reims, Impr. du Nord-Est, 1957, 24 p. (extrait de *La France cycliste*).

CHEVALIER Alain, GALLON Catherine, *La France à bicyclette, 74 itinéraires étudiés par le Touring-Club de France*, Paris, Flammarion, 1975, 192 p.

CHÈZE Théodore, *Les forces de vivre : Claude Lenoir*, Paris, La Librairie Mondiale, 1907, 392 p.

CHIBOULT Dr, *La fabrication du pneumatique*, s.l., s.n., 1900, 48 p.

CHURCHILL, *Catalogue de la Maison Churchill*, Londres, ca. 1898, 328 p.

Cinquantenaire du Salon de l'automobile, du cycle et des sports, 1898-1948, 35ᵉ Salon, Paris, s.n., 1948.

CLAEYS Sarah, BARBA Anne-Valérie de, DEGAND Philippe, *Les cyclistes et le code*, Bruxelles, Gracq, 2005, 38 p.

Classic Lightweights UK: Devoted to classic UK and Italian lightweights, site créé en 2006 par Peter Underwood et Patricia Killiard, voir : http://www.classiclightweights.co.uk/index.html.

Classic Rendez-vous, en ligne : http://www.classicrendezvous.com.

CLAVERIE Guy *et al.*, *Musée Comtadin du cycle. Quelques trésors*, Pernes-les-Fontaines, Ville de Pernes-les-Fontaines, 2017, 36 p.

CLAYTON Nick, « Index of Makes and Makers of Bicycles », *The Boneshaker*, n° 106, 1984 – avec Glynn STOCKDALE.

CLAYTON Nick, *An Index of Makes and Makers of Ordinary bicycles*, Orphans Press Ltd., 1984, 12 p. – avec Glynn STOCKDALE (cf. *supra*).

CLAYTON Nick, « Index of Makes and Makers of Boneshakers Cycles », *The Boneshaker*, n° 115, 1987, p. 15-18.

CLAYTON Nick, *Early Bicycles*, Buckinghamshire, Shire Publications, 1998, 32 p. – album 173.

CLAYTON Nick, « Index of British Cycling Periodicals », *The Boneshaker*, n° 155, 2001, p. 30-35 – indique les lieux de consultation de ces périodiques.

CLAYTON Nick, *The Birth of the Bicycle*, Chalford, Amberley Publishing, 2016, 128 p.

CLÉMENT Daniel, *Cyclisme sur route. Initiation, entraînement, compétition*, Paris, Amphora, 1973 (1968), 151 p.

CLÉMENT Daniel, *Le cyclisme : de l'école à la compétition*, Paris, Amphora, 1979 (1968), 477 p.

COLACE-SCARABINO Gabrielle, *Pourquoi « Roue de bicyclette » est une œuvre d'art*, Lyon, Aléas, 2010, 214 p.

COLEMAN Glenn, CROWN Judith, *No Hands: The Rise and Fall of the Schwinn Bicycle Company, an American Institution*, NewYork, Henry Holt & Co., 1996, 350 p.

COLETTE Gabrielle-Sidonie, *Dans la foule*, Paris, Crès, 1923, 160 p. – « La fin d'un Tour de France », p. 83-92.

Collection de Monsieur X : 300 affiches sur le cycle, Paris, Galerie Artcurial, 2014, 32 p. – catalogue de vente, http://issuu.com/artcurialbpt/docs/2645?e=6268161/).

COLLET A., *Apprentissage rapide et emploi rationnel de la bicyclette*, Paris, Masson & Cie, 1898, 17 p.

CONAN Carole, ROCQUIGNY Virginie de, *Sur les pas de Jeanne*, autoproduit, Brest, 2013, 93 p. (d'après le manuscrit de Jeanne Loiselet, 1908).

Concours internationaux de cyclotourisme : 7e championnat de la bicyclette polymultipliée à Chanteloup (Seine-et-Oise) le 28 avril 1925 et Salon cyclotouriste de la route, organisés par le Touring Club de France, 4 p.

Conseils aux cyclistes touristes, Bruxelles, Touring-Club de Belgique, 1900.

COPPI Fausto, *Le drame de ma vie*, Paris, Bibl. France-Soir, 1950, 47 p.

COQUELLE Robert, HAMELLE Paul, *Major Taylor : ses débuts, sa carrière, ses aventures. Suivi de conseils d'entraînement de Zimmerman*, Montdidier, Impr. Grou-Radenez, 1907, 124 p.

CORMIER Jean, LASSUS Symbad de, *Antoine Blondin : La légende du Tour*, Éditions du Rocher, 2016, 204 p.

CORNIÉ Gaston, *Manuel technique et pratique du vélocipède*, Paris, Flammarion, 1892, 248 p.

COSTER Marc de, *Wieler Woordenboek*, Amsterdam, Thomas Rap, 1989, 225 p. – (plus le jargon cycliste français et les pseudonymes de coureurs).

« Costumes de la bicyclette », *L'Illustration*, numéro du 1er juillet 1893.

COSYN Arthur, MAINGIE L., *Guide du vélocipédiste aux environs de Bruxelles*, Bruxelles, Lebègue, 1894.

COUBERTIN Pierre de, *L'éducation en Angleterre : collèges et universités*, Paris, Hachette, 1888.

COULON Marcel, *Code du cycle*, Paris, A. Pedone, 1897, 157 p.

La course cycliste avant 1914 : 50 affiches du Musée du Sport, catalogue d'exposition, Brest, Musée de Brest, 1983.

COUSIN Christophe, *Le bonheur au bout du guidon*, Paris, Arthaud, 2005, 251 p.

COUTURIER Grégory, *Helyett. Dans le progrès, toujours en tête*, John Woodbridge, 2017, 176 p.

COWAN Peter, *Sun Cycles & Fittings Co. Ltd : A History 1885-1985*, Tenbury Wells, The Griffin Press, 1996, 80 p.

COX Peter, *Energy and the Bicycle: The Human Powered Vehicles in Perspective*, Chester, University of Chester, 2009 – (pdf-Academia.edu).

CRANINCKX Charles, *Le cyclisme belge en 1893*, Bruxelles, Fischlin, 1894.

CREFF Dr Albert-François, BÉRARD Léone, *Guide alimentaire du sportif*, Paris, Stock, 1966, 276 p.

CROWLEY T.E., *Discovering Old Bicycles*, Aylesbury, Shire Publications, 1973 (1978).

CROWN Judith, Glenn COLEMAN, No *Hands: The Rise and Fall of the Schwinn Bicycle Company, an American Institution*, Henry Holt & Co, 1996, 350 p.

The CTC Handbook, 1959.

CULLY Jean-Baptiste de, « Les différentes technologies de changements de vitesse sur le vélo », rapport de projet, 2010 – (mémoire non publié).

Curiosités cyclistes : roue libre, Paris-Nancy, Berger-Levrault, 1900, 14 p. – extrait de *La Revue d'artillerie*).

Le Cycle, périodique, 1945-1975.

Le Cycle, organe hebdomadaire spécial de vélocipédie, périodique, rédacteur en chef Louis Minart, Paris (n° 1 le samedi 29 août 1891).

Cycle Age and Trade review (The), revue américaine des années 1890.

Cycles d'art : 1896-1996, catalogue d'exposition, Roubaix, Musée d'Art et d'Industrie (Roubaix), 1996.

The cycle industry: Selected bibliography, with an emphasis on the industry in Coventry, http://trivelox.cambrianmoons.com/bibliography.htm (février 2018).

Cycle History, actes des conférences de l'ICHC, 1 vol. par an, depuis 1991.

Les cycles de l'innovation : la propriété industrielle illustrée par l'histoire du vélo, des origines à nos jours, catalogue d'exposition, direction du projet : Daniel HANGARD, Serge CHAMBAUD, Paris, Institut national de la propriété industrielle, 2003, 90 p.

Cycle magazine, Éditions Rossolis. Revue courante éditée en Suisse depuis 2013.

Cycle Revolution – exposition au Design Museum de Londres, 18.11.2015-30.06.2016.

Le cycle à Saint-Étienne : un siècle de savoir-faire - exposition au MAI du 28 juin 2014 au 5 janvier 2015 – voir CHAUSSINANT Bernard et VANT André, édition 2014.

Le cycle en 1900, catalogue d'exposition, Bibliothèque municipale de Castre, 1978.

Cycles et motocycles, des origines à 1935, catalogue d'exposition, Liège, Musée de la Vie wallonne, 1971, 104 p.

Cycling, mensuel anglais, à partir de 1878.

Cycling Life, revue américaine, XIXe siècle.

Cycling World Illustrated (The), revue anglaise, 1896.

Le cyclisme, périodique belge, 1935-1959 (par Paul Beving et Albert Van Laethem).

Le cyclisme et l'affiche avant 1914, catalogue d'exposition, Saumur, École nationale d'équitation, 1990.

Cyclist and Bicycling and Tricycling Trades Review (The), Coventry-London, Illife Sons and Sturmey Ltd., 1880s.

Cyclist's Indispensable Handbook and Year Book (The), 1899 et 1900.

Cyclist Touring Club, 1959 Handbook, London, CTC, 1959, 261 p.

Le Cycliste, périodique, Saint-Étienne, 1888-Paris 1973.

Le cycliste forézien, périodique, Saint-Étienne, 1887.

Les cyclistes dans la circulation, Bruxelles, Fondation Roi Baudouin, 1984, 122 p.

Cyclo-guides, FFCT, en ligne : www.ffct.org.

Cyclo-guides illustrés. Environs de Paris, Paris, Firmin Didot, 1896.

Cyclophile de l'Isère (Le), Organe du Vélo-Club grenoblois, fondé vers 1890.

Cyclotouriste (Le), périodique fondé en 1910.

Le cyclotourisme d'aujourd'hui, plaquette éditée par Hurtu, ca. 1938.

D

DALY Tom (2003), *The Story of Ireland's Unique Bike Race*, The Collins Press, 2003.

DARGENTON Michel, *La fabuleuse épopée de Bordeaux-Paris, le marathon de la route*, Seraing, Coups de pédales, 2002, 209 p. – numéro spécial de *Coups de pédales*, hors série, n° 15.

DARRAGON Louis, *Comment je suis devenu champion*, Paris, Librairie de l'Auto, 1911 [?].

DARYL Philippe (pseudonyme de Paschal Grousset), éd., *La vélocipédie pour tous, par un vétéran*, Paris, Librairies-Imprimeries réunies, 1892, 271 p. – réédition par les Éditions du Layet, sous le patronage de la F.F.C., 1987.

The Data Book, Osaka, Joto Ringyo Co., Ltd. Tsunezo Terashima, president of the Joto Ringyo Co., Ltd.

The Data Book: 100 Years of Bicycle Component and Accessory Design. Authentic Reprint Edition of The Data Book, San Francisco, Van der Plas, 1998, 209 p.

DAVIDSON Alan, McGURN James, *Encyclopedia 99: The International Buyers' Guide to Alternatives in Cycling*, Woodstock, Overlook Press, 1999, 146 p. – existe en version allemande : Der Ratgeber für Fahrradalternativen.

DAVIDSON Alan, McGURN James, *Encycleopedia 2001 : International Guide to Alternatives in Cycling*, Woodstock, Overlook Press, 2000, 168 p.

DAVIS A., *The Velocipede and How to Use It*, London, Davis, 1868 – reprint 1994, The National Cycle Archive.

DEBRAUX Pierre, *Étude des déterminants de la performance en cyclisme : puissance musculaire et aérodynamisme, application en BMX*, thèse de doctorat, Université de Reims, 2010, 253 p. En ligne : http://ebureau.univ-reims.fr/slide/files/quotas/SCD/theses/sciences/2010REIMS013.pdf.

DECKERT T., *Ode au véloce*, Bordeaux, Impr. G. Gounouilhou, 1890, 4 p.

DECRESPE Marius, *Le petit cycliste amateur*, Paris, Guyot, 1897, 190 p.

DEFRANCE Jacques, *Sociologie du sport*, Paris, La Découverte, 1995 (2011), 126 p.

DEGAUQUIER Claude, *Les stars du cyclisme belge : leur carrière, leur reconversion*, préface de Pierre Thonon, Neupré, Coups de pédales, 1994, 352 p.

DEHARME Ernest, *Les merveilles de la locomotion*, Paris, Hachette, 1874.

DELLA ROCCA Sébastien, « Le vélo sans chaîne », rapport de projet, 2009 – mémoire non publié.

DELMOTTE A., *Étude sommaire de vélocipédie*, Liège, 1897, 96 p.

DELORE Michel, *Cyclotourisme. La santé par la bicyclette*, Paris, Amphora, 1973, 197 p.

DELORE Michel, *Ma bicyclette : technique, entretien, réparations*, Paris, Amphora, 1975, 181 p.

DELORE Michel, *Guide du tourisme à bicyclette*, Paris, Amphora, 1976, 255 p.

DELORE Michel, *La pratique de la bicyclette... en toutes circonstances*, Paris, Amphora, 1978, 157 p.

DELORE Michel, *Manuel technique de la bicyclette*, Paris, Amphora, 1979, 181 p.

DELORE Michel, *Votre vélo pièce par pièce*, Paris, Amphora, 1983, 175 p.

DELORE Michel, *Le vélo aujourd'hui*, Paris, Amphora, 1991, 199 p.

DELORE Michel, THÉVENET Bernard, *Cyclisme : route, VTT, triathlon, cyclosport*, Paris, Amphora, 1992, 143 p.

DENIS Colonel, *La vélocipédie militaire*, Bordeaux, Le Véloce Sport, 1888.

DENIS Dominique, *Les comiques à bicyclette : l'histoire du vélo et du cirque de 1861 à 1995*, Aulnay-sous-Bois, Éditions Arts des 2 Mondes, 1998, 242 p.

DÉON Bernard, *Paris-Brest et retour : une légende centenaire*, Ravières, Déon, 1997.

DÉON Bernard, *Un siècle de brevets d'Audax cycliste*, Saint-Étienne, MAI, 2006, 560 p.

DÉON Bernard, SERAY Jacques, *Les revues cyclistes : des origines à nos jours*, Saint-Étienne, Association des Amis du MAI, 1996, 96 p.

DE RIDDER Cyrille, MAHISTRE Didier, *Alcyon, Championne de France du Tour*, ETAI, 2015

DÉSERT Gabriel, *Les débuts de l'emploi des vélocipèdes dans le Calvados*, Actes du 91e Congrès national des Sociétés savantes, Paris, Bibliothèque nationale, 1969.

DESGRANGE Henri, *La tête et les jambes*, Paris, L. Pochy, 1re édition, 1894, 215 p. – (Paris, Impr. H. Richard, 7e éd. 1930).

DESGRANGE Henri, *Alphonse Marcaux* (roman), Paris, L. Pochy, 1899, 284 p.

DESGRANGE Henri, *Mens sana*, Paris, Librairie de *L'Auto*, 1909, 324 p.

DESGRANGE Henri, *La vie sportive*, Paris, Librairie de *L'Auto*, 1913, 324 p.

DE SMAELE Gérard, *Le cyclisme dans les livres et les revues. Entre deux expositions universelles (Paris, 1867-Bruxelles, 1958)... et après*, Paris, L'Harmattan, 2015, 298 p.

DESMARTIS T.P., *Sur l'hygiène du vélocipède*, Bordeaux, 1869.

Deux-roues, bibliographie, Lille, Docaménor, 1975, 96 p. (dossier n° 60 de documentation Aménagement Nord-Picardie).

Le deux-roues du temps des Merveilleuses aux Années Folles, catalogue d'exposition, Bar-le-Duc, Musée Barrois, 1970.

DEVUN M., « L'industrie du cycle à Saint-Étienne », *Revue de_géographie alpine*, n° 1, 1947, p. 5-61.

DIEUDONNÉ Robert, *Bordeaux-Paris*, Paris, Société d'Éditions, 1923, 287 p.

Dingler's Polytechnisches Journal, périodique scientifique allemand, publié de 1874 à 1931 – fait suite au *Polytechnisches Journal* édité de 1820s à 18740.

DODGE Pryor, *La grande histoire du vélo*, introduction par David V. Herlihy, traduit de l'anglais par Frédéric Deschandol, Paris, Flammarion, 1996, 217 p.

DOLLFUS Charles, « Collection d'estampes conservée à la BnF » – (BnF-Cabinet des estampes).

DOLLFUS Charles, BAUDRY DE SAUNIER Louis, GEOFFROY Edgar de, *Histoire de la locomotion terrestre. La locomotion naturelle, l'attelage, la voiture, le cyclisme, la locomotion mécanique, l'automobile*, Paris, Éditions de L'Illustration, 1936 voir BAUDRY DE SAUNIER.

DONNEVOI V., *Dictionnaire vélocipédique illustré*, Paris, G. David, 1894, 68 p.

Dossiers de la Vélocithèque (Les), bulletin édité par Gérard SALMON, premier numéro en 1996.

DOYON A., LIAIGRE L., *Jacques Vaucanson, mécanicien de génie*, Paris, Presses universitaires de France, 1966, 557 p.

DRAULT Jean, *La pédale humanitaire, scènes de la vie vélocipédique*, Paris, Gauthier, 1893, 320 p.

DROUOT Capitaine Joseph-Émile, *Aide-mémoire du vélocipédiste militaire*, Paris, Pattey, 1892, 148 p.

DRUET Louis, *De l'entraînement comme moyen de combattre les effets déplorables de la vie sédentaire, son utilité dans certaines affections organiques causées par le ralentissement de la nutrition*, Paris, Henri Jouve, 1894, 74 p. – thèse.

DUBOIS Philippe (alias Vabontrain), VARENNES Henri, *Tous cyclistes : traité théorique et pratique de vélocipédie*, Paris, Garnier, 1894, 347 p.

DU CROS Arthur, *Wheels of Fortune: A Salute to Pioneers*, London, Chapman & Hall, 1938.

DUCUING François, *L'Exposition universelle de 1867 illustrée*, 30 numéros, Paris, Ducuing, 1867.

DUFRÉCHOU Alain, *Vélo et cyclotourisme*. Collection de la bibliothèque du Touring-Club de France : monographies et périodiques, Paris, Mairie de Paris, Bibliothèque du Tourisme et des Voyages, 2011, 36 p.

DUNCAN H.O., *20 ans de cyclisme pratique*, Paris, F. Juven, 1897, 263 p.

DUNCAN H.O., *The World on Wheels*, 2 vol., Paris, Duncan, 1926, 1200 p.

DUNCAN H.O., LAFITTE Pierre, *En suivant Terront de Saint-Pétersbourg à Paris*, Paris, Flammarion, 1894, 128 p. – (version anglaise : Across Europe).

DUNCAN H.O., SUBERBIE L., *L'entraînement à l'usage des vélocipédistes, coureurs et touristes, et les adeptes des sports athlétiques*, Paris, R. Dalvy et Cie, 1890 (*sic*), 200 p.

DUNHAM Norman L., *The Bicycle Era in American History*, thesis, Harvard University, 1956.

DUNNE Jemima *et al.*, *400 vélos de légende*, Larousse, 2016, 256 p.

DUNNE John E., *Dictionnaire anglais-français des termes techniques vélocipédiques*, Genève, Georg, 1895, 24 p.

DUNLOP, J.B., *The History of the Pneumatic Tire*, 1924.

Duocipède, Revue trimestrielle du Tandem Club de France, fondée en 1987.

DURRY Jean, « Cyclisme d'aujourd'hui », p. 1501-1531, in *Jeux et sports*, tome XXIII de l'Encyclopédie de la Pléiade, Paris, NRF, 1967, 1826 p.

DURRY Jean, *La véridique Histoire des géants de la route*, Lausanne, Édita ; Paris, Denoël, 1973, 247 p. (1976, 268 p. ; 1981, 300 p.) - préface d'Antoine Blondin – traduit en danois en 1978 par Henrik Elmgreen : *Dem sandfaerdige historie om landevegens helte*, Ringsted, Lentz & Jenssens Forlag, 1978, 228 p.

DURRY Jean, *Le Vélo*, Paris, Denoël, 1976, 218 p. – traduit en anglais : *The Guiness Guide to Bicycling*, edited by J.B. Wadley, Enfield, Guiness Superlatives Limited, 1977, 222 p. ; traduit en italien : *La bicicletta*, Roma, Greniese editore, 1981, 222 p.

DURRY Jean, « La bicyclette dans l'art et la littérature », p. 27-35, in *Joies de la bicyclette*, sous la direction de Pierre Salviac, Paris, Hachette Réalités, 1977, 248 p.

DURRY Jean, « Un siècle de cyclisme (1881-1981) », numéro spécial de *La France cycliste*, Paris, Fédération Française de Cyclisme, 1981.

DURRY Jean et ses amis, *L'en-CYCLE-opédie*, Lausanne, Édita, 1982, 421 p.

DURRY Jean, *Le sport à l'affiche*, Paris, Hoebeke, 1988, 207 p. (1996, 203 p.).

DURRY Jean, *Le grand livre du Sport*, Paris, Nathan-La Martinière, 1992, 256 p. – Grand Prix de la littérature sportive.

DURRY Jean, *L'abcdaire du vélo*, Paris, Flammarion, 1993, 119 p.

DURRY Jean, Almanach du sport. Histoire mondiale du sport, de 1850 av. J.-C. à 1996 ap. J.-C., Paris, Encyclopaedia Universalis, 2 tomes, 1996, 640 p.

DURRY Jean, « Des machines qu'on appelle vélocipède », p. 253-256, in « La bicyclette », *Les cahiers de la médiologie*, n° 5, Paris, Gallimard, 1998, 220 p.

DURRY Jean, éd., *Du guidon au manche à balai : affiches du Musée national du Sport de France*, catalogue d'exposition, Lausanne, Musée Olympique, 2001, 161 p.

DURRY Jean, articles dans la revue courante *Cycle ! magazine*, parution bi-annuelle, à partir de 2013.

DURRY Jean, DAUZIER Pierre, *Le chant du sport : histoire d'un thème et textes choisis français et étrangers*, Paris, La Table Ronde, 2006, 399 p.

DURRY Jean, SERAY Jacques, *Les 100 plus belles randonnées du cyclotourisme*, Paris, Denoël, 1984, 238 p.

DURTAIN Luc, *La bicyclette*, Paris, Jacquemaire, 1938, 24 p. – (n° 7 de la revue *Mieux Vivre*, juillet 1938).

E

The eBike Book: Future, Lifestyle, Mobility, te Neues, 2013, 220 p.

EHMANN S., KLANTEN R., *Velo: Bicycle Culture and Design*, Berlin, Gestalten Verlag, 2010, 240 p.

EHMANN S., KLANTEN R., *Velo, 2nd Gear: Bicycle Culture and Style*, Berlin, Gestalten Verlag, 2013, 256 p.

EHRENBERG Alain, *Le culte de la performance*, Paris, Calmann-Lévy, 1991 (Fayard-Pluriel, 2011), 336 p.

ELLIOTT Christine, JABLONKA David, *Custom Bicycle: À Passionate Pursuit*, Victoria (Australia), Images Publishing, 2009, 240 p.

ELWELL F.A., *Cycling in Europe*, Boston, The League of Ame-rican Wheelmen, 1899, 68 p.

EMBACHER Michael, *Smart Move: Bicycles from the Embacher Collection*, Wien, Kulturtransfer, 2007, 248 p. – (cf. infra EMBACHER Michael, *Cyclepedia*)

EMBACHER Michael, *Cyclepedia : 90 vélos d'exception*, Paris, Eyrolles, 2011, 224 p. – version française de *Smart Move*.

EMBACHER Michael, *Cyclepedia : A Tour of Iconic Bicycle Designs*, London, Thames & Hudson, 2011, 224 p.

ENCAUSSE Dr Gérard, *La bicyclette grosse routière et l'hygiène du cyclotouriste*, Paris, La Thérapeutique intégrale, 1902, 77 p.

Engeneer (The), revue anglaise, fondée à Londres en 1856.

Engeneering, revue américaine, fondée en 1866.

English Mechanic, Mirror of Science and Art, périodique hebdomadaire anglais, paraît de 1865 à 1926.

En selle ! Du vélocipède au velhop, Strasbourg, Archives de la ville et de la communauté urbaine, 2013, 71 p. – catalogue de l'exposition du 21 mai au 25 octobre 2013.

L'épopée fantastique – exposition – voir Privat-Savigny.

EPPERSON Bruce D., *Peddling Bicycles to America: The Rise of an Industry*, Jefferson, NC, Mc Farland, 2010, 302 p.

L'Équipe, périodique – voir *L'Auto*.

ERSKINE F.-J., *Tricycling for Ladies*, London, Iliffe & Son, 1883.

Etappe, revue du Wielermuseum de Roeselare, courante.

EVANS David, *Mr Pedersen: À Man of Genius*, Stroud, Gloucestershire, Tempus Publishing Ltd, 2007 (1978, 1979, 1984, 1992), 223 p. – édition revue et augmentée.

Excursions cyclistes dans les Ardennes françaises, belges et luxembourgeoises, 8-9-10 juin 1935, Paris, Touring-Club de France, 1935, 15 p.

Exposition rétrospective de la bicyclette, fin XVIIIe siècle-début XXe, juin-juillet 1941, Paris, Musée des Arts décoratifs, Pavillon de Masan.

Exposition rétrospective du cycle au Salon de l'automobile, du cycle et des sports, un album de 48 photos (cycle Meyer…), à Paris, décembre 1906.

Exposition universelle de 1867 – voir DUCUING François.

F

FABRE Paul, *Expressions de cyclisme*, Christine Bonneton, 2004, 164 p.

FABRE Paul, *Vélos poétiques*, Gilbert Jaccon, 2015, 123 p.

FABRE Paul, *Fantaisies cyclistes*, Gilbert Jaccon, 2016, 74 p.

FABRE Paul, *Prose vélocipédique*, Gilbert Jaccon, 2016, 126 p.

FABER, François – voir LEROY Pascal.

FACCHINETTI Paolo, RUBINO Guido P., *Campagnolo: 75 Years of Cycling Passion*, Boulder-Colorado, Velo Press, 2008, 159 p.

FAIZANT Jacques, *Albina et la bicyclette*, Paris, Calmann-Lévy, 1968.

FAIZANT Jacques, *Albina roule en tête*, Paris, Calmann-Lévy, 1977.

FANOR L.B., *Le pneumatique : guide pratique du véloceman et du constructeur*, Paris, L.B. Fanor, 1894, 92 p.

FANOR L.B., *Traité pratique de vélocipédie militaire*, Paris, Limoges, H. Charles-Lavauzelle, 1892, 167 p.).

FARREN Paul & Charlie, *Bicycling Through Time*, Mulgrave-Victoria-Australia, Images Publishing, 2013, 252 p.

FAROUX Charles, *La bicyclette moderne Duralumin*, Paris, Société du Duralumin, 1937, 25 p.

FAUQUEZ Dr Raoul Étienne, *La bicyclette du point de vue de la femme*, Cleront, Impr. Daix Frères, 1897, 28 p.

FAVRE Alexis-Georges, *Le vélocipède, sa structure, ses accessoires indispensables, le moyen d'apprendre à s'en servir en une heure*, Voiron, A.G. Favre, 1868, 24 p.

FAVRE Alexis-Georges, *Le vélocipède, sa structure, ses accessoires indispensables, le moyen d'apprendre à s'en servir en une heure*, 2e édition augmentée d'un avant-propos de 17 pages, Marseille, Barlatier-Feissat et Demonchy, 1868, 58 p.

Fédération Française de Cyclotourisme, *Guide cyclotouriste*, Paris, FFCT, 1948, 192 p. – aussi 1944, 1949, etc.

Fédération Française de Cyclotourisme, *Les plus beaux sites de France*, Paris, FFCT, 1973, 16 p.

Fédération Française de Cyclotourisme. Unité histoire, Ivry-sur-Seine, brochure éditée par la Fédération française de cyclotourisme, 2007, 51 p.

FELDHAUS Franz Maria, *Das Leben des Freiherrn Karl Friedrich Christian Ludwig Drais von Sauerbronn, Erfinder des Fahhrades*, Essen, 1903. – (Biographie de Drais, en allemand).

FERRIÈRE Marc de, *Le cycle en France : 1860-1920*, mémoire de maîtrise sous la direction de F. Caron, Université de Paris IV, Sorbonne, 1982, 155 p.

FERRUS L., *Curiosités cyclistes : bicyclettes percutantes à une et à deux vitesses*, Paris-Nancy, Berger-Levrault, 1904, 24 p.

FERRUS L., *Curiosités cyclistes et automobilistes : roue libre, bicyclettes et tandems à moteur…*, Paris-Nancy, Berger-Levrault, 1904.

FICHELET Camille-Jean, LECOQ Jean, *Cent vedettes sportives belges*, Charleroi-Bruxelles, Éditions Heraldy, 1942, 240 p.

De fiets, catalogue d'exposition, Rotterdam, Museum Boijmans Van Beuningen, 1977 – nombreuses œuvres d'art.

FILLION Patrick, *À bicyclette*, Paris, Parangon, 2000, 93 p.

FILLION Patrick, Cycling... *The Art of Collectibles: Velocipedes, games, race souvenirs*, Paris, L'Aventurine, 2000, 93 p.

FINISON Lorenz, *Boston's Cycling Craze : 1880-1890*, Amherst, University of Massachusetts, 2014, 312 p.

FIRTH-BOTTOMLEY Joseph, *The Velocipede: It'sPast, Its Present, and its Future*, London, Simpkin Marshall, 1869.

FISK Fred C., TODD Marlin W., *The Wright Brothers, from Bicycles to Biplane*, Dayton, Tood-Fisk, 1990, 128 p.

FITZPATRICK Jim, *The Bicycle in Wartime: an Illustrated History*, Star Hill Sudio, 2011, 272 p.

De flandriens van het veld, Borgerhoff & Lamberights / Canvas, 2011, 176 p.

FLEURIEL Sébastien, *100 Paris-Roubaix, patrimoine d'un siècle*, Villeneuve-d'Ascq, Presses universitaires du Septentrion, 2002, 233 p.

FLEURIGAND Ch. (pseud. de CERFBERR de Médelsheim G.), *Le cyclisme*, Paris, Firmin-Didot et Cie, 1898, 94 p. – (TV-A67) – voir CERFBERR G.

FORAY-ROUX Bernard, *L'œuvre de Pellos*, Brignais, Édition des Traboules, 2007.

FORESTER John, *Bicycle Transportation: À Handbook for Cycling Transportation Engeneers*, Cambridge, Mass., MIT Press, 2012 (1994), 360 p.

FORESTER J., *Effective Cycling*, Cambridge, MIT Press, 2012 (7th ed.), 824 p.

FORESTIER E., GEBERT F., *Almanach de la vélocipédie illustrée pour 1884*, Rouen, Impr. A. Blondel, 1884, 80 p.

FORWARD E.A., *Catalogue of the Collections in the Science Museum*, Land Transport, London, 1926.

FOTHERINGHAM William, *Cyclopedia: It's All About the Bike*, London, Yellow Jersey Press, 2010, 448 p.

FOTTORINO Éric, *Petit éloge de la bicyclette*, Paris, Gallimard, coll. « Folio », 2013 (2007), 144 p.

FOURCHE-ARRIÈRE Guy de La, *Vive la petite reine ! Grande revue sportive en 3 actes*, Paris, Maurice Benoist, 1936, 118 p.

FOURNEL Paul – voir BESSE Nadine, *Voici des ailes*, 2002.

FOURNEL Paul, *Besoin de vélo*, Paris, Seuil, 2002, 236 p.

FOURNEL Paul, *Abécédaire du vélo*, Paris, Seuil, 2008, 245 p.

Fournitures générales pour la vélocipédie, E. DÉCOSSE, 1910... – catalogue de vente.

France Cycliste (La), années 1890…

France Vélocipédique illustrée (La), périodique, 1891-1892.

FREUND Florian, *Velo Evolution. Fahrradgeschichte: Entwicklung, Design, Hintergründe*, Maxime Verlage, 2014, 120 p.

FRISS Evan, *Cycling City: Bicycle sand Urban America in the 1890's*, University of Chicago Press, 2015, 268 p.

G

GABARD Claude, *Sport, loisir, cyclisme*, Courlay, Jadault, 1979, 240 p.

GABORIAU Philippe, *Le vélo dans la mémoire ouvrière*, Nantes, LERSCO (Cahiers du Laboratoire d'Études et de Recherches sociologiques sur la classe ouvrière, 3), 1983.

GABORIAU Philippe, « Les trois âges du vélo en France », *Vingtième Siècle. Revue d'histoire*, n° 29, janvier-mars 1991, p. 17-34.

GABORIAU Philippe, *Le Tour de France et le vélo*, Paris, L'Harmattan, 1995.

GALBIATI Fermo, CIRAVEGNA Nino, *Bicycles*, San Francisco, Chronicle Books, 1989, 142 p.

GALTIER–BOISSIÈRE Dr Émile, *Cycliste et bicyclette : guide pratique du cycliste amateur*, Paris, Larousse, 1898, 186 p.

GAMOTEL Xavier, *Le peloton cycliste : ethnologie d'une culture sportive*, Paris, L'Harmattan, 2009, 249 p.

GARNET Jeremy, « The Ergonomy of Direct-Drive Recumbent Bicycles », http://www.hupi.org

GARNIER Léon, DAUVERT Paul, *Code du cycliste*, Paris-Nancy, Berger-Levrault, 1895, 102 p.

GARSONNIN Bulcy, Conférence sur la vélocipédie, faite à Tours le 31 mars 1888, Rouen, F. Gébert, 1888, 52 p.

GAUCHER Julie, *L'écriture et la sportive : identité du personnage littéraire chez Paul Morand et Henry de Montherlant*, Paris, L'Harmattan, 2004.

GAUMONT Philippe, *Prisonnier du dopage*, Paris, Grasset, 2005, 300 p.

GAURE J., *Le droit de circulation des cycles et automobiles d'après les lois les plus récentes*, Paris, A. Chevalier-Maresq et Cie, 1899, 48 p.

GAUTHIER Émile, *Almanach des sports*, 1899.

GEIST Roland, *Bicycle People*, Washington, Acropolis Books, 1978.

GELLY Maurice, *Petit code cycliste*, Paris, Les Publications pratiques et techniques, 1938, 59 p.

GENDRY E. (G. de Moncontour), *Sport vélocipédique : les champions français*, Angers, G. Meynieu, 1891, 211 p.

GENZLING Claude, *Les braquets*, Paris, *Le Cycle*, 1981, 71 p.

GENZLING Claude, *Le dossier de la position*, Paris, Slocam, coll. « Les Cahiers du *Cycle* », 1983, 100 p.

GÉRARD Capitaine Henri, *L'infanterie cycliste en campagne*, Paris-Nancy, Berger-Levrault, 1898, 83 p.

GÉRARD Capitaine Henri, *Le problème de l'infanterie montée résolu par l'emploi de la bicyclette*, Paris, Librairie Militaire L. Baudoin, 1894, 104 p.

GERVAIS André, « Roue de bicyclette, épitexte, texte et intertextes », *Les Cahiers du MNAM*, n° 30, 1989, p. 59-80.

GESLIN René, *Paris-Rouen 1869, première course vélocipédique sur route*, Romainville, Impr. Impac, 1969, 20 p.

GIFFARD Pierre, « La reine bicyclette », *Le Figaro*, 4 octobre 1890, article de 4 pages, ill. par Mars – GIFFARD, alias Jean Sans Terre dans *Le Petit Journal*, et Arator dans *Le Vélo*.

GIFFARD Pierre, *La reine bicyclette : histoire du vélocipède depuis les temps les plus reculés jusqu'à nos jours*, Paris, Firmin-Didot, 1891, 79 p. – GIFFARD, alias Jean Sans Terre dans Le Petit Journal, et Arator dans Le Vélo.

GIFFARD Pierre, *La fin du cheval*, Paris, Armand Colin & Cie, 1899, 238 p. – GIFFARD, alias Jean Sans Terre dans *Le Petit Journal*, et Arator dans *Le Vélo* - réédition : 2015 - 240 pages - Collection Transports & Mobilités - Editeur : Presses Universitaires de Valenciennes.

GINDLING Dan, *Bicycle Stamps: Bikes and Cycling on the World's Postage Stamps*, Osceola, Motorbooks International, 1997, 144 p.

GINDLING Dan, *Bicycle Collectibles, with Pricing Guide*, San Francisco, Van der Plas, 2001, 152 p.

GIRAUD Hélène, *Le goût du vélo*, Paris, Mercure de France, 2012, 126 p.

GLASKIN Max, *Cycling Science : How Rider and Machine Work Together*, Chicago, University of Chicago Press, 2012, 192 p. – *Cyclisme & Science*, Paris, Éditions Vigot, 2015- 192 pages (traduit par Jean-Pascal Bernard).

La gloire TERROT à travers ses affiches, catalogue d'exposition, Dijon, Musée de la Vie bourguignonne, 2001, 104 p.

GODDARD J.T., *The Velocipede, Its History, Varieties, and Practice*, New York, Hurd and Houghton, 1869 (National Cycle Archive Publication, 1995).

GODDARD Stephen B., *Colonel Albert Pope and his American Dream Machines: The Life and Times of a Bicycle Tycoon Turned Automotive Pioneer*, Jefferson NC, Mc Farland, 2000, 263 p.

GOMPERTZ Lewis, MAGEL Charles, *Moral Inquiries of the Situation of Man and of Brutes*, chez l'auteur, 1824, 187 p. (Edwin Mellen Press, 1997, 204 p.).

Good Roads, An Illustrated Monthly Magazine, Devoted to the Improvement of the Public Roads and Streets, New York, League of American Whelmen, revue fondée aux USA vers 1890.

GOUCHEZ Armand, VANDENBAK Arthur, VAN DEN BROECK Achille, *Incursion dans l'histoire du sport cycliste belge, 1882-1950 : quelques faits, quelques dates, anecdotes, souvenirs, Royale Ligue vélocipédique belge*, 1950, 99 p.

GOUSSEAU D., *Le sport cycliste international*, Paris, UVF, 1923.

GRAFFIGNY H. de, *L'aluminium dans le cyclisme*, in *Le Cycle*, 2 janvier 1982, p. 228-229 – 9 janvier 1892, p. 242-243.

GRAFFIGNY H. de, *Cyclisme et cyclistes*, Paris, H. Gautier, 1892, 36 p.

GRAFFIGNY H. de, *Traité pratique et manuel de poche du cycliste*, Paris, M. Dreyfous, 1892, 320 p.

GRAFFIGNY H. de, *Manuel du constructeur et du conducteur de cycles et d'automobiles : guide pratique à l'usage des constructeurs*, Paris, J. Hetzel et Cie, 1897, 351 p.

GRAMLICH Eve Maria, MAIER Yvonne, KOSCHE Thomas *et al.* – voir 2 Räder-200 Jahre.

GRANDFILS Dominique, *Au temps du Vel' d'Hiv*, Saint-Denis-sur-Sarthon, Gremese, 2014, 187 p.

GRATON Jean, *L'inconnu du Tour de France*, Bruxelles, Graton Éditeur (série Michel Vaillant), 2003, 63 p. – (paru dans *Tintin* de 1954 à 1964).

GRAVES Dr. Clifford, *My Life on Two Wheels: with an appendix describing the most popular tours of the International Bicycle Touring Club*, La Jolla, CA, Manivelle Press, 1985, 324 p.

GREEN Roy, *100 Years of Cycling Road Records*, [Barry], Road Records Association, 1988, 110 p.

GREW W.F., *The Cycle Industry, its origin, history, and latest developments*, London-New York, Pitman & Sons, 1921, 123 p.

GRIFFIN Harry Hewitt, *Bicycles of the Year 1877*, London, The Bazar Office, 32 p. – fac-similé.

GRIFFIN Harry Hewitt, *Bicycles and Tricycles of the Year 1887*, London, Upcot Gill, 1887 (Olicana Books, 1971).

GRIFFIN Harry Hewitt, *Bicycles and Tricycles of the Year 1889*, fac-similé, John Pinkerton Press.

GRIFFIN Harry Hewitt, *Cycles and Cycling*, London, George Bell, 1890, 120 p.

GRIFFITH Steve, *Vernon Blake (1875-1930): Gearing Pioneer, Painter, Philosopher, Polymath*, John Pinkerton Memorial Foundation, Veteran-Cycle Club / Cycling History, n° 3, 2012, 74 p.

GRIFFITH Steve, *Lightweight Cycle Components*, Vol. 1, Brighton, John Pinkerton Memorial Publishing Fund, 2013.

GRIMAULT Dominique, *Cyclisme : les moments inoubliables*, Sélection du *Reader's Digest*, 2004, 191 p.

GROGAN GUILLAUME Johanna, JUDE Jean-Michel, *Vélo et droit : transport et sport*, Institut Universitaire Varenne, 2014, 286 p.

GROGAN Paul, *The « Classic » Moulton, New and Expanded Edition*, Paul Grogan, 2009, 124 p.

Guide du cycliste urbain, Strasbourg, Fubicy, 2007, 38 p.

Guide cycliste des villes d'eau de France, Paris, A. Taride, 1900, 120 p.

Guide cyclotouriste, Paris, J. Susse, 1948, 192 p. – aussi autres années : 1954…

Guide vélocipédique des environs de Givet, Union vélocipédique Givetoise, Givet, Impr. Albert Dury, 1895, 71 p.

Du guidon au manche à balai, catalogue d'exposition, Musée National du Sport de France et Musée Olympique de Lausanne, 2001, 161 p. – voir DURRY Jean.

Le guidon et la plume. Dix récits de voyages à vélo, Ivry-sur-Seine, FFCT, 111 p. – Rieu François…

GUILLEMET Dr Eugène, *La bicyclette, ses effets psycho-physiologiques*, Paris, Baillère & Fils, 1897, 113 p.

GUIMARD Cyrille, *Un vélo dans la tête*, Paris, Solar, 1980 (1998), 192 p.

GURIAN Roberto, *Vélo : les modèles d'hier, d'aujourd'hui et de demain*, Selection Reader's Digest, 2015, 272 p.

GUROFF Margaret, *The Mechanical Horse: How the Bicycle Reshaped American Life*, University of Texas Press, 2016, 295 p.

GUYOT Louis-Victor, *De Montélimar à Constantinople*, Paris, Plon, 1894.

H

HADLAND Tony, « Small Wheels for Adult Bicycles », in *Cycling Science*, 1977 – sur le blog de Tony Hadland.

HADLAND Tony, *The Moulton Bicycle*, Reading, Hadland Books, 1982, 154 p.

HADLAND Tony, *The Sturmey-Archer Story*, self-published, 1987, 192 p.

HADLAND Tony, *The Spaceframe Moultons*, Berlin, LIT Verlag, 2010, 384 p.

HADLAND Tony, *Raleigh : Past and Presence of an Iconic Bicycle Brand*, San Francisco, Cycle Publishing, 2011, 368 p.

HADLAND Tony, *From Bicycle to Superbike*, Hadland Books, 2016, 188 p.

HADLAND Tony, LESSING Hans-Erhard, *Bicycle Design: An Illustrated History*, Cambridge, Massachusetts, The MIT Press, 2014, 563 p. – with contributions from Nick Clayton and Gary W. Sanderson.

HADLAND Tony, SCHMITZ Arnfried, *Human Power: The Forgotten Energy*, Coventry, Tony Hadland, 2000, 127 p.

HAMILTON P. B., *The Life of Thomas Humber, Inventor of "Humber Cycles"*, 1894, 47 p. – réédition.

HANCOCK Cyril, *The Pedersen Hub Gear*, [Chesham], John Pinkerton Memorial Publishing Fund, 2007, 48 p.

HANCOCK Cyril, *The Veteran-Cycle Club (1955-2005): A History of the First 50 Years*, [Chesham], John Pinkerton Memorial Publishing Fund, 2010, 228 p.

HANSEZ Jules, *La Belgique cycliste, champions belges*, Paris, Brocherioux, 1899, 216 p.

HARENGER Louis, *La planète des pauvres. Le tour du monde à vélo des communautés d'Emmaüs*, Paris, Éditions 1, coll. « J'ai lu », 1999, 239 p.

HARP Stephen L., *Michelin : publicité et identité culturelle dans la France du XXe siècle*, Paris, Belin, 2008 (2001), 383 p. (traduction française).

HARRISON A.E., « The Competitiveness of the British Cycle Industry, 1890-1914 », *The Economic History Review*, vol. 22, 1969, p. 287-303.

HARSCH Ludvig, *Diamant, Legendäre Fahrräder aus Chemnitz*, Sutton, 2016, 128 p.

HEIMERMANN Benoît (dir.), *Ils ont écrit le Tour de France : la Grande Boucle vue par les écrivains*, Paris, Flammarion, 2013, 347 p.

HEINE Jan, *René Herse : The Bikes, The Buider, The Riders*, Seattle, Bicycle Quarterly Press, 2012, 424 p. (et version française).

HEINE Jan, PRADÈRES Jean-Pierre, *The Competition Bicycle*, Seattle, Vintage Bicycle Press, 2005, 167 p. – *Un siècle de vélos de course*, Paris, Vigot, 2015.

HEINE Jan, PRADÈRES Jean-Pierre, *The Golden Age of the Handbuilt Bicycles*, Seattle, Vintage Bicycle Press, 2008, 175 p. – nouvelle édition en anglais, Rizzoli, 2015 – *L'âge d'or des bicyclettes artisanales*, Paris, Vigot, 2014, 168 p. (version française du même ouvrage, traduction de Raymond Henry et de Dominique Pacoud ; révisé par Michel Brébisson).

HEMPSTONE Smith, BERKEBILE Olivier and Donald, *Wheels and wheeling: the Smithsonian cycle collection*, Washington DC, Smithsonian Institution Press, 1974, 104 p.

HENDERSON Noel Gordon, *Centenary 78: The Story of 100 Years of Organised British Cycle Racing*, Silsden, Kennedy Brothers, 1977, 127 p.

HENRY Anne – voir BESSE Nadine, *Le vélocipède objet de modernité*.

HENRY Raymond, *Découverte d'un vélocipède tandem tricycle à deux vitesses par chaînes*, Groupe de recherches archéologiques et historiques d'Amplepuis, 2001, 41 p.

HENRY Raymond, *Du vélocipède au dérailleur moderne : la surprenante histoire des changements de vitesse*, Saint-Étienne, Association des Amis du MAI, 1998, 158 p. (nouvelle édition, 2003).

HENRY Raymond, *Paul de Vivie, dit Vélocio. L'évolution du cycle et le cyclotourisme*, Saint-Étienne, MAI-FFCT, 2005, 541 p.

HENRY Raymond, *Histoire du cyclotourisme, 1re partie, 1865-1939*, Paris, Fédération Française du Cyclotourisme, 2010, 295 p.

HENRY Raymond, *Histoire du cyclotourisme, 2e partie, 1939-1955*, Paris, Fédération Française du Cyclotourisme, 2012, 327 p.

HENRY Raymond, *Histoire du cyclotourisme, 3e partie, 1956-2016*, Paris, Fédération Française du Cyclotourisme, 2017, 352 p.

HENSHAW David, *Brompton Bicycle*, Wakefield, Excellent Books, 2009, 152 p.

HERAN Frederic, « La ville cyclable : concept, conditions et impacts », *Recherches Transports Sécurité*, n° 47, 1995, p. 35-50.

HERAN Frederic, *Vélo et politique globale de déplacements durables*, Université de Lille, Clersé, convention n° 09/243, 2012.

HERAN Frédéric, *Le retour de la bicyclette : une histoire des déplacements urbains en Europe, de 1817 à 2050*, Paris, La Découverte, 2014, 255 p.

HERLIHY David V., *Bicycle : The History*, New Haven-London, Yale University Press, 2004, 470 p.

HERZOG Ulrich, *Fahrradpatente*, Kiel, Moby Dick, 1984.

HETZEL Charles, *List of American Bicycle Brands Prior to 1918* : http://www.thewheelmen.org.

HILARIDES Piet Hein, *La bicyclette dans la littérature française*, Leeuwarden (Pays-Bas), Hilarides, 1986, 53 p.

HILGER Lucien, *Peugeot et le cyclisme*, Luxembourg, Éditions Saint-Paul, 2004, 191 p.

HILGER Lucien, *Les cycles Peugeot*, Toulouse, Le pas d'Oiseau, 2014, 160 p.

HILLIER George Lacy, *Cycling*, London, Longmans, Green and Co, 1887, 459 p. – coll. « The Badminton Library », autres éditions : 1889, 1891, 1894, 1895 et 1902.

HILLIER George Lacy, *Cycles: Past and Present*, Edinburgh, 1892.

HILLIER George Lacy, *All About Cycling*, London, 1896.

HILLIER George Lacy, *Wrinkles for Cyclists*, London, G. Newnes Ltd., 1898.

HILLIER George Lacy, *Construction: Bicycles, Dicycles or Otto Type Machines and Tricycles*, Read Country Books, 2010, 132 p. – réédition.

HILLIER George Lacy, *Cycling in the 1800s: The National Cyclists' Union*, Read Country Books, 2010, 34 p. – réédition.

HILLIER George Lacy, *The Early Days of Cycling: How To Dress*, Read Country Books, 2010, 30 p. – réédition.

HILLIER George Lacy, BRAMSON W.G.H., *Amateur Cycling, with Hints on Training*, London, Dean & Son Ltd., 1893, 103 p.

HILLIER George Lacy, *How to Dress* (rééd.) Alcester, Read Books, 2010, 30 p.

HILLIER George Lacy, Rt-Hon. Lord of Albermarle, *The Classic Guide to Cycling*, Amberley Publishing, 2015, 224 p.

HINAULT Bernard, GENZLING Claude, *Cyclisme sur route : la technique, la tactique, l'entraînement*, Paris, Robert Laffont, 1986, 215 p.

« Histoire du vélo au Québec », collectif d'auteurs, in *Vélo Mag*, 2017, 116 p. – hors série.

HOOLEY Ernest Terah, *Hooley's Confessions*, London, Simpkin, Marshall, Hamilton, Kent & Co., 1925 (entre 1925 et 1947), 308 p.

HORNUNG Antoine, GRAZ Alfred (par X*** et X***), *Au Saint-Bernard en tricycle*, Genève, Impr. Annuaire du Commerce Suisse, 1883, 209 p. - (rééd. Sierre, Éditions à la Carte, 2000, 169 p.)

HORSTMANN Heinrich, *Meine Radreise um die Erde*, Maxime Verlag, 2000, 320 p.

HOWARD Alfred, *The Bicycle for 1874: A Record of Bicycling for the Past Year*, Bicycle Journal, 1874, 60 p. – (aussi 1877, 1876).

Hub (The), hebdomadaire anglais, à partir de 1896.

HÜBLER Paul Dr, *Karl Freiherr von Drais*, chez l'auteur, 1951.

Humber company, Cycling in the Old Days, London, 1919, 21 p.

HUOT Valentin, *Clous et vélo percé : noblesse des pauvres*, Manzac-sur-Vern, V. Huot, 1999, 131 p.

HUTTIER Raymond, *Le cyclisme*, Paris, Flammarion, 1947, 140 p.

HUTTIER Raymond, SUSSE J., *Le roman de la bicyclette. Du célérifère au vélo moderne*, Préface d'André Leduc, Paris, J. Susse, 1951, 139 p.

Hygiène du cycliste et de tous les sports, périodique, 1895.

I

Industrie des cycles (L'), périodique, Saint-Étienne, 1890-1962 – organe officiel de la Chambre syndicale du Cycle de Saint-Étienne.

Industrie vélocipédique (L'), périodique.

Institut National de la Propriété Industrielle, base de données de l'INPI, Paris : http://bases-brevets19e.inpi.fr/index.asp?page=rechercheRapide

The International Bicycle Design Competition (IBDC), rapport annuel de la compétition annuelle, depuis 1996, Taïwan.

International Cycle Design Competition, Report on Prize-Winning Projects, Tokyo, Koichi Ishida, 1974 – ICDC, 1974.

The Invention of the Safety Bicycle, Correspondance in the *Weekly Cycling Magazine*, from 1 Sept. 1900 to 15 Dec. 1900…, Edited by Derek Roberts, 3d ed., 1993, 50 p.

D'IRIART D'ECHTEPARE Louis, *Historique de l'Union vélocipédique de France*, Bordeaux, Impr. Gounouilhou, 1893, 36 p.

Irish Cyclist and Athete (The), ca. 1880.

Irish Tricyclist (The), ca. 1880.

Itinéraires vélocipédiques, publiés par le Touring-Club de Belgique, Bruxelles, A. Castaigne, 1898-1899, 91 fascicules.

IVOI Paul d', CHABRILLAT Henri, *Les cinq sous de Lavarède*, Paris, Jouvet, 1895, 524 p.

IVOI Paul d', CHABRILLAT Henri, *Les cinq sous de Lavarède. Le triomphe de la bécane*, Paris, G. Fayard, 1903 (Jouvet, 1895), 1895, 128 p.

Ixion, première revue anglaise consacrée au bicycle, 1er numéro en janvier 1875.

J

JACCON Gilbert, *Coyotement vôtre : c'était Patrick Plaine*, chez l'auteur, 2015, 282 p.

JACCON Jean, *1893-1985, à bicyclette, une vie d'homme*, Angers, Les Artisans Voyageurs, coll. « Les Vélocipédiques », 2007, 97 p.

JACQUET Jacques, *Livre d'or du sport cycliste*, Paris, Fédération française de cyclisme, 1952, 64 p. – avec la collaboration de Gabriel Belliard et René Chesal.

JAKOVSKY Anatole, *La petite reine*, dessins de Fernand Léger, Paris, Louise, 1950, 36 p.

JARRY Alfred, *Le surmâle : roman moderne*, Paris, Éditions de la Revue blanche, 1902, 248 p.

JARRY Alfred, *Ubu cycliste : écrits vélocipédiques*, édition établie et présentée par Nicolas Martin, Toulouse, Le Pas d'Oiseau, 2007, 106 p.

JEANES Richard Walter, *Des origines du vocabulaire cycliste français (depuis le XVIIe siècle jusqu'en 1870) : une étude de la création d'une nouvelle terminologie en français*, thèse pour le doctorat d'université, présentée à la Faculté des Lettres de l'Université de Paris-Sorbonne, 1950, 279 p.

JEMAIN Alain, *Michelin : un siècle de secrets*, Paris, Calmann-Lévy, 1982, 261 p.

JENNINGS Dr. Oscar, *La santé par le tricycle*, Paris, O. Berthier, 1888, 173 p.

JENNINGS Dr. Oscar, *Cycling: its remedial value*, Bristol, Wright, 1896, 19 p.

Jeux de vélos, catalogue d'exposition, Paris, CNAM, 1992, 63 p.

JIEL-LAVAL (pseud. de Joseph Louis Laval), *Ma course à bicyclette : Paris-Brest et retour, 1.200 km*, Bordeaux, Feret, 1892, 32 p.

JONES Bernard E., *Cycle Repairing and Adjusting*, London, Cassell, 1913.

JONES Ian, *The Safety Bicycle*, London, Shire Publications, 2012 (1986), 32 p. – album 174.

JONES Will, *The Bicycle Artisans*, Berkeley, California, Gingko Press, 2014, 288 p. [Trad. néerl. *De Fietsenmakers: 88 bijzondere fietsen*, Hilversum, Fontaine, 2014].

JOSEPH Lionel, assisted by Derek ROBERTS and Chris JUDEN, The First Century of the Bicycle and it's Accessories. Compiled from the archives of the Cyclists' Touring Club, Godalming, CTC, 1997.

Journal de véloscopie. Tour de France d'une exposition consacrée à la bicyclette, catalogue d'exposition, Le Creusot, Crapac, 1976, 44 p. – exposition à Montceau-les-Mines, Le Creusot, Lille… Rotterdam, Knokke-le-Zoute, Blois, etc. (à Knokke-Heist du 26 juin au 4 septembre 1977).

JUDSON P.A., *Riding High: The Story of the Bicycle*, New York, Dutton, 1956.

K

KELLNER Georges, *Notice sur l'Exposition centennale des moyens de transport : exposition universelle de 1900…*, Paris, Hachette et Cie, 1901, 104 p.

KEPPEL William Couts, HILLIER George, *Cycling : The Badminton Library of Sports and Pastimes*, Longmans, Green and Company, 1887, 459 p. – voir HADLAND Tony, LESSING Hans-Erhard, *Bicycle Design*, 2014, p. 541.

KESTERVEN Guy, *1001 Bicycles To Dream of Riding Before You Die*, Cassell, 2014, 960 p. – *1001 vélos sur lesquels vous rêvez de rouler*, Paris, Flammarion, 2015.

KIELWEIN Matthias, LESSING Hans-Erhard, *Kaleidoscope. Früher Fahrrad und Mottorradtechnick : Dinglers Polytechnischem Journal, 1895-1908*, 2 vol., Leipzig, Maxime, 2005.

KIMBERLEY Damien, *Coventry's Bicycle Heritage*, Stroudt UK, The History Press, 2015, 192 p.

KIRCH Colin, *Bad Teeth No Bar: Military Bicycles in the Great War*, Uniform Press, 2017, 400 p.

KIRIAKOS Iosifidis, *Bike Art: Bicycle in Art around the World*, Berkeley, CA, Gingko Press, 2011 (Ginko Press, 2012), 256 p.

KIRIAKOS Losifidis, *The Wooden Bicycle Around the World*, Image Publishing Group, 2017, 272 p.

KLANTEN Robert, MORENO Shonquis, *Velo : Bicycle Culture and Design*, Berlin, Gestalten Verlag, 2010.

KLEIN Étienne, *Le pays qu'habitait Einstein*, Acte Sud, 2016, 256 p.

Knochenschüttler (Der), revue courante, fondée en 1995.

KOBAYASHI Keizo, *Pour une bibliographie du cyclisme : répertoire des livres en langue française édités entre 1818 et 1983 : la bicyclette sous tous ses aspects*, préface de Henri BOSC, Paris, Fédération française de cyclotourisme et Fédération française de cyclisme, 1984, 133 p.

KOBAYASHI Keizo, *Histoire du vélocipède de Drais à Michaux 1817-1870 : mythes et réalités*, Paris, thèse présentée à l'EPHE en 1990 et éditée avec le soutien du Bicycle Culture Center à Tokyo, 1993, 406 p. – (en attente de réédition).

KÖNIG Johann G., *Von der Draisine bis zum E-Bike*, Stuttgart, Reclam, 2017.

KONOPKA P., *Pratique du cyclisme*, Paris, Vigot, 1991, 170 p.

KONRÁD Gábor & Melanie, *Bikelore 2: The World of Wheels*, Sand Lake, MI, On the Wheel Publications, 2002, 176 p.

KOSSAK Joe, *Bicycle Frames : a close-up look*, Mountain View, Ca, World Publications, coll. « Bike Book Quartely », 1975, 47 p.

KRON Karl (pseud. de Lyman Hotchkiss BAGG), *Ten Thousand Miles on a Bicycle*, New York, Karl Kron, 1887, 799 p. (Emil Rosenblatt, 1982).

L

LABLAINE Jacques, *« L'Auto-Vélo » : le journal précurseur du Tour de France*, Paris, L'Harmattan, 2010, 257 p.

LABORDE Christian, *Dictionnaire amoureux du Tour de France*, Paris, Plon, 2007, 425 p.

Lady Cyclist (The), revue anglaise, 1896-1897 – devient *The Wheelwoman*, 1897.

LAFITTE Pierre (Jehan de la Pédale), *Contes modernes. Pédalons !*, Paris, *Véloce-Sport*, 1892, 248 p.

LAGET Serge, *Le Cyclisme : champion, compétition, palmarès, entraînement*, Paris, Larousse, 1978, 191 p.

LAGET Serge, éd. (collectif d'auteurs), *La légende du cyclisme*, Genève, Minerva, 1997, 215 p.

LAGET Serge, *La saga du Tour de France*, Paris, Gallimard, 1990 (2003), 176 p.

LAGET Serge et Françoise, préface de R. POULIDOR, *Le cyclisme*, Courlay, E. Jadault et Fils, coll. « La Belle Époque du sport », 1978, 96 p.).

LAGET Françoise et Serge, CAZABAN Philippe, MONTGERMONT Gilles, préface de Jean-Marie LEBLANC, *Jours de fêtes : la grande histoire du Tour de France*, Paris, Éditions Chronique, 2012, 384 p.

LALANNE Denis, *Rue du Bac : salut aux années Blondin*, Paris, La Table Ronde, 2002.

LALOUX Michel, *Les diagonalistes de France*, Mons (Obourg, Belgique), chez l'auteur et à la Fédération Belge de Cyclotourisme, 1989, 220 p.

LAMON Rémy, *Théorie vélocipédique et pratique, ou Manière d'apprendre le vélocipède sans professeur*, Paris, chez l'auteur, 1872, 72 p.

LAND, Nigel, *Elswick-Hopper of Barton-on-Humber: the Story of a Great British Cycle Maker*, Barton-on-Humber, Fathom Writers Press, 2010, 284 p.

LANG Serge, *Le grand livre du Tour de France*, Paris, Calmann-Lévy, 1980, 232 p.

LANNOY Jacques, *Un siècle de cyclisme en cartes-photos*, Le Châtelet-en-Brie, chez l'auteur, 2011, 197 p.

LANNOY Jacques, *Sites et monuments du cyclisme*, Le Châtelet-en-Brie, chez l'auteur, 2011, 153 p.

LANQUEST Georges, *Le photocycliste : traité pratique et élémentaire de l'amateur photographe en voyage*, Paris, chez l'auteur, s.d. (Angers, A. Burdin, s.d.), 78 p.

LASKY Julie, *Bespoke: The Handbuilt Bicycle*, Baden (Suisse), Lars Müller Publishers, 2010, 128 p.

LAUDUIQUE-HAMEZ Sylvie, *Les incroyables du cyclisme*, Paris, Calmann-Levy, 2007, 190 p.

LAURENCIN P., « Rapport du jury d'examen. Exposition de vélocipèdes au Pré Catelan », *Le Vélocipède illustré*, 14 novembre 1869.

LAURENT Dr Octave, *L'hygiène du cycliste*, Bruxelles, Castaigne, 1897.

LAUTERS Francis, *Les débuts du cyclisme en Belgique*, Bruxelles, Office de Publicité, 1936, 257 p.

LAVAUD Claude, *Technologie de la bicyclette*, Paris, Fédération nationale du commerce et de la réparation du cycle et du motocycle, 1989, 108 p.

LAWRENCE Scotford, *Joseph Roux and the Course de vélocipèdes ; le départ. 1869*, Nijmegen, Nationaal Fietsmuseum Velorama, 2007, 62 p.

LEBÈGUE Léon, *Almanach cycliste pour 1894*, Paris, *Le Cycle*, 1894, non paginé.

LEBLANC Maurice, *Voici des ailes*, Paris, Ollendorff, 1898, 220 p. (Paris, Phébus, 1999 / Vierzon, Le Pas de Côté, 2012).

LE BRUN Dominique, RAYMOND Pierre, *Le vélo : course, route, tout-terrain*, [Paris], Solar, 1990, 144 p.

LE CAHAIN Hervé, *1883-2013, 130 ans de récits de voyages et de randonnées à bicyclette*, Rennes, chez l'auteur, 2013 – (bibliographie).

LECOQ J., « Du vélocipède à la bicyclette », *Le Petit Journal illustré*, 1er juillet1934, p.4

LECOUFFE Gaston, *Code manuel du cycliste*, Paris, V. Giard et E. Brière, 1909, 192 p.

LEDIEU P., *Comment on construit une bicyclette*, Aurillac, Clairac, 1945, 32 p.

LEDUCQ André, *Le cyclisme*, Paris, Nilsson, 1930, 80 p.

LEFEVRE Géo, *Ceux que j'ai rencontrés en soixante ans de vie sportive*, Paris, Éditions SOSP, 1962, 80 p.

LEMAÎTRE J., *La vie sportive de Jean Rey, missionnaire du cyclotourisme*, Nice, R. Priosis, 1957, 56 p.

Le monde de Daniel Rebour, Tokyo, *New Cycling*, 1977 – (texte en japonais)

LEMONNIER Lucien, *Le code du parfait coureur cycliste*, Châteaubriant, Impr. Coteau, 1976, 48 p.

LE RAY Éric, *Marinoni, fondateur de la presse moderne (1823-1904)*, Paris, L'Harmattan, 2009, 568 p.

LE ROUX Robert, *Coureur cycliste, ce que tu dois savoir*, Condé-sur-Noireau, Corlet, 1976, 152 p.

LE ROUX Robert, *Le cyclisme. Ses disciplines*, Caen, Graphitype, 1978, 240 p.

LEROY Pascal, *François Faber : du Tour de France au champ d'honneur*, Paris-Budapest-Kinshasa, L'Harmattan, 2006, 131 p.

LESCLIDE Richard, *Almanach du Vélocipède illustré, 1869*, Paris, *Le Vélocipède illustré*, 1869 (relié avec l'année 1870), 96 p.

LESCLIDE Richard (Le Grand Jacques), *Manuel du vélocipède*, Paris, Librairie du *Petit Journal*, 1869, 112 p.

LESCLIDE Richard, *Le tour du monde en vélocipède, par le Grand Jacques*, illustré par F. RÉGAMEY, Paris, Aux Bureaux de la Publication, 1870, 266 p.

LESENS Isabelle, *Bibliographie au sujet de la bicyclette considérée comme un moyen de transport urbain, ou Ils en parlent beaucoup, mais ils font pas grand-chose !*, Paris, Mouvement de défense de la bicyclette, 1982, 36 p.

LESSING Hans-Erhard, *Automobilität : Karl Drais und die unglaublichen Anfänge*, Leipzig, Maxime, 2003, 528 p.

LESSING Hans-Erhard, *Das Fahrrad : Eine Kulturgeschichte*, Stuttgart, Klett-Cotta, 2017, 272 p.

LE TARGAT Henri, LYLEIRE Jean-Claude, *Anthologie de la littérature du sport*, Lyon, Presses universitaires de Lyon, 1988, 320 p.

LEUDET Maurice, *Almanach des sports*, Paris, Ollendorff, 1899, 480 p. ; 1901, 425 p. – (7 almanachs de 1899 à 1906).

LEULLIOT Jean, *Vélo 1938. Tout le cyclisme*, Paris, Guenivet-Coradin, 1938, 287 p.

LIGHT Dragoon, A., *Wheels and Woes: Words on Warning to Would be Velocipedist*, London, Ward & Lock, 1870.

LIGHT H.B., *88 Years of Industrial Progress and Outstanding Achievement of the Rover Company Ltd.*, Solihull, Rover Company Ltd., 1965.

Lightweight Cycle Catalogues (Vol. 1, 2, 3), [Chesham], John Pinkerton Memorial Publishing Fund, 2005, 108 p. ; 2007, 141 p. ; 2009, 200 p.

LIGHTWOOD James, *The Cyclist Touring Club: Romance of 50 Years of Cycling*, Godalming, CTC, 1928.

LINFORT Jean-Michel, *Le meilleur du Tour de France de René Pellos*, Issy-les-Moulineaux, Vents d'Ouest, 2005, 224 p.

LINFORT Jean-Michel, *Le grand livre des illustrateurs, des dessinateurs et caricaturistes du Tour de France*, Turquant, Cheminements, 2008, 411 p.

« Liste chronologique des brevets relatifs à la vélocipédie », Paris, Le vélocipède illustré : 9-23-26 décembre 1869 ; 26-29 mai 1870.

Le livre d'or du Tour de France cycliste, 1903-1920, Paris, Librairie de *L'Auto*, 1921, 56 p. – plusieurs éditions, notamment en 1930, 1934, 1947 et supplément en 1948.

LLOYD-JONES Roger, LEWIS M. J., EASON Mark, *Raleigh and the British Bicycle Industry: An Economic and Business History, 1870-1960*, Aldershot, Brookfield, Singapore and Sidney, Ashgate Publishing Limited, 2000, 303 p.

LOCKERT Louis, *Manuel de vélocipédie ; terminé par L'Art de monter et de diriger la bicyclette, par G. Rivierre*, Paris, L. Mulot, Encyclopédie Roret, 1896, 144 p. (Paris, Léonce Laget, 1983).

LOCKERT Louis, *Traité des véhicules automobiles. Les vélocipèdes*, Paris, Touring-Club de France et chez l'auteur, 1896, 287 p.

LONDRES Albert, *Les forçats de la route ou Tour de France tour de souffrance*, Paris, Le Petit Parisien, 1924, 60 p. (Arléa-Poche, 1996/2008).

LORBERT A., PELLIER H., *La première bicyclette*, Paris, Larousse, 1922, 32 p.

LORIS C. de, *La Femme à bicyclette : ce qu'elles en pensent*, Paris, May et Motteroz, 1896, 40 p.

LORME Pierre [anagramme de Pierre Morel], *L'envers du tour*, Paris, Baudinière, 1937, 160 p.

LOT Laurencine, *Tous les vélos du monde*, Tournai, La Renaissance du Livre, 2002, 175 p. – (CP).

LOVE William, *How to Restore your Collector Bicycle*, Spokane, WA, Wam Books, 2009, 127 p. (first ed., St Paul MN, 2001).

LUCAS-CHAMPIONNIÈRE Dr Just, *La bicyclette*, conférence faite à Caen le 10 août 1894 au congrès de l'Association française pour l'avancement des sciences, Paris, Léon Chailley, 48 p. – (cité avec Jennings, dans Lockert).

M

McCULLAGH James C., *Énergie du pédalier*, traduit par Catherine Gréco, Besançon, Éditions de la Lanterne, 1982 (1977), 143 p. (titre original : *Pedal Power*).

McCULLOUGH Robert L., *Old Wheelways: Traces of Bicycle History on the Land*, Cambridge, Mass., MIT Press, 2015, 384 p.

McGURN James, *On Your Bicycle : an illustrated history of cycling*, New York, Facts on File Publications, 1987, 208 p. – (une bonne histoire générale).

MAERKY Paul, *Souvenirs de la grande route 1897-1924 : témoignage cyclopédique d'une trentaine de voyages en France entre 1897 à 1924*, rééd. Les Artisans Voyageurs, 2008, 163 p.

MAES Jan, *Le tour imaginaire*, 2015 - néerlandais, français ?

MAGEREN Pascal, *Bike Inspired Creativity : la créativité liée au vélo*, 2015, 178 p.

MALEPEYRE F.-L., BEAUFILS A., *La bicyclette devant la loi*, Paris, Marchal et Billard, 1897, 365 p.

MALIGNON-DELORME Édouard, *De la vélocipédie aux armées : manuel du cycliste militaire*, Paris, Les Éclaireurs cyclistes, s.d., 100 p.

Manuel du vélocipédiste : bicycle, bicyclette, tricycle, Paris, Delarue, s.d., 220 p.

Manufacture française d'armes et de cycles, catalogues de vente 1890, 1895, 1900, 1905, 1910.

Le Manufrance du collectionneur, Titre IV, *Cycles et motocycles*, éd. par Bernard CAMINADE, Ciboure, Éditions du PÉ.CA.RI., 1996.

MAQUAIRE Amédée, Traité pratique de vélocipédie, suivi de la description des célèbres machines Sécuritas, Paris, chez l'auteur, 1889, 104 p.

MARCHAND Jacques, *Le cyclisme*, Paris, La Table Ronde, 1963, 255 p.

MARCHAND Jacques, *La presse sportive*, avec la collaboration de l'Union syndicale des journalistes sportifs de France, Paris, Presse et Formation, coll. « Connaissance des médias », 1989, 79 p.

MARCHAND Jacques et DEBRAY Pierre, *Pour ou contre le Tour de France*, Paris, Berger-Levrault, 1967, 158 p.

MARCHAND Robert, *Devenir champion de cyclisme. La route, le sprint, le demi-fond*, Paris, Arts et Métiers graphiques, 1934, 103 p.

MARCHEGAY Alphonse, *Essai théorique et pratique sur le véhicule bicycle*, Lyon, Impr. Pitrat, 1874, 32 p.

MARCHESINI Daniele, *Bianchi : una bicicletta sola al comando*, Azzana San Paolo, 2008.

MARILLIER Richard, GUIMARD Cyrille, *Le cyclisme : compétition et cyclotourisme*, dessins de Daniel REBOUR, Paris, Denoël, 1977, 253 p.

MARINONI A., *The Bicycle of Leonardo*, London, in Ladislao Reti (ed.), *The Unknown Leonardo*, New York, McGraw-Hill, 1974.

MARKS Isabel, *Fancy Cycling*, 1901, 116 p. – reprinted by Shire Books.

MARKS Patricia, *Bicycles, Bangs and Bloomers : The New Woman in the Popular Press*, Lexington, University Press of Kentucky, 1990, 222 p.

MARMIN Michel, *Vélo passion*, Paris, Atlas, 1990, 127 p.

MAROLLES Robert-J. de, *Cyclisme aujourd'hui : le vélo moderne et son utilisation rationnelle*, Paris, Tallandier, 1941, 168 p.

MAROLLES Robert-J. de, *Cyclotourisme, cyclocamping*, Paris, Touring-Club de France, 1952, 223 p.

MARREL Albert, *Les champions cyclistes*, Rive-de-Gier, Impr. Bruyère, 1903, 300 p.

MARS (BONVOISIN Maurice), *Album Mars. Mesdames les cyclistes*, Paris, Plon, s.d. [1900], 46 p.

MARTHALER Claude, *L'insoutenable légèreté de la bicyclette*, Genève, Olizane, 2012, 189 p.

MARTHALER Claude, À *tire d'elles : Femmes, vélo et liberté*, Éditions Slatkine, 2016, 248 p.

MARTIN Maurice, *Grande enquête sportive du journal Le Vélo*, Paris, E. Brocherioux, 1898, 353 p.

MARTIN Maurice, *Éloge funèbre de Joseph Laval, dit Jiel-Laval*, Bordeaux, Impr. Gounouhilhou, 1917, 17 p.

MARTIN Maurice, THOMAS George, MAILLOTTE Oscar, *Voyage de Bordeaux à Paris par trois vélocipédistes*, Bordeaux, *Véloce-Sport*, 1890, 182 p. (réédition chez Les Artisans Voyageurs, 2013).

MASSIN Marcel-François, *Le grand bi*, 3 vol., Ham-sur-Heure (Belgique), chez l'auteur, 1978 (vol. 1 et 2, 1977, 16 p. et 40 p.).

MASSON Arthur, *Le Tour de France à Trignolles*, roman, Bruxelles, Vanderlinden, 1956.

MASSON Paul, *Pour le cycliste et le réparateur de vélos : techniques de la bicyclette*, Paris, Dunod, 1947, 160 p.

Match L'Intran (1926), devient *Match* (1938), revue omnisport – voir DÉON et SERAY.

MATHY Théo, *Vingt-cinq ans de cyclisme*, Bruxelles, Éditions Arts et Voyages, 1972, 112 p.

MATHY Théo, *Les géants du cyclisme belge : 75 ans de victoires ininterrompues*, Bruxelles, Éditions Arts et Voyages, 1974, 191 p.

MATHY Théo, *Toute l'histoire du cyclisme belge sur route*, Bruxelles, Éditions Arts et Voyages, 1978, 318 p.

MATTHIEU Dr Pol-Anatole, *L'évolution cycliste et l'indépendance des pédales avec le frein Juhel*, Vitry-le-François, J. Denis et Cie, 1898, 46 p.

MAUNI Baron de, *Les bandages pneumatiques et la résistance au roulement*, Paris, Vve Ch. Dunod, 1899, 138 p.

MAYSOUNABE Germain, *Les concours de machines*, in « Le Cycliste », mai-juin 1964.

MAZAN Lucien Georges – voir PETIT-BRETON Lucien.

MECREDY Richard James, STONEY Gerald, *The Art and Pastime of Cycling*, Dublin, Mecredy & Kyle, 1890, 231 p.

MECREDY Richard James, STONEY Gerald, WILSON Alexander, *The Art and Pastime of Cycling*, London, Archibald Constable, 1897 (4th ed., revised, enlarged and brought up to date).

MEIFFRET José, *Bréviaire du champion cycliste : pensée inédite de Jean Giono, avec un message d'Henri Desgrange, le Secret pour vaincre, de Louison Bobet*, Rodez, Subervie, 1957, 228 p.

MEIFFRET José, *Mes rendez-vous avec la mort*, Paris, Flammarion, 1965, 248 p.

MENNE et VAN DER ELST, *Itinéraires vélocipédiques à travers la haute Belgique*, Charleroi, Delacre, 1896 – ouvrage patronné par la Ligue vélocipédique belge et le Touring-Club de Belgique.

MERCKX Eddy, *Mes carnets de route*, Paris, Albin Michel, 1971.

MERCKX Eddy, *Eddy Merckx coureur cycliste*, Paris, Laffont, 1974.

MICHARD Lucien et RAVAUD André, *Le cyclisme sur piste : vitesse*, Paris, S. Bornemann, 1933.

MICHAUX Francisque, « Mémoire sur les origines du vélocipède à pédales », 4 p. (document Pierre Berthet).

MICHAUX Edmond, Henry et Francisque, *Les Michaux. Biographie et souvenirs de Pierre et Ernest Michaux, inventeurs de la « Pédale »*, Levallois-Perret, Impr. Guyot, 1906, 72 p.

MICHELIN André, *De la vélocipédie et des progrès que le bandage pneumatique lui a permis de réaliser*, Paris, Société des ingénieurs civils de France, 1893, 31 p.

MICHELIN André, *Le pneumatique, son application aux voitures à chevaux et sans chevaux, conséquences de cette application*, Paris, Société des ingénieurs civils de France, 1896, 44 p.

MIEILLE Paul, *À bécane de Tarbes à Venise par le Simplon*, Tarbes, J.A. Lescamela, 1908, 76 p.

MILLER Henry, *My Bike & Other Friends*, vol. II, *Books of Friends*, Santa Barbara, Capra Press, 1978, 110 p.

MILLER Ray, *Encyclopedia of Cycle Manufacturers up to 1918*, 2d ed., Birmingham, John Pinkerton Memorial Fund, 2009.

MILLWARD Andrew, *Factors Contributing to the Sustained Success of the UK Cycle Industry, 1870-1939*, University of Birmingham, 1996 et 1999 – thèse pour le titre de docteur en philosophie.

MINET Ad., *L'aluminium, sa fabrication, son emploi, ses alliages*, Paris, Bernard Trignol, 1892.

Miroir des Sports, revue omnisport, première parution en 1920, devient *But-et-Club* en 1951 – voir DÉON et SERAY.

MOED Gert Jan, *Bicycles from the States*, Nijmegen, Velorama, s.d. [1994].

MONCONTOUR G. de – voir GENDRY E.

MONDENARD Dr Jean-Pierre de, *La consultation médicale du cycliste*, tome 1, Paris, Amphora, 1979, 232 p.

MONDENARD Dr Jean-Pierre de, *Bibliographie, médecine et cyclisme*, Chennevières-sur-Marne, de Mondenard, 1981, 38 p. – le Dr de Mondenard est l'auteur d'un grand nombre de publications médicales relatives au sport et particulièrement au cyclisme.

MONDENARD Dr Jean-Pierre de, *Cyclisme : médecine sportive*, Paris, Amphora, coll. « Sports et loisirs. Les réponses du spécialiste », 1986, 239 p.

Le Monde cycliste, Journal de la Ligue des Cyclistes de France, Lyon, ca. 1890.

MONTAGAR Julie et PICAR Michel, *Guide du vélo et de ses à-côtés*, Paris, Éditions de la Courtille, 1979, 256 p.

MOORE Gerry, *The Little Black Bottle. Choppy Warburton: The Question of Doping, and the Deaths of his Bicycle Riders*, San Francisco, Cycle Publishing, 2011, 158 p.

MOORE Richard, BENSON Daniel, *Vélos de course : concepteurs de génie, machines de légende*, Paris, Dunod, 2014, 351 p. – London, Quintessence Éditions Ltd, 2014, pour l'édition originale anglaise). [*The Racing Bicycle: Design, Function, Speed*, Rizzioli International Publications, 2015, 352 p.]

MORAND Paul, *Ouvert la nuit*, Paris, Gallimard-NRF, 1922, 200 p. (1950, 1966) – (La nuit des six jours).

MOREAU C., VOULQUIN G., *Les sports modernes illustrés. Encyclopédie sportive illustrée*, Paris, Larousse, 1905-1906, 813 gravures – (cyclisme : p. 123-132) – (GA).

MOSADDAD Seyed-Hashem, *Le produit bicyclette (1883-1995) : engouement, conception, concrétisation*, thèse de doctorat en histoire des techniques, Université Paris 4-Sorbonne, 2001, 2 vol., 514 p.

MOULTON Alexander, *Alex Moulton : from Bristol to Bradford-on-Avon. A lifetime in Engineering*, Derby, Rolls-Royce Heritage Trust, 2009, 320 p.

The Moultoneer, magazine du Moulton Bicycle Club, courante, 3 ou 4 num./an.

MOUSSET Ernest, *Le grand prix cycliste de la ville de Paris*, Paris, Drouin, 1908, 136 p.

MUIR Andrew, *The Velocipede: How to Learn and How to Use it*, Manchester, Andrew Muir, 1869 – reprint by National Cycle Archive.

MULHOLLAND Owen, *Cycling's Golden Age. Heroes of the Postwar Era, 1946-1967. From the Collection of Shelly and Brett Horton*, foreword by Eddy Merckx, Boulder, Colo. Leicester, Velo Press, 2006, 221 p.

Musées du cyclisme / Musées du vélo, site de « Sterba Bike », http://www.sterba-bike.cz/section/museums?lang=EN.

N

La Nature, périodique, 1873-1962.

National Bicycle History Archive of America, voir en ligne : http://www.nbhaa.com.

National Cycling Library Digital Archives, voir en ligne : http://www.cyclemuseum.org.uk/library.

National Cycle Museum, Lincoln, 1992.

NAUD Jean, *Trois roues pour Tombouctou*, Paris, Albin Michel, 1987, 274 p.

NAUDIN Pierre, *Les mauvaises routes : roman*, Paris, Denoël, 1989, 405 p.

Nederlandse Vouwfietsen, in *De Oude Fiets* – numéro spécial.

NEWSON Alex, *Fifty Bicycles That Changed the World*, London, Design Museum, 2013, 112 p.

NOGUCHI-SAN, *100 Years of Bicycle Component and Accessory Design. Authentic*. Reprint Edition of The Data Book, San Francisco, Van der Plas, 1998, 209 p.

NÖLL Jürgen, *Opel Fahrräder*, Moby Dick, 2011, 192 p.

NORCLIFFE Glen, *The Ride to Modernity: The Bicycle in Canada, 1869-1900*, Toronto, University of Toronto Press, 2001, 288 p.

NORCLIFFE Glen, *Critical Geographies of Cycling*, Farnham / Surrey, Ashgate Publishing Limited, 2015.

NORET Dr André, *Le dopage*, Paris, Vigot, 1981.

NORET Dr André, THOMAS Raymond, *Le cyclisme*, Paris, Presses universitaires de France, coll. « Que sais-je ? », 1980, 127 p.

NORTON Tom, Historic Cycles: Tom Norton's Collection, *Llandrindod Wells Powys*, 1972, 57 p. – The Evolution of the Bicycle, 1867-1938 : Historical and Description Notes of the Collection of an « Old Timer ».

Note sur le vélocipède à pédales et à frein de M. Michaux, par un amateur, Paris, Impr. Ad. Lainé et J. Havard, 1868, 16 p. – voir OLIVIER Aimé – texte attribué à Aimé Olivier (Hadland l'attribue à Georges de La Bouglise, dans HADLAND Tony, LESSING Hans-Erhard, *Bicycle Design*, 2014, p. 80).

Notices bibliographiques concernant les cycles, Saint-Étienne, Musée d'Art et d'Industrie, 2008, 40 p.

NUCERA Louis, *Le roi René*, Paris, Sagittaire, coll. « Contre-type », 1976, 120 p.

Nunc est Bibendum, catalogue d'exposition, Clermont-Ferrand, du 29 février au 31 août 2008.

NYE Edward, *À bicyclette : anthologie*, Paris, Sortilèges, 2000, 417 p.

O

OAKLEY Williams, *Wingled Wheels: The History of the First Hundred Years of the Cyclists' Touring Club*, Godalming-Surrey, 1977, 229 p.

OBEL Olivier, BRISSONNEAU Christophe, OHL Fabien, *L'épreuve du dopage : sociologie du cyclisme professionnel*, Paris, Presses universitaires de France, 2008.

O'DONOVAN Gerald, *Handbuilding Bicycle Frames and Forks*, Nottingham, Raleigh Industries, 1995.

O'FOLLOWELL Dr Ludovic, *Bicyclette et organes génitaux*, Paris, J.B. Baillière et Fils, 1900 (réimpr. Toulouse, Le Pas d'Oiseau, 2009).

OLIVER Tony, *Touring Bikes : A Practical Guide*, Ramsbury, The Crowood Press, 1990 (1992), 176 p.

OLIVER Smith Hempstone, BERKEBILE Donald H., « Wheels and Wheeling: The Smithsonian Cycle Collection », Washington, *Smithsonian Studies in History and Technology*, n° 24, 1974.

OLIVIER Aimé (attribué à), *Note sur le vélocipède à pédales et à frein de M. Michaux, par un amateur*, Paris, Impr. A.D. Lainé et G. Havard, 1868, 16 p.

OLIVIER Aimé de SANDERVAL, « Le vélocipède : aperçu historique », in *La Nature*, 6 août 1892.

OLIVIER Aimé de SANDERVAL, *Les inventeurs du vélocipède, 1690-1863. René Olivier, 1863-1870*, Corbeil, Impr. Crété, 1894, 16 p.

OLLIVIER J., « Bicyclette à vapeur Dalifol », *Revue du Touring-Club de France*, 1898, p. 635.

OLLIVIER Jean-Paul, *Les géants du cyclisme*, Sélection du *Reader's Digest*, 2001, 192 p.

OLLIVIER Jean-Paul, *Le roman du Tour de France*, Sélection du *Reader's Digest*, 2002, 192 p.

OLLIVIER Jean-Paul, *Histoire du cyclisme*, Paris, Flammarion, 2003, 359 p.

OLLIVIER Jean-Paul, *Maillot jaune*, Paris, Selection du Reader's Digest, 2006 (1999), 215 p.

OLLIVIER Jean-Paul et LEULLIOT Jean-Michel, *Dossiers secrets du cyclisme*, Paris, Universal Sport, 1975, 190 p.

100 Years of Bicycle Component and Accessory Design. Authentic Reprint Edition of The Data Book, San Francisco, Van der Plas, 1998, 209 p. – (CP) – voir NOGUCHI-SAN, Tsunezo TERASHIMA,

The Online Bicycle Museum, http://www.oldbike.eu/museum/

OUBRON René, CHESAL René, *Cycliste 100 % : série cyclo-cross*, Saint-Maurice, Val-de-Marne, R. Oubron, 1967, 144 p.

Oude Fiets (De), revue fondée en 2001, devient *Het Rijwiel* en 2010, revue courante : http://oudefiets.nl

P

PAJOT Robert, *Centenaire de Paris-Rouen, 1869-1979*, Sartrouville, Impr. Socodim, 1969, 32 p.

PALMIERI A., *Évolution technique de la bicyclette*, 2007.

PALOQUE Général Henri-Jules, *Étude sur la bicyclette*, Paris-Nancy, Berger-Levrault, 1896, 78 p.

PAPON Mathias Expertises, *Catalogue de vente d'affiches de cycles de la collection Gérard Buisset*, Périgueux, SARL Périgord Enchères, Maître Jean-Michel Suze, 18 octobre 2003, 51 p.

PARANT Louis, *À bicyclette à travers les monts d'Aragon et de Navarre*, Toulouse, Impr. Sébille, 1911, 28 p.

Paris Lightweight Cycles, Catalog reprint.

Paris à Vélib', Paris, Chêne, 2013, 141 p.

Paris-Vélo, revue fondée vers 1900.

Paul de Vivie, alias Vélocio, Paris, *Le Cycliste*, 1954, 90 p. – voir RABAULT Henry.

PÉ.CA.RI., *Le Manufrance du collectionneur*, Titre IV, *Cycles et motocycles*, éd. par Bernard CAMINADE, Ciboure, Éditions du PÉ.CA.RI., 1996.

Pédale (La), périodique, 1923-1925.

PÉDALE Jehan de la – voir LAFITTE Pierre.

PEDRON François, *Le cycliste de Montmartre : la légende de Montmartre racontée par Alfred Jarry et sa bande*, Paris, Éditions de la Belle Gabrielle, 2007, 120 p.

PÉLISSIER Charles et BRUNEL Noré, *Les mémoires d'un vélo*, Paris, Delagrave, 1936, 126 p.

PÉLISSIER Francis, *Les secrets du sorcier de la route*, Paris, Les Impressions rapides, 1952, 144 p.

PÉLISSIER Henri, RAVAUD Charles, *Le cyclisme sur route*, Paris, S. Bornemann, coll. « Tous les sports par les champions », 1925, 32 p.

Pellos, dessinateur sportif, catalogue de l'exposition présentée par les Anciens du Cyclisme, avec la participation du Musée du Sport, s.d. (1983) – Pellos est le pseudonyme de René Marcel Pellarin (1900-1998).

PENN Robert, *It's All About the Bike: The Pursuit of Happiness on Two Wheels*, 2011, 208 p.

PENNELL Joseph et Élisabeth, *L'Italie à vélocipède*, Éditions La Fosse aux ours, 2005, 160 p. (première édition en 1887).

PENOT Christophe, *Ces messieurs du Tour de France*, Paris, Cristel, 2003, coll. « Grands Témoins », 187 p.

PENOT Christophe, OLIVIERI Fred, *Les fabuleux souvenirs du plus vieux cycliste du monde. Entretiens avec Christophe Penot*, Saint-Malo, Cristel, 2005, 96 p.

PERRACHE Capitaine Émile-Félix, *La bicyclette rétro-directe*, Paris-Nancy, Berger-Levrault et Cie, 1903, 42 p. – extrait de *La Revue d'artillerie*, 1902.– voir autres titres : rétro-directe, à leviers…

PERREAUX Louis-Guillaume, *Tricycle et vélocipède à vapeur*, Paris, chez l'auteur, 1878 – 11 p.

PERRIER Thierry, *Les premiers temps du cycle dans la région lyonnaise, entre 1867 et 1914*, mémoire de maîtrise, Université de Lyon III, 2 vol., 1996.

PERRIN Gilbert, *Chemins de traverse : nos anciennes lignes ferroviaires*, Bruxelles, RTBF-Fondation Roi Baudouin, 1993, 263 p.

PERRODIL Édouard de, *Vélo ! Toro ! De Paris à Madrid à bicyclette*, Paris, Flammarion, 1893, 328 p. (Toulouse, Le Pas d'Oiseau, 2006).

PERRODIL Édouard de, *À vol de vélo : de Paris à Vienne*, Paris, Flammarion, 1895, 332 p.

PERRODIL Édouard de, *À travers les cactus, traversée de l'Algérie à bicyclette*, Paris, Flammarion, 1896, 324 p. (Jacques Flament, 2011).

PERRODIL Édouard de, *Les briseurs de chaînes, de Paris à Milan à bicyclette*, Paris, Flammarion, 1898, 272 p.

PERRODIL Édouard de, *Le roman de Jacquelin*, Paris, Flammarion, 1904, 340 p.

PERRY David B., *Bike Cult: The Ultimate Guide to Human-powered Vehicles*, New York, Four Walls Eight Windows, 1995, 570 p.

Le Petit Braquet, http://www.lepetitbraquet.fr – une centaine de personnalités du cyclisme sont présentées sur le site.

PETIT Dr Léon, *Nos femmes depuis la bicyclette*, Paris-Nancy, Berger-Levrault et Cie, 1904.

PETIT-BRETON Lucien, *Comment je cours sur route*, Paris, *L'Auto*, 1908, 32 p.

La petite reine. Le vélo en affiche à la fin du XIXe siècle, catalogue d'exposition, Paris, Musée de l'Affiche, 1979.

PETITON, *Histoire du véloce-club rouennais*, Rouen, Impr. L. Gy, 1896, 32 p.

PHILLIPS Robert Edward, *Patents for Inventions: Abridgements and Specifications relating to Velocipedes*, 2 vol., London, Iliffe, 1886-1887.

PHILLIPS Tom, *Bicycles : Vintage People on Photo Postcards*, Oxford, Bodleian Library, 2011, 112 p.

PIAT André, *Saint-Étienne, le vélodrome en images : 1925-1961*, Le Libre Pansu, 2012, 143 p.

PIAT André, *Le vélodrome de Saint-Étienne, son histoire de 1925 à 1961*, Le Libre Pansu, 2003, 125 p.

PICAR Michel, MONTAGARD Julie, *Guide du vélo et de ses à-côtés*, Paris, Éditions de la Courtille, 1979, 255 p.

PICOT Geneviève et Gérard, *Un petit vélo dans la tête*, Paris, Éditions Jean-Pierre de Monza, 1991, 120 p.

PIEDNOIR François, *Pédaler intelligent : la biomécanique du cycliste*, Paris, FFCT, 2007, 245 p.

PIEROZZI Pascal, POUY Jean-Bernard, *Vélo : sur la route du Tour*, Paris, Albin Michel jeunesse, coll. « Carnets du monde », 1991, 60 p.

PIESSE Louis, *Collection des guides Joanne…*, Paris, Hachette, 1863 et sv.

PIGNATTI MORANO Lodovico, *Cinelli: arte e design della bicicletta*, Milano, Rizzoli, 2012, 288 p.

PINKERTON John, *The Pinkerton Museum* Arbury Hall*: A guide to the John Pinkerton Cycle Collection*, Birmingham, Pinkerton Press, 1981, 12 p.

PINKERTON John, ROBERTS Derek, *Sunbeam Cycles. The Story from the Catalogs*, vol. 1, 2 (1896-1907), 3 (1908-1926), Birmingham, John Pinkerton, 1983/1985 – voir SUNBEAM.

PINKERTON John, ROBERTS Derek, *A History of Rover Cycles*, Birmingham, Pinkerton Press, 1998, 301 p.

PINKERTON John, ROBERTS Derek, *Sunbeam Cycles: The story from the catalogues 1887-1957*, Veteran-Cycle Club, 2002, 500 p.

PLÉDRAN P., L'art du vélocipède ou moyens rapides de s'en servir avec grâce et sans fatigue, Nantes, chez l'auteur, 1886, 24 p.

Les plus belles bicyclettes du monde, périodique, Del Prado éditeur (maq., fiches).

POEDALUS, *Poèmes vélocipédiques*, Paris, Paul Ollendorff, 1891, 180 p. – édité à Rouen par *La Revue du Sport vélocipédique.*

PONTET Léon, *Merveilleuses aventures d'un véloceman.* Composition et dessin de FROMENT, Paris, Bibliothèque humoristique, 1894, 191 p.

PORTE Dr Gérard, *Guide du cyclisme. Manuel pratique et conseils de santé*, Paris, Albin Michel, 1995, 376 p.

PORTER Luther Henry, *Wheels and Wheeling; an indispensable handbook for cyclists, with over two hundred illustrations*, Boston, The Wheelman Company, 1892, 388 p.

PORTER Luther Henry, *Cycling for Health and Pleasure: An Indispensable Guide to the Successful Use of the Wheel*, New York, Dodd, Mead and Company, 1896, 195 p.

Poster Auctions International, catalogue de vente, New York, 2005 – cat. Jack Rennert – Bicycle Posters.

POYER Alex, *Les premiers temps des véloce-clubs : apparition et diffusion du cyclisme associatif français entre 1867 et 1914*, Paris, Budapest, Torino, L'Harmattan, 2003, 341 p. – thèse de doctorat remaniée : Cyclistes et sociétés : naissance et développement du cyclisme associatif français, 1867-1914, Université Lyon 2, 2000, http://theses.univ-lyon2.fr/documents/getpart.php?id=277&action=pdf.

PRATT Charles E., *The American Bicycler, A Manual for the Observer, the Learner and the Expert*, Boston, Houghton, Osgood & Company, 1879, 211 p.

PRATT Charles E., « Pierre Lallement and his Bicycle », in *Outing and the Wheelman. The Wheelman Illustrated*, October 1883 – reprinted in 1992 by Lallement Memorial Committee, Boston.

PRESSICAUD Nicolas, *Le vélo à la reconquête des villes. Bréviaire de vélorution tranquille*, Paris, L'Harmattan, 2009.

PRESSICAUD N., *Du vélo dans la mobilité durable*, Paris, L'Harmattan, 2013.

PRESSICAUD N., « Et le vélo dans tout ça ? Le territoire et la mobilité vus de ma selle », *Chroniques cyclo-logiques 2*, Paris, L'Harmattan, 2015, 268 p.

PRIDMORE Jay, HURD Jim, *The American Bicycle*, Osceola WI, Motorbooks International, 1995, 192 p.

PRIDMORE Jay, HURD Jim, *Schwinn Bicycles*, Osceola WI, Motorbooks International, 1996, 160 p.

PRIVAT-SAVIGNY Maria-Anne, FAU Élise, *L'épopée fantastique : cycles & motos, 1820-1920*, Compiègne, RMN, 2016, 67 p. – Catalogue de l'exposition, du 8 avril au 25 juillet 2016.

PROD'HOMME Laurence, éd., *Collectionneur d'affiches*, Rennes, Éditions Apogée - Musée de Bretagne, 1996, 285 p.

Q

Quadrant (The), périodique des quadrantistes, ca. 1885 et suiv.

400 vélos de légende, Larousse, 2016, 256 p.

R

RABAULT Henri, *Paul de Vivie, alias Vélocio, 1853-1930*, Paris, *Le Cycliste*, 1954, 104 p. – plaquette à partir d'articles de Philippe Marre et Henri Chaix, introduction de Philippe Antonin, supplément au *Cycliste*, octobre 1954.

RANKINE William John Macquorn, *La théorie du vélocipède : sur les lois de l'écoulement de la vapeur*, traduction de J.-B. Viollet revue par l'abbé Moigno, Paris, au bureau du journal *Les Mondes* et chez Gauthier-Villars, 1870, 56 p.

RAPAUD Didier, *L'incroyable épopée de Marseille-Paris, 1902, ou L'avant-premier Tour de France*, Saint-Malo, Cristel, 2003, 132 p.

RAPAUD Didier, *Maurice Garin cet étonnant forçat de la piste, ou la folle épreuve des vingt quatre heures des Arts Libéraux des 2 et 3 février 1895*, chez l'auteur, 2012, 93 p.

RAPAUD Didier, *Le temps de la vélocipédie (1876-1892), ou l'inoubliable Jiel-Laval*, 2015, 207 p.

RAPLEY David, *Racing Bicycles: 100 Years of Steel*, Mulgrave, Victoria, Images Publishing, 2012, 228 p.

RAPP Jean-Paul, *Le doping des sportifs, ou la science médicale détournée*, Paris, Éditions médicales et universitaires, coll. « Sport et santé », 1977, 256 p.

RAVAUD André, VANDERSTUYFT Léon, *Le cyclisme sur piste demi-fond*, Paris, S. Bornemann, 1929, 32 p.

RAVAUD Charles, *Le géant de la route : François Faber, ses débuts, sa carrière, ses Tours de France, comment il s'entraîne...*, Paris, Librairie de L'Auto, 1909, 24 p.

RAVAUD Charles, *Octave Lapize : le tacticien de la route*, Paris, Librairie de L'Auto, 1912, 32 p.

RAUCK Michael, *Karl Freiherr Drais von Sauerbronn, Erfinder und Unternehmer, 1785-1851*, mémoire de maîtrise, Wiesbaden, in Komm. bei F. Steiner (Beiträge zur Wirtschafts- und Sozial-geschichte, 24), 1982, 804 p.

RAZEMON Olivier, *Le pouvoir de la pédale : comment le vélo transforme nos sociétés cabossées*, Paris, Rue Échiquier, coll. « Les Petits Rius », 2014, 192 p.

REBOUL Dr H.-L., *Hygiène du cycliste*, Paris, Librairie du « Monde médical », s.d. [ca. 1900], 200 p.

REBOUR Daniel, illustration de catalogues des maisons Bertin-Milremo, Herse, Singer, VAR, des années 1940 à 1980.

REBOUR Daniel, *La pratique du vélo*, Paris, Techniques et vulgarisation, 1949, 226 p.

REBOUR Daniel, *Cycles de compétition et cyclotourisme sportif*, Paris, Techniques et vulgarisation, 1962, 184 p.

REBOUR Daniel, *Cycles de compétition et randonneuses*, Paris, Techniques et vulgarisation, 1976, 188 p.

REBOUR Daniel, *Le petit livre jaune*, préface de Claude Jourdren, Paris, Var, 1983, 40 p. – catalogue des outils VAR, 1972 et sv. – a été traduit en anglais.

Referee and Cycle Trade Journal (The), Chicago-New York, USA, années 1880.

RÉGAMEY Fréderic, *Vélocipédie et automobilisme*, Tours, A. Mame et Fils, 1898, 214 p.

Règlements généraux et techniques des courses et des records, Paris, FFC, 1966.

REICHEL Louis-Philippe (pseud. de Louis Leriche), *La vélocipédie dans le mouvement athlétique*, Paris, C. Delagrave, 1892, 56 p.

RENARD Capitaine, *Traité du vélocipède*, Paris, 1888.

RENNERT Jack, *100 ans d'affiches du cycle*, Paris, Henry Veyrier, 1974, 112 p.

Le rétropédalage, son historique, ses avantages, comment on doit rétropédaler, la bicyclette rétro-directe, Saint-Étienne, Manufacture Françaises d'Armes et de Cycles, 1933, 19 p.

REUZE André, *Le Tour de souffrance*, Paris, A. Fayard, 1925, 254 p.

REVERDY Geoges, *Les routes de France du XX*^e^ *siècle*, 2 vol., Paris, Presses de l'École nationale des Ponts et Chaussées, 2007 ; vol. 1, 1900-1951, 277 p. ; vol. 2, 1952-2000, 329 p. – Les routes du Touring-Club.

La révolution du cycle par la carte postale – voir BRIAND.

Revue 303 – ou 303 « Arts, Recherhes, Créations », N° 136, Mai 2015, Vélo.

La Revue des Sports, périodique fondé en 1876.

REY Jean-Paul, *Eugène Christophe, le damné de la route*, Pau, Cairn, 2013, 252 p.

REY Jean-Paul, *L'étape assassine : Luchon-Bayonne 1910*, Pau, Cairn, 2010, 208 p.

REYNAUD Claude, *Le Vélocipède illustré... et déjà la bicyclette*, 2 vol., Domazan, C. Reynaud, 2008, 400 p.

REYNAUD Claude, *L'ère du grand bi en France 1870-1890*, Éditions du Musée Vélo-Moto de Domazan, 2011, 250 p.

REYNAUD Claude, *Vélos de légende*, Genève, Naef/Kister, 2013, 207 p.

REYNAUD Claude, Aux origines de l'histoire du cycle : sources et preuves. *Dictionnaire encyclopédique, 1817-1917*, Domazan, Éditions du Musée Vélo-moto de Domazan, 2018, 480 p., 500 ill.

RICHARDSON F.-W., *The Tricycle in Relation to Health and Recreation*, London, W. Isbister, 1885, 89 p.

The Ride Journal, périodique, London, courant – (sur le site du journal, pdf).

RITCHIE Andrew, *King of the Road*, Berkeley, California, Ten Speed Press (London, Wildwood House), 1975, 192 p. [histoire générale de la bicyclette].

RITCHIE Andrew, *Major Taylor*, Montrouge, Souffles, 1989, 298 p. (Bicycle Books 1988) – traduit de l'anglais.

RITCHIE, Andrew, *The Origins of Bicycle Racing in England: Technology, Entertainment, Sponsorship and Publicity*, The John Pinkerton Memorial Publishing Fund, 2007, 96 p.

RITCHIE Andrew, *The Origins of the Bicycle: Kirkpatrick, MacMillan, Gavin Dalzell, Alexandre Lefebvre – Documentation, memory, craft tradition and modern technology*, The John Pinkerton Memorial Fundation, 2009, 124 p.

RITCHIE, Andrew, *Flying Yankee: The International Cycling Career of Arthur Augustus Zimmerman*, The John Pinkterton Memorial Publishing Fund, 2009, 144 p.

RITCHIE Andrew, *Quest for Speed, A History of Early Bicycle Racing, 1867-1903*, Cycle Publishing / Van der Plas, 2011, 496 p.

RIVIERRE Gaston – voir LOCKERT Louis, *Manuel de vélocipédie*, Encyclopédie Roret, 1896.

ROBERTS Derek, *The Years of the High Bicycle: A Compilation of Catalogs From 1877-1886*, 1980.

ROBERTS Derek, *The Invention of the Safety Bicycle*, Mitcham, Surrey, chez l'auteur, 1990, 48 p.

ROBERTS Derek, *Cycling History: Myths and Queries*, Birmingham, Pinkerton Press, 1991, 99 p.

ROBERTSON W.N., *Cycling*, F. Pratt & Co, 1894 – 372 p.

ROBIN Francis, « Des centraliens à l'origine de l'industrie du cycle », *Centraliens*, n° 591, janvier-février 2009, p. 37-41.

ROBIN Francis, « Traité de cyclonimie. Les principaux noms des deux roues en France avant 1900 », in *Dossier de la Vélocithèque*, n° 42, 2010.

ROBIN Francis, « Une expédition centralienne : Paris-Avignon en vélocipède », in *Centraliens*, n° 639, janvier 2015.

ROBIN Francis, *Première randonnée mondiale à Vélocipède : le Paris-Avignon des Frères Olivier et Georges de La Bouglise en 1865*, 2015, 36 p. – Cahier n° 45 de la Vélocythèque.

ROBIN Francis, *Le Paris-Versailles du dimanche 8 décembre 1867*, 2017, 45 p. – Cahier n° 65 de la Vélocythèque.

ROHLOFF Barbara, *Rohloff Stories*, Rohloff, 2010.

ROPET Jean-Pierre, *Le cycle hier et aujourd'hui : Industries, Commerces, Réclames*, Noir Dessin Production, 2017, 232 p.

ROQUES Pierre, *Du soleil dans mes rayons*, Paris, Denoël, 1976, 252 p.

ROSEN Paul, *Framing Production. Technology, Culture and Change in the British Bicycle Industry*, Cambridge, MIT Press, 2003, 240 p.

ROSNY Joseph-Henri, *Le roman d'un cycliste*, Paris, E. Plon, Nourrit & Cie, 1899, 308 p. – réédité sous le titre *Les amours d'un cycliste.*

Les routes de France à l'usage des cyclistes et des conducteurs d'automobiles. Collection des guides Taride, Paris, A. Taride, 1899, 652 p.

ROY Robin, CROSS Nigel, *Bicycles : Invention and innovation*, Milton Keynes, Open University Press, 1983.

RUBINO P. Guido, *Italian Racing Bicycles: The People, The Products, The Passion*, Boulder, Velo Press, 2011, 174 p.

RUFFIER Dr. James Edward, *Voyage à bicyclette : de Paris à la Méditerranée par le Jura et les Alpes*, Paris, Éditions Physis, 1928, 143 p. – (réédition chez les Artisans Voyageurs).

RUFFIER Dr. James Edward, *Vive la bicyclette : entretiens sur le cyclisme*, Paris, Éditions Physis, 1929, 320 p.

RUFFIER Dr. James Edward, *Pour vous bien porter, faites de la bicyclette*, Paris, Fédération française de cyclisme, 1968, 172 p. (édition posthume).

RUFFIER Dr James Edward, *Soixante ans de cyclisme*, Gilbert Jaccon, éd. 2016, 314 p.

S

SABOURDIN Philippe, « La bicyclette ensevelie », Claes Oldenburg et Coosje van Bruggen – Futuroscope, Canopé éditions, 2014, 53 p.

SACHTLEBEN William L., ALLEN Thomas G., *Across Asia on a Bicycle*, New York, The Century Co., 1894 (Inkling Books, 2013).

SAINT-MAURICE Remy, *Le Recordman*, Paris, A. Lemerre, 1898, 320 p. – Paris, *L'Illustration*, 1898, 88 p.

SALGARI Emilio, *Au Pôle Sud à bicyclette*, Paris, Delagrave, 1906, 240 p.

SALMON Gérard, *Pour le bicentenaire de la draisienne. En mémoire du 12 juin 1817, le jour où le vélo vit le jour !* Pomeys, 2017, 24 pages + 22 pages d'annexes.

SALOMONS Sir David, *Estampes sur le thème du cycle*, legs à la BnF en 1931 et 1935 – (BnF-Cabinet des estampes-Réserve).

Le Salon du Cycle, Première année, Exposition internationale de vélocipédie, sous le patronage & avec le concours de la chambre syndicale de l'industrie vélocipédique, Paris, 10-22 janvier 1894, Paris, L'Industrie vélocipédique, 1894, 32 p.

Le Salon du Cycle illustré : le premier salon du cycle. Catalogue de 1894, Paris, Impr. de la Bourse de Commerce, 1894, 88 p.).

SALVIAC Pierre (dir.), *Joies de la bicyclette*, Paris, Hachette, coll. « Joies et réalités », 1977, 248 p. – avec la collaboration de Michel Delore, Antoine Blondin, Jean Durry, Robert Chapatte, Dominique Grimault.

SASAKI Hideki, *Derailleurs of the Word*, Japon, Cambioi, années 2010 - volumes consacrés à : Campagnolo, 110p. ; Simplex, 117 p. ; Sun Tour, 2 vol., 208 p. – édition limitée, nombreuses illustrations, texte en japonais.

SAUVAGET Roland, *Matériaux et souvenirs pour une histoire de la Fédération française de cyclotourisme*, 2 vol., Yzeure, chez l'auteur, 621 p.

SAYMAR Edmond de, *Inventions extravagantes, bizarres, de la bicyclette*, Paris, Jouven, 1898, 96 p.

SCHMITZ Arnfried, HADLAND Tony, *Human Power, The Forgotten Energy*, Coventry, Tony Hadland, 2000, 127 p.

SCHMITZ Arnfried, HADLAND Tony, *Cyclists, Cycling, Cycles & Cycle Parts, an Anthology of Writings and Research*, Faringdon, Tony Hadland, 2010, 159 p.

SCHWEICKLE Johannes, *Die abenteuerliche Fahrt des Herrn von Drais*, Klöpfer & Meyer, 2017, 168 p. – une biographie romance de Drais.

SCOTT Robert Pittis, *Cycling, Art, Energy and Locomotion: A Series of Remarks on the Development of Bicycles, Tricycles and Man-Motor Carriages*, Philadelphia, J.B. Lippincott, 1889, 305 p.

SEIDLER Édouard, *Le sport et la presse*, Paris, A. Colin, 1964, 272 p.

SELBY Gordon, « History of Cyclo Derailleur », *The Boneshaker*, n° 165, Summer 2004.

En selle ! Du vélocipède au vél'hop, catalogue de l'exposition tenue à Strasbourg du 21 mai au 25 octobre 2013.

SEMPE, *Raoul Taburin*, Paris, Denoël, 1995.

SENCIER Gaston, *La fabrication des pneumatiques*, Paris, Vve Ch. Sencier, 1900, 48 p. – voir CHIBOULT.

SERAY Jacques, « Naissance de la vélocipédie et d'une polémique », *Cyclisme Magazine* (devenu *Vélo*), avril 1976, p. 17-21.

SERAY Jacques, « de Sivrac, un mythe tenace », *Le Cycle*, mars 1984, p. 55.

SERAY Jacques, *Deux roues : la véritable histoire du vélo*, Rodez, Éditions du Rouergue, 1988, 211 p.

SERAY Jacques, *1904. Le Tour de France qui faillit être le dernier*, Vélizy, Seray, 1994, 173 p.

SERAY Jacques, *Le monde du vélo : histoire, curiosités, accessoires*, Boulogne-Billancourt, Du May, 2004, 143 p.

SERAY Jacques, *Tours de manivelle : le vélo au cinéma*, Velizy, J. Seray, 2006, 95 p.

SERAY Jacques, *Paris-Brest-Paris : 1891-2007*, Vélizy, Seray, 2007, 160 p. – nouvelle édition en 2015.

SERAY Jacques, *Un demi-siècle autour du monde, avec ou sans mon vélo*, Vélizy, Seray, 2008, 359 p.

SERAY Jacques, *Pierre Giffard : précurseur du journalisme moderne, du Paris-Brest à l'affaire Dreyfus*, Toulouse, Le Pas d'Oiseau, 2008, 304 p.

SERAY Jacques, *La reine bicyclette, plus d'un siècle d'images, de films et de chansons*, Toulouse, Le Pas d'Oiseau, 2009, 158 p.

SERAY Jacques, *Richard Lesclide : du Vélocipède illustré à la table de Victor Hugo*, Velizy, Seray, 2009, 252 p.

SERAY Jacques, *La presse et le sport sous l'occupation*, Toulouse, Le Pas d'Oiseau, 2011, 285 p. – (cyclisme omniprésent).

SERAY Jacques, *Paris-Brest-Paris : 120 ans, 1.200 km*, Vélizy, Seray, 2011, 160 p.

SERAY Jacques, *Deux roues : la merveilleuse histoire d'une machine nommée vélo*, Vélizy, Seray, 2013, 160 p.

SERAY Jacques, DURRY Jean, *Les 100 plus belles randonnées du cyclotourisme*, Paris, Denoël, 1984, 238 p.

SERAY Jacques et JESSIC Raphaëlle, *Eugène Christophe : De la forge de Sainte-Marie-de-Campan au maillot jaune*, Betpouez, Éditions De Plaines en Vallées, 2013, 144 p.

SERAY Jacques et LABLAINE Jacques, *Henri Desgrange, l'homme qui créa le Tour de France*, Saint-Malo, Cristel, 2006, 343 p.

SERGENT Pascal, *Encyclopédie illustrée des coureurs français depuis 1869*, Eeklo, Éditions de Eecloonaar, 1998, 768 p.).

SERGENT Pascal, *Edmond Jacquelin, la vie du champion le plus populaire de tous les temps*, Paris, L'Harmattan, 2008, 220 p.

SERGENT Pascal, *Paris-Roubaix. Chroniques d'une légende*, t. 1 (1896-1939), Roubaix, Imprimerie Flandria Nostra, 1989, 243 p. ; t. 2 (1943-1990), Roubaix, Éditions du Vélo-Club de Roubaix, 1991, 314 p.

SERGUEIEW Lilly, *Routes, risques, rencontres : Paris-Alep, 6.000 km à bicyclette*, Paris, J. Susse, 1943, 192 p.

SEYFERT Otto Erich, *Die deutsche Fahrradindustrie*, Leipzig, Borna, 1912.

SHARP Archibald, *Bicycles and Tricycles, An Elementary Treatrise on their Design and Construction*, London /New York, Longmans, Green and Co, 1896, 536 p. (Cambridge, MIT Press, 1977 ; Dover, 2003).

SHIMANO Keizo, *History of Shimano*, Osaka, Shimano Industrial Co, 1985, 96 p.

SIDWELLS Chris, *Het ultieme fiets boek*, Tielt, Lannoo ; Utrecht, Spectrum, 2005 (2003), 240 p.

SIDWELLS Chris, *Cycling Jerseys, Iconic designs and the stories that made them*, London, Thames & Hudson, 2017, 224 p.

SILBERER Victor, *Handbuch des Bicycle-Sport*, Wien und Leipzig, Verlag der « Allgemeine Sport-Zeitung », 2d ed., 1885 – reprint by Maxime, Leipzig, 2004.

6e concours international de bicyclettes de tourisme à changements de vitesse : concours des Pyrénées (8 au 15 juillet 1934) : règlement, Paris, Touring-Club de France, 1934, 20 p.

SMETHURST Paul, *The Bicycle Towards a Global History*, Gordonsville, Palgrave Macmillan, 2015, 216 p. SMITH Paul, *Mon album du cyclisme*, Arthaud, 2016, 240 p.

SMITH Paul, *Paul Smith's Cycling Scrapbook*, Thames & Hudson, 2016, 256 p.

SMITH Robert A., *A Social History of the Bicycle, It's Early Life and Times in America*, New York, American Heritage Press, 1972, 269 p.

Société vélocipédique métropolitaine, *Excursion en Belgique, Hollande, Allemagne*, 1911

SOLEIL Jean, *La bicyclette récalcitrante*, Paris, A.L. Guyot, 1898, 192 p.

SOWTER Matthew, FEATHER Ricky, PESKHKE Kayti, *Made in England: The Artisan Behind the Handbuilt Bicycle*, Lewes, East Sussex, Push Projects, 2012, 222 p.

SPECHT E., *En tricycle de Paris à Genève et Yverdon par la Grande Chartreuse*, Paris, L. Pochy, 1894, 35 p.

SPENCER Charles, *The Modern Bicycle*, London, Frederick Warne & Co., 1879.

SPENCER Charles, *Bicycles and Tricycles*, London, Griffith & Farran, 1883.

Sport et littérature en France – voir le site de l'encyclopédie Wikipédia : http://fr.wikipedia.org/wiki/Sport_et_littérature_en_France.

STABLES Gordon Dr, *Health upon Wheels. Cycling a Means of Maintaining the Health and Conducing to Longevity*, London, Iliffe & Sons, 1889, 125 p.

The Stanley Show, A Review of the Shows from 1878 to 1889 and the 1890 Show Review (A reprint from the Irish Cyclist and Athlete, Thursday January 30th 1890, The John Pinkerton Memorial Publishing Fund, 2009, 104 p.

STANTON, Stuart, *Arthur Linton, An account of his life*, Peatmoor Publishing, 2008, 104 p.

STARLEY John Kemp, « The Evolution of the Bicycle », *Journal of the Royal Society of Arts*, May 20, 1898 (*The Boneshaker*, n° 114).

STASSE E., *Aperçu sur la théorie de l'équilibre cycliste*, Bruxelles, Imprimerie de l'économie financière, 1901, 38 p.

STEAD S., *Guide continental du Cyclist Touring Club*, vol. 3 (Belgique).

STEIMANN Gustav, *Das velocipede, sein Geschischte Konstruktion, Gebrauch und Verbreitung*, Leipzig, J.J. Weber – reprint by Hyperion, 2008.

STEVENS Thomas, *Around the World on a Bicycle (1884-1886)*, London, Sampson Low, Marston, Searle & Rivington, 2 vol., 1887 et 1888, 547 p. et 477 p.

STEVENSON Edward P., *The High-Tech Bicycle*, New York, Harper and Row, 1982, 191 p.

STOCKDALE Glynn, *The Glynn Stockdale Collection*, s.l., 1975, 80 p.

STONE Hilary, *History of Lightweight Cycles*, http://hilarystone.com/links.html.

STREET Roger, *The Victorian High-Wheelers*, Christchurch, Arte-sius Publications, 1979.

STREET Roger, *Dashing Dandies: The English Hobby-Horse Craze of 1818*, Christchurch, Artesius Publications, 1998 (édition augmentée en 2011, 220 p.).

STREET Roger, *The Pedestrian Hobby-Horse at the Dawn of Cycling*, Christchurch, Artesius Publications, 1998, 195 p.

STREET Roger, *Before the Bicycle: the Regency Hobby-Horse Prints.* Christchurch, Artesius Publications, 2014, 174 p.

STREHLY Georges, *L'acrobatie et les acrobates*, Paris, Delagrave, 1903, 365 p. (chapitre XVII sur les cyclistes acrobates).

STURMEY Henry, *The Indispensable Bicyclists' Handbook*, Wey-mouth, H. Wheeler, 1879 (1887).

STURMEY Henry, *Tricyclist's Indispensable Annual & Handbook*, London, Iliffe, 1881.

STURMEY Henry, *The Complete Guide to Bicycling, or How to become a bicyclist*, London, 1885, 3d ed.

STURMEY Henry, *Sturmey's Indispensable Handbook to the Safety Bicycle, Treating of Safety Bicycles, Their Varieties, Construction & Use*, London, Iliffe & Son, 1885, 80 p.

SUDRES Claude, *Dictionnaire du cyclisme*, Paris, Calmann-Lévy, 1984, 462 p.

SUDRES Claude, *Dictionnaire international du cyclisme*, Strasbourg, 1993, 381 p.

SUE M., *Wheels of Change: How Women Rode the Bicycle*, Washington DC, National Geographic, 2011, 96 p.

SUMNER Philip, OSBAHR Alan, *Early Bicycles*, London, Hugh Evelyn, 1966.

SUNBEAM – voir http://sunbeammuseum.wordpress.com/1901-sunbeam-gents-design-ok/

Sur les routes du siècle, par un collectif d'auteurs, Châtellerault, Musée Auto Moto Vélo, 2001 – présentation du musée.

T

TAYLOR, Marshall W., *The Fastest Bicycle Rider in the World, The Story of a Colored Boy's Indomitable Courage and Success against Great Odds*, Worcester, Mass., Wormley Publishing Co, 1928, 430 p.

Technologie de la bicyclette, Paris, Fédération Nationale du Commerce et de la Réparation du Cycle et du Motocycle, 1989 – voir LAVAUD Claude.

TEISSIER Ch., *Croquis et sommets vélocipédiques*, ca. 1891.

TENBERGE Katharina, *Klassische Fahrräder des 20. Jahrhindertz*, Bielefeld, Delius Klasing; Hamburg, Moby Dick, 2011, 167 p.

TERBEEN François, *Les géants du cyclisme sur route*, Paris, Del Duca, 1963, 248 p.

TERROT, *La gloire TERROT à travers ses affiches*, catalogue d'exposition, Dijon, Musée de la Vie bourguignonne, 2001, 104 p.

THÉVIN F., HOURY Ch., *Annuaire général de la vélocipédie et des industries qui s'y rattachent (1892-1892)*, Paris, Bourse de Commerce, 1892, 540 p.

THÉVIN F., HOURY Ch., *3e Salon du cycle. Exposition internationale de vélocipédie et de locomotion automobile*. Catalogue officiel, Paris, Thévin et Houry, 1895, 190 p.

THÉVIN F., HOURY Ch., *Annuaire général de la vélocipédie de l'automobile et des industries qui s'y rattachent*, édition de 1895, 1896, 1897…

THÉVIN F., HOURY Ch., *Annuaire général de la vélocipédie de l'automobile et des industries qui s'y rattachent*, 1898, 1025 p.

THIESSET Pierre, *Les bienfaits de la vélocipédie*, Vierzon, Pas de Côté, 2013, 255 p.

THIEUX Ernest, COURT-PAYEN Emmanuel, *Itinéraires cyclistes alpins, sud-est de la France*, Marseille, Court-Payen, 1898, 308 p.

THOMPSON Christopher, *The Tour de France: A Cultural History*, University of Califormia Press, 2008, 406 p. – updated with a new Preface edition.

TIBÉRI Jean-Paul, PELLOS René (post. Raymond Poulidor), *Pellos dessinateur sportif*, Poitiers, Michel Fontaine, 1985, 143 p.

TISSIÉ Dr Philippe, *Les aliénés voyageurs : essai médico-psychologique*, Paris, Doin, 1887.

TISSIÉ Dr Philippe, *L'hygiène du vélocipédiste*, Paris, Octave Doin, 1888, 336 p.

TISSIÉ Dr Philippe, *Manuel du vélocipédiste*, Paris, Delarue, 1889.

TISSIÉ Dr Philippe, *Guide du vélocipédiste pour l'entraînement, la course et le tourisme* (deuxième édition de L'hygiène du vélocipédiste), Paris, Octave Doin, 1893, 428 p.

TISSIÉ Dr Philippe, « Point de vue de l'entraînement intensif à bicyclette », *La Revue scientifique*, 20 octobre 1894.

TISSIÉ Dr Philippe, *La fatigue et l'entraînement physique*, Paris, Alcan, 1897.

TISSIÉ Dr Philippe, *L'éducation physique*, Paris, Larousse, 1901.

TISSIÉ Dr Philippe, *L'éducation physique et la race*, Paris, Flammarion, 1919, 336 p.

TOCHÉ François-Joseph, *Comment équiper, entretenir, réparer sa bicyclette et son tandem*, Paris, Flammarion, 1942, 95 p.

TOCHÉ François-Joseph, « 125 ans de bicyclette, expo au pavillon de Marsan », *L'Illustration*, 1941.

TOEI, *Beautifull Handmade Bicycles*, Books Wasabi, 2011, 287 p. (texte en japonais).

TOMBELLE Henry de la, *Manuel du cyclotourisme*, Paris, Éditions de la revue *Camping*, 1942, 91 p.

TOMBELLE Henry de la, *Un demi-siècle de vélo : souvenir d'un cyclotouriste*, Lyon, La Belle Cordière, 1945,61 p.

A Tour of Bicycle Design, 1825-2000, catalogue d'exposition, London, Design Museum, du 30 octobre 1997 au 22 mars 1998.

Le Tour de France par les grands photographes : Capa, Cartier-Bresson, Depardon, Doisneau, Lartigue, Ronis, Salgado... et les autres. Textes de Colette, Aragon, Barthès, Laborde…, DMP, 1993.

Touring-Club de Belgique, *Conseils aux cyclistes touristes*, Bruxelles, Impr. Fourez, 1900.

Touring-Club de Belgique, *Itinéraires vélocipédiques*, Bruxelles, Castaigne, 1898-1899 – 91 fascicules.

Touring-Club de France, périodique (revue du Touring-Club de France).

TRANCHANT Louis, *Le vade-mecum du cycliste amateur-photographe*, Paris, Société d'Éditions scientifiques, s.d., 51 p. (Paris, Desforge, 1896 – 52 p.).

Tricycling Journal (The), périodique, London, ca. 1880.

Tricyclist (The), périodique, premier numéro en 1882.

TRIPP Basil Howard, *Renold Chains: The History of the Company and the Rise of the Precision Chain Industry, 1879-1955*, London, Allen & Unwin, 1956, 191 p.

TRONCHET Didier, *Petit traité de vélosophie, Le monde vu de ma selle*, Paris, Plon, 2000, 135 p., remanié et augmenté en 2014.

TSUCHIYA Ikwo, *Alex Singer. Bicyclettes artisanales sur mesure à Paris*, Tokyo, Asukashinsha, 2010, 160 p.

TURINE Roger-Pierre, *Le vélo à la bouche. Mon vélo aux quatre vents des mille histoires de la bicyclette*, Éditions Gamma et R.-P. Turine, 1983, 225 p.

TURPIN, Robert J., *First Taste of Freedom : A Cultural History of Bicycle Marketing in the United States*, Syracuse University Press, 2018, 224 p.

Two Wheels-200 Years. Freiherr von Drais and the History of the Bicycle, Mannheim, Technoseum, exposition de novembre 2016 à juin 2017 – voir 2 Räder-200 Jahre.

U

Union Cycliste Internationale, *Centenary-Centenaire, 1900-2000. Un hommage au sport cycliste / A tribute to cycle sport*, 2000, 231 p.

Union Vélocipédique de France. *Annuaire pour 1892*, Paris.

Urbanus Cyclus : le vélo dans la ville, par un collectif d'auteurs. Saint-Étienne, Musée d'Art et d'Industrie, 2018 [catalogue de l'exposition au MAI de Saint-Étienne, 2018-2019].

USPO Supplements: Patents and References, 1789-July 1893.

USPO Periodical: Cycle Patents Monthly, 1892-1896.

USPO, *Patents US 1860-1889* (V-C C Library), http://veterancycleclublibrary.org.uk/ncl/pics/Patents%20US%20searchable%201860-89%20(V-CC%20Library).pdf

V

VAAST Christian, *Les fondamentaux du cyclisme*, Paris, Amphora, 2003, 495 p.

Vade-mecum 2006, 2e édition, Bruxelles, Ateliers de la rue Voot, 2006.

VAILLAND Roger, *325.000 francs*, Paris, Corrêa Buchet-Chastel, 1955, 264 p. – roman.

VANBEVEREN Gisèle, *De la draisienne à la bicyclette. Histoire du vélo au XIXe siècle*, Bruxelles, MRAH, 2002, 15 p. + 20 p. d'ill.

VANDENBAK Arthur, GOUCHEZ Armand, *Incursion dans l'histoire du sport cycliste belge, 1882-1950 : quelques faits, quelques dates, anecdotes, souvenirs*, Bruxelles, Royale Ligue Vélocipédique Belge, 1950, 99 p.

VANDENBAK Arthur, *Un siècle de cyclisme, 1882-1982*, Bruxelles, Royale Ligue vélocipédique belge, s.d., 82 p. – en collaboration avec René Geltmeyer et Albert Dirix – cyclisme belge.

VAN DEN BOOGAARD Arthur, *De Nederlandse wielerliteratuur in 60 en enige verhalen*, Prometheus, 2015, 416 p.

VAN DEN BROECK Achille, *Manuel du sport cycliste*, Hove (Anvers), Le Sillon d'Or, 1953, 164 p.

VAN DER PLAS Rob, *The Bicycle Commuting Book*, Mill Valley, CA, Bicycle Books, 1989, 126 p.

VAN DER PLAS Rob, *Bicycle Technology*, Mill Valley, CA, Bicycle Books, 1991, 257 p.

VAN DER PLAS Rob, *The Bicycle Touring Manual*, San Francisco, CA, Bicycle Books, 1993 (1987), 255 p.

VAN DER PLAS Rob, *The Bicycle Repair Book, The Maintenance and Repair of the Modern Bicycle*, San Francisco, CA, Bicycle Books, 1993 (1985), 192 p.

VAN DER PLAS Rob, *Réparer son vélo (l'outillage, les pièces, l'entretien)*, Paris, Vigot, 1999, 126 p.

VAN DER PLAS Rob, BERTO Frank, *Rebour: The Bicycle Illustra-tions of Daniel Rebour*, San Francisco, CA, Cycle Publishing, 2013, 288 p., 2.000 ill.

VANDERSTUYFT Léon – voir RAVAUD André.

VAN HOUWAERT Cyrille, *Ma carrière*, Menin, Éditeur Bureau Ma Carrière, 1910 [1911 ?], 255 p.

VANHOVE Jean-Pascal, *L'industrie du cycle à Hazebrouck*, Bailleul, chez l'auteur, 2006, 123 p. (source : SUDOC).

VANMAN Cecilia, *Copenhagen: City of Bicycles*, Nyt Nordisk Forlag, Arnold Busck, 2010, 196 p.

VANSEVENANT Johny, *Eddy Merckx, La biographie*, éd. Racine, 2015, 417 p. – édition originale en néerlandais : *Eddy Merckx, De biografie*, Kannibaal, 2015.

VANT André, *L'industrie du cycle dans la région stéphanoise*, Lyon, Éditions Lyonnaises d'Art et d'Histoire, 1993, 204 p. – nouvelle édition en 2014 en vue de l'exposition « Le cycle à Saint-Étienne, un siècle de savoir-faire » – voir ci-dessous.

VANT André, *Le cycle en région stéphanoise : un siècle de savoir-faire*, Lyon, Fage, 2014, 335 p. – nouvelle édition du livre de 1993 (voir ci-dessus) en vue de documenter l'exposition « Le cycle à Saint-Étienne, un siècle de savoir-faire », du 28 juin 2014 au 5 janvier 2015.

VAN TAECKEN Luc, *La bicyclette et le cyclisme*, Paris, P. Brenet, 1924, 160 p. – Guides du parfait sportif – Tome V : *L'entraînement américain.*

« Variable Gears and All About Them », in *Cycling*, London, 1909.

VEDRINE Laurent, *La Reine bicyclette : Histoire des Français à vélo*, Paris, Talweg Production, 2013, DVD, 52 min., https://vimeo.com/65131629.

Le Vélo, périodique, 1892-1895 (devient Le Journal de la vélocipédie et de tous les sports).

Le Vélo, périodique belge, 1956-1981 (par René Jacobs, Hector Mahau et Robert Demet).

Vélo-Bicycle, titre du n° 13 de la revue *Azimuts. Revue de design*, 1997.

Un vélo... des livres : livret de textes choisis, Bibliothèque départementale de l'Aveyron, 1994, 59 p.

Le Véloce-Sport, périodique, Bordeaux, 1885-1895 (fusionne avec *La Bicyclette* et devient *Véloce-Sport et Bicyclette réunis*

VÉLOCIO, « Les changements de vitesse », *Le Cycliste*, 1909.

Vélocio 1922-1997, La légende du cycle, 75e anniversaire, Edi Loire, 1997, 8 p. – Georges Ziegler, Raymond Henry…

Le Vélocipède illustré, la première revue du vélocipède, fondée par Richard Leslide en 1869.

Le vélocipède objet de modernité. The Velocipede a Modern Object, 1860-1870, catalogue d'exposition [Saint-Étienne, Musée d'Art et d'Industrie, 2008] – voir BESSE Nadine.

Velocipedist (The), périodique, New York, 1869, 3 numéros.

Vélodrome (Le), revue belge, éditée à Bruxelles vers 1900-1910.

Le Vélo illustré, périodique.

Vélo-Rétro / Vintage Bicycle Catalog Reproductions, voir en ligne : http://www.velo-retro.com/list.html.

Le vélo s'y prête : affiches et livres à la bibliothèque, catalogue d'exposition, Ville des Sables-d'Olonne, Bibliothèque municipale, 1993 – (MAI-C-08-bms-1993).

VELOX (pseud. de Tom Burgess), *Velocipedes, Bicycles and Tricycles : How to Make and How to Use Them*, London, New York, George Routledge and Sons, 1869, 34 p. (réédition japonaise, 1982 ; National Cycle Archive Publication, 1994).

VERMONT M., *Pédaleuse*, Paris, Société Libre d'Édition des Gens de Lettres, 1896.

VESPINI Jean-Paul, *1903, le premier Tour de France*, Jacob Duvernet, 2009, 251 p.

VIBERT Léon, RABAULT André, *Manuel de cyclo-camping*, Paris, Camping, 1939, 64 p.

VICTOR John, FRAISSE Théo, *Les objets du vélo*, Sayat, De Borée, 2012, 189 p.

VIDAL, *Lou veloucipède*, Aix-en-Provence, Impr. Maquaire, 1885, 8 p.

Vie au Grand Air (La), périodique, Paris, 1898 – Pierre Lafitte.

La Ville à Vélo, périodique courant, édité par le GRACQ, association de cyclistes quotidiens (Belgique).

VILLIERS Auguste, *Les voyages impossibles : la traversée de l'Afrique en vélocipède*, Paris, Boulanger, 1892, 572 p.

Vintage Bicycle Quarterly, périodique, États-Unis, devient *Bicycle Quarterly* - courant.

Vintage Bicycling Sites (Retro-Velo), http://www.velo-retro.com/links.html.

VIOLLET J.-B., *Théorie du vélocipède. Sur les lois de l'écoulement de la vapeur...*, trad. de J.-B. Viollet, revue par M. l'abbé Moigno, Paris, 1870 – Original : voir RANKINE William John Macquorn.

VIOLLET Sandrine, *Le tour de France cycliste, 1903-2005*, Paris, L'Harmattan, 2007.

VIOLLETTE Marcel, PETIT-BRETON Lucien, *Le cyclisme*, Paris, Lafitte et Cie, 1912, 386 p. (Genève, Slatkine, 1980).

VLAMINCK Maurice de, *Tournant dangereux*, Paris, Stock, 1929, 275 p.

Vocabulaire anglo-français des termes techniques usités en vélocipédie – publicité pour la Librairie du Vélo, dans ZIMMERMAN, 1898.

Voici des ailes. Affiches de cycles, catalogue d'exposition, Saint-Étienne, MAI, 2002, 127 p.

W

WAKER Amy, *On Bicycles: 50 Ways the New Bike Culture Can Change Your Life*, Novato, CA, New World Library, 2011, 372 p.

WALKER Peter, *Bike Nation: how cycling can save the world*, Yellow Jersey Press, 2017, 256 p.

WALLIS-TAYLER, *Modern cycles. A Practical Handbook on their Construction and Repair*, 1897.

WATSON, Richard O., *Choppy Warburton: Long Distance Runner and Trainer of Cycling Champions, Hero or Vilain?*, Hoboken, NJ, E. Wileybooks, 2006, 204 p.

WARD Maria, *Bicycling for Ladies*, New York, Brentano's, 1896.

WAUTERS Benno, *De Flandriens*, Borgerhoff & Lamberights / Canvas, 2010, 192 p.

WEBER Ernest, *Le cyclisme*, Paris, Nilsson, 1925, 120 p.

WEISS Eugène, *Manuel du cycliste et du motocycliste*, Paris, J.B. Baillière et fils, 1924, 360 p.

WELLS H.G., *La burlesque équipée d'un cycliste*, Paris, Mercure de France, 1908, 339 p. *The Wheel and Cycling Trade Review (The)*, New York, Chicago, périodique fondé en 1888.

Wheelwoman (The), revue anglaise, 1897 – voir The Lady Cyclist.

Wheel World (The), périodique, London, ca. 1880.

WHITERS Jeremy, SHEA Daniel P., *Culture on Two Wheels: The Bicycle in Literature and Film*, Lincoln-London, University of Nebraska Press, 2016, 376 p.

WHITT Frank Rowland, *The Restoration of Veteran-Cycles (Hints for the Inexperienced)*, chez l'auteur, 1975, 44 p.

WHITT Frank Rowland, WILSON David Gordon, with contributions by PAPADOPOULOS Jim, *Bicycling Science*, Cambridge, MA, MIT, 3rd ed., 2004, 477 p. (1982).

WILLARD France Elisabeth, *A wheel Within a Wheel : How I learned to Ride the Bicycle*, New York / Chicago / Toronto, F.H. Revell Compant, 1895, 106 p.

WILLIAMS Edward, *A Bibliography of Cycling Books*, Kings Heath, 1993.

WILLIAMS-MAULOT Max, *Les remorques de vélos*, Paris, Société parisienne d'édition, 1942, 32 p.

WILLE Fabien, *Le tour de France, un modèle médiatique*, Villeneuve-d'Ascq, Presses universitaires du Septentrion, 2003, 329 p. – thèse Université de Lille.

WILMS Wilfried, *Bibliographie cycliste : un guide des livres sur le cyclisme professionnel*, Paris, L'Harmattan, 2012, 478 p.

WILMS Wielfried, GAZE Michael, *Professional Cycle Racing : a Biography*, Roulers, Nationaal Wielermuseum, 2014 (sur le site du musée).

WITHERELL James, *Bicycle History: A Chronological Cycling History of People, Races, and Technology*, McGann Publishing LLC, 2016, 256 p.

WOLF Wilhem, *Fahrrad und Radfahrer*, Leipzig, Otto Spamer, 1890 – reprint by Harenberg, 1979.

WOODFORDE John, *The Story of the Bicycle*, London, Routledge, 1970, 175 p. / Universe Books, 1971.

Working Mechanic (A). *The Modern Velocipede: It's History and Construction*, 1869.

WOUTERS Ernest, *Le musée de la petite reine, Falmignoul (Belgique)*, Dinant, Bourdeaux-Capelle, s.d. [1974], 108 p.

Y

The Years of the High Bicycle: A Compilation of Catalogues from 1877-1886, s.l., John Pinkerton Reprint, 1980 – introd. by Derek Roberts.

Your Guide to Keirin for Beginners, Tokyo, JKA, ca. 2010, 27 p.

Z

ZAGHI Gianluca, *Vintage Bicycle: How to Find and Restore Old Cycles*, Matadori Electa, 2017, 240 p.

ZAMACOIS Miguel, *La vélocipédie à travers les âges*, Paris, Société d'Éditions scientifiques, 1893, 72 p.

ZHEUTLIN Peter, *Around the World on Two Wheels: Annie Londonderry's Extraordinary Ride*, 2007, 260 p.

ZIMMERMAN Arthur-Augustus, *Points for Cyclists with Training*, F.W.S. Clarke, 1893, 132 p. (Co-signed with Frank Bowden 1894 / Pavana Books, 2008, 2012, 2013 / Nabu Press, 2011).

ZIMMERMAN Arthur-Augustus, ERWIN J.-M., *Conseils d'entraînement et Relation de son voyage en Europe*, Paris, Librairie du Vélo, 1898, 224 p., traduit de l'anglais par Victor Breyer.

2 Räder, 200 Jahre. Freihen von Drais und die Geschichte des Fahrrades, Konrad Theiss, 2016, 352 p. - catalogue de l'exposition au Technoseum de Mannheim, 2016-2017.

Webographie

À titre indicatif, voici quelques liens spécifiques et particulièrement utiles :

Bibliocycle de Philippe Orgebin
Bibliothèque Germaine Tillon – Tourisme et Voyages
BnF – Gallica
Copake Auction Inc.
CNAM – Musée des Arts et Métiers de Paris
Collection Embacher
Disraeli Gears, A derailleur collection
Grace's Guide to British Industrial History
International Cycle History Conference
Institut National de la Propriété Industrielle à Courbevoie
Internet Archive
Isabelle et le vélo
Musée d'Art et d'Industrie de Saint-Étienne
National Cycle Museum de Llandrindod Wells Powys
Paris Velocipedia
Le Petit Braquet
Tonton Vélo
Sterba Bike
La Vélocithèque
Veteran-Cycle Club Library
Vélo-Rétro / Vintage Bicycle Catalog Reproductions
Warwick University

Remerciements

C'est dans *Le cyclisme dans les livres et les revues* (L'Harmattan, 2015) que le présent ouvrage trouve ses inspirations et ses racines. Il ne sera donc que justice de se souvenir de toutes les personnes ayant collaboré à la réalisation de cette entreprise initiale.

Pour "*Le cheval bleu*" nous nous devons de remercier plus particulièrement les auteurs des ouvrages ayant alimenté nos recherches. Ce sont principalement : Raymond Henry, Claude Reynaud, Keizo Kobayashi, Jacques Seray, Nick Clayton, Tony Hadland, Hans Lessing, Pryor Dodge, Ian Jones..., ainsi que d'autres auteurs anciens ou contemporains trop nombreux pour être tous mentionnés. Autant que possible, toutes nos sources sont citées, renvoyant le lecteur à la bibliographie livrée en fin d'ouvrage.

D'autre part, une notice accompagne chaque illustration, indiquant une ou plusieurs sources, de manière à nouer le lien avec la documentation consultée. Il pourra cependant arriver que certaines images trouvées dans les méandres de l'Internet soient d'une origine inconnue.

Au Nationaal Fiets Museeum de Nimègue, Monsieur Gert-Jan Moed, maître des lieux, nous a largement ouvert ses portes. La richesse de sa collection nous a apporté des éléments indispensables à une meilleure compréhension de l'histoire technique du cycle.

Une aide précieuse fut apportée à la relecture du texte par Raymond Henry pour la partie technique, par André Tourneux et par Claudine Tricot pour la mise en forme et la vérification orthographique.

Pour finir, rappelons encore que l'autorisation d'utiliser *Blue Horse*, l'œuvre de l'Américain B.K. Adams, nous a aimablement été accordée par l'artiste.

Nous remercions également la direction de L'Harmattan, ainsi que son équipe éditoriale, de nous avoir accordé sa confiance pour l'édition de cet ouvrage.

À propos de l'auteur

« Le cycliste n'est pas un automobiliste déchu.
C'est un piéton miraculé. »

Jacques Faizant

Gérard De Smaele est un cycliste solitaire, quotidien, sincère ; cycliste dans l'âme, cycliste devant l'Éternel. Licencié en éducation physique de l'Université catholique de Louvain, en 1975 – l'actuel master en sciences du mouvement –, fuyant l'agitation des écoles et des sports, il ne s'est pas engagé dans cette voie. Sa carrière fut d'abord musicale, un chemin difficile s'il en est !

Le temps de comprendre un peu les rouages de ce monde, guidé par la nécessité et par un idéal diffus, il se tourne ensuite vers la reliure manuelle : la méditation sur l'objet-livre. La chance, le hasard de la vie, le mèneront droit vers une formation et un poste de restaurateur de livres anciens et d'œuvres d'art sur papier. Il passera, de 1988 à 2013, vingt-cinq années au service de l'atelier de restauration du Cabinet des estampes de la Bibliothèque royale de Belgique à Bruxelles, juste en face du « Old England », un des plus beaux exemples d'architecture Art nouveau de la ville. De sa fenêtre il assiste à sa rénovation. Ce bâtiment, affecté au Musée des instruments de musique (le MIM), abrite les collections de l'ancien Musée instrumental, celui-là même qui avait auparavant édité sa première publication : une monographie sur le banjo.

En 2003-2004, momentanément détaché de son poste de restaurateur, Gérard De Smaele présente, avec l'aide du MIM, la première grande exposition du musée, consacrée au banjo américain à cinq cordes. On y apprendra qu'Albert Conant Fairbanks (1852-1919), un des plus célèbres fabricants de banjos des États-Unis, était un fervent cycliste, qui créa la *Fairbanks Wood Rim Co.* et produisit, dès 1892, des jantes en bois pour bicyclettes. Contre toute attente, il utilisa à cette fin le même procédé que celui mis en œuvre pour la confection de ses caisses de résonance ! À la fin du XIXe siècle, Boston était tout à la fois un grand centre de fabrication de banjos, ainsi que le lieu de la fondation, en 1877[286], de la *Pope Manufacturing*

[286] La production de la firme commencera en 1878 à Hartford dans le Connecticut.

Company (du nom de son directeur, le lieutenant-colonel Albert Augustus Pope, 1843-1909), un fleuron de l'industrie américaine du vélo, qui sortira les fameux cycles Columbia. Les cycles Victor provenaient aussi de Boston.

Au moment de terminer ce livre, Gérard De Smaele apprenait que William Boucher Jr. (1822-1899), le premier grand fabricant de banjos aux États-Unis, avait revendiqué le fait d'avoir compté parmi les premiers cyclistes américains[287]...

www.desmaele5str.be

Publications

Banjo à cinq cordes : histoire et informations pratiques à propos de la documentation, Bruxelles, Musée instrumental, 1983, 97 p.

Banjo à cinq cordes : point de vue organologique, Faurœulx, Gérard De Smaele, 1984, 73 p.

Le banjo américain (avec Étienne Bours), Bruxelles, La Médiathèque, 2002, 38 p.

« Remembering Derroll Adams ». In *The Old-Time Herald*, VIII/8, Summer 2003 (avec la participation de Patrick Ferryn et de Tucker Zimmerman).

Banjo ! Catalogue d'exposition de banjos au MIM, Bruxelles, 16 octobre 2003-15février 2004. Textes de Mia Awouters, Claire Chantrenne, Saskia Willaert, Gérard De Smaele *et al.* Avant-propos d'Anne Cahen-Delhaye. Bruxelles, Musée des instruments de musique, 2004, 92 p. Ce catalogue existe aussi en néerlandais et en anglais.

Banjo Attitudes. Proposition de textes pour l'exposition *Banjo !*, Bruxelles, MIM, 2003-2004.

Banjo : an American Five-String History, 1901-1956. Paris, Frémeaux, 2009.

« Five String Banjo : Modern Times. A Selection of Masters and Gems, 1958-2008 ». Voir le site de l'auteur.

A Banjo Frolic. Documentaire réalisé pour l'exposition *Banjo* au MIM en 2003-2004. G. De Smaele, auteur ; filmé par P. Ferryn ; produit avec le soutien du Service culturel de l'Ambassade des États-Unis à Bruxelles. Paris, Frémeaux, 2010. Distribution par Frémeaux, County Sales, Elderly et Harmonia Mundi US.

---

[287] *Making Music: The Banjo in Baltimore & Beyond,* exposition présentée au Baltimore Museum of Industry (BMI) en 2014 (pas de catalogue).

« Derroll Adams, l'authentique ». In *Le Canard Folk*, février 2012. Voir le site de l'auteur.

« Pete Seeger ». In *Le Canard-Folk*, juin 2014. Voir le site de l'auteur.

Le cyclisme dans les livres et revues. Entre deux expositions universelles (Paris, 1867-Bruxelles, 1958)... et après, Paris, L'Harmattan 2015, 292 p. Préfaces de Keizo Kobayashi et d'Isabelle Lesens. Postface de Jean Durry.

Banjo Attitudes : le banjo à cinq cordes, son histoire générale, sa documentation, Paris L'Harmattan, 2015, 232 p. Préface de Art Rosenbaum. Postface d'Étienne Bours.

« La conservation et la restauration des documents et œuvres sur papier : la problématique des affiches ». *In Actes de la 26e conférence internationale de l'histoire du cycle* (Entraigues-s/Sorgues, 2015), Paris, édité par la Fédération Française de Cyclotourisme, 2016, p. 256-264.

A Five-String Banjo Sourcebook. Fauroeulx, G. De Smaele, 2018, 158 p.

Enregistrements

Forgotten Soldier Boy, 1979. Dédicacé par Derroll Adams. G. De Smaele, banjo ; René De Smaele, guitare ; Guy Cabay, piano.

Back Door, 2001. Dédicacé par Pete Seeger. G. De Smaele, banjo.

Texas, 2002. Dédicacé par Didier Mélon. Enregistré par la RTBF pour l'émission « Le monde est un village ». G. De Smaele, banjo ; R. De Smaele, cornet ; Wiet Van de Leest, violon.

Sally Ann, 2002. Dédicacé par Étienne Bours. G. De Smaele, banjo ; Joel Bailes, fiddle.

Cornfields, 2003. Dédicacé par Marc Bauduin. G. De Smaele, banjo ; Saul Broudy, harmonica ; R. De Smaele, cornet ; W. Van de Leest, violon (produit avec le soutien du Centre culturel du Hainaut).

Tears of America, 2005. Dédicacé par Marcel Leroy. G. De Smaele, banjo.

Table des matières

Sociologie et questions de société aux éditions L'Harmattan

Dernières parutions

DES MANIÈRES D'EXISTER ET DE SE DÉPLACER
Les rythmes de vie des citadins – Éclairages anthropologiques
Bonnet Michel
Cet essai développe une série de réflexions sur le rôle et la place du temps existentiel dans la formation des modes de vie et des mobilités des citadins. L'ouvrage entremêle le parcours autobiographique de l'auteur à soixante-dix entretiens pour esquisser un panorama des rythmes de vie des citadins, de catégories sociales et d'âges variés.
(Coll. Logiques sociales, 20.00 euros, 184 p.)
ISBN : 978-2-343-12808-5, ISBN EBOOK : 978-2-14-005299-6

L'ENNEMI AU CŒUR DU POLITIQUE
Beauchard Jacques - Préface de Jean-Pierre Raffarin
Géopolitique, attentats, violences intérieures, guerres : tout concourt à démontrer combien l'identification de l'ennemi pose de plus en plus question ; tout en donnant lieu à des manipulations multiples. Le terrorisme djihadiste et les métamorphoses de la guerre post-westphalienne obligent ainsi à redéfinir les contenus et la construction de cette identification complexe tout en repensant les origines de l'État. L'enjeu de ce livre est donc de prévenir la violence et la guerre par la compréhension de la politique et de l'institution du politique, tout en traitant les caractères les plus cruels de l'actualité.
(17.50 euros, 164 p.)
ISBN : 978-2-343-13425-3, ISBN EBOOK : 978-2-14-005257-6

À LA RECHERCHE DE LA REPRÉSENTATION PERDUE
Nouvelles voies à l'ouest, à l'est et au sud
Petia Gueorguieva et Antony Todorov (dir.)
La crise de la représentation politique qui se manifeste dans de nombreux pays démocratiques à travers l'abstention, le rejet des élites et la crise des partis politiques établis, est un champ d'analyse qui attire l'attention des spécialistes depuis longtemps. Mais doit-on parler d'une crise de la représentation ou d'une crise de la démocratie représentative ? Les « solutions » des alternatives populistes sont-elles démocratiques et viables ? Quelles réponses peut-on apporter à la crise des partis et de nos systèmes démocratiques ?
(Coll. Politique Comparée, 26.50 euros, 254 p.)
ISBN : 978-2-343-13564-9, ISBN EBOOK : 978-2-14-005295-8

DE LA DOMINATION COLONIALE AU REJET DES MIGRANTS
De l'indigène à l'immigré – Essais politiques
Jouard Michel
L'Europe se déchire aujourd'hui face à l'arrivée de migrants venus d'Afrique et du Moyen-Orient. Cet ouvrage dénonce les motivations coloniales, à peine remises en cause, par les puissances mondiales, poussant les ex-colonies à toujours garder un lien de subordination. L'ouvrage met en lumière le refus de ces mêmes grandes nations d'assumer leurs responsabilités historiques et géopolitiques.
(Coll. Questions contemporaines, 22.50 euros, 222 p.)
ISBN : 978-2-343-12146-8, ISBN EBOOK : 978-2-14-005396-2

ÉVALUATION DES POLITIQUES DE SÉCURITÉ ROUTIÈRE
Nouvelles technologies, enjeux économiques et communication
Gilles Blanchard et Laurent Carnis (coordinateurs scientifiques)
En 2016, 3477 personnes ont perdu la vie dans un accident de la route en France métropolitaine marquant une quasi-stabilisation après deux années d'augmentation. Ainsi, la poursuite de la baisse de l'insécurité routière devient de plus en plus difficile. Il ne s'agit plus seulement d'améliorer les infrastructures et les véhicules, mais aussi de changer profondément les comportements tout en accompagnant de nouvelles dynamiques de mobilité. Cet ouvrage rassemble 12 contributions originales, invitant à la fois le lecteur averti et le grand public à porter un regard différent sur la sécurité et ses enjeux.
(20.50 euros, 190 p.)
ISBN : 978-2-343-13181-8, ISBN EBOOK : 978-2-14-005339-9

LA FRANCE ET LES QUESTIONS INTERNATIONALES
Bilan des années 2010 et perspectives
Sous la direction de Daniel Lagot
Quel bilan tirer de l'action de la France dans les années 2010 ? Quand donner priorité à la négociation ou à la guerre ? Quelle politique de défense, en fonction de quels objectifs et de quelles menaces ? L'arme nucléaire, danger pour l'humanité ou instrument de paix entre les mains de certains pays ? Autant de questions d'actualité, parmi d'autres, débattues ici par les porte-parole des principaux candidats à l'élection présidentielle et reprises dans divers articles et analyses complémentaires.
(14.50 euros, 130 p.)
ISBN : 978-2-343-13214-3, ISBN EBOOK : 978-2-14-005063-3

SOCIÉTÉS SÉCURITAIRES OU SOCIÉTÉS DE CONFIANCE ?
Pelletan Jacques
Il s'agit de tenter de lire les sociétés contemporaines à travers le prisme de la sécurité. Le rapport au risque s'est profondément modifié récemment, le monde est devenu plus incertain : violence, terrorisme, mais aussi insécurité économique, l'inquiétude se remet à régner. Est-il possible dans un monde occidental, régi par la crainte et le conservatisme, de restaurer la confiance face aux risques futurs ?
(20.00 euros, 192 p.)
ISBN : 978-2-343-13074-3, ISBN EBOOK : 978-2-14-005028-2

SURVEILLER ET PRÉVENIR
L'ère de la pénalité prédictive
Bourgoin Nicolas
La guerre contre le terrorisme lancée par les États occidentaux après les attentats du 11 septembre a bouleversé le droit pénal et favorisé la montée en force d'un modèle prédictif. Celui-ci conduit à la mise en place de dispositifs destinés à repérer les signes avant-coureurs de passage à l'acte violent. Ainsi, la doctrine du pré-terrorisme instituant une présomption de culpabilité à rebours du droit pénal classique est l'alibi d'un contrôle social toujours plus étroit exercé sur les citoyens. Mais à terme, ne risque-t-elle pas de menacer les fondements mêmes de la démocratie en remettant en cause l'équilibre des pouvoirs ?
(Coll. Logiques sociales, 26.00 euros, 264 p.)
ISBN : 978-2-343-13155-9, ISBN EBOOK : 978-2-14-005138-8

ESSENTIEL DE LA GÉOPOLITIQUE
En collaboration avec Aimé Kayemba Cimanga et Jean Rostand Kalombo Ntambue
Préface de Félicien Lukiana Mabondo
Ce livre met à la disposition du public certaines notions fondamentales qui peuvent favoriser la compréhension de la géopolitique. Au centre des préoccupations des auteurs se trouvent l'État, les enjeux majeurs, les rivalités, les crises, la paix, les défis à relever, le sport etc. Pour bien comprendre ces dimensions, les auteurs ont effectué une plongée assez détaillée dans les diverses théories

géopolitiques, lesquelles marquent la volonté des entités politiques d'agir, de mener la guerre ou d'appliquer leur politique expansionniste, de s'enrichir, de négocier, de faire des alliances, etc.
(Coll. Notes de cours, 21.50 euros, 212 p.)
ISBN : 978-2-343-12615-9, ISBN EBOOK : 978-2-14-005156-2

RÉFORMER LA GOUVERNANCE MONDIALE
Shanda Tonme Jean-Claude
Tous les enjeux évoqués dans ce livre rentrent dans le décor planté par deux déclarations de Kim Dae Jung Il, président de la Corée, et Kako Nubukpo, un esprit libre de la société civile. Tous deux expriment une même démarche et mettent en exergue une égale expression, à la fois défi et volonté de correction de la gouvernance mondiale. C'est le socle révélateur d'une extraordinaire remise en cause, qui fait la substance de cet ouvrage.
(27.00 euros, 264 p.)
ISBN : 978-2-343-13374-4, ISBN EBOOK : 978-2-14-005054-1

L'ÉGALITÉ
Réalité, rêve ou utopie ?
Makunga Lendo
Somme-nous égaux ? Non, disent certains, car l'égalité est impossible et n'est pas naturelle, c'est un rêve, une utopie. D'autres pensent que oui, mais tout dépend de quoi on parle. D'autres encore répondent par oui et par non. Aussi, l'égalité est-elle source de polémiques, parce qu'il existe différentes compréhensions de ce concept. Il n'empêche que c'est le deuxième pilier de la devise de la France : Liberté, Égalité, Fraternité. L'égalité est la base sur laquelle s'est construite la démocratie. Que veut dire ce principe républicain pour la France et pour le monde aujourd'hui ?
(26.00 euros, 260 p.)
ISBN : 978-2-343-13196-2, ISBN EBOOK : 978-2-14-004947-7

HUMANITARIAN ACTION AND TERRORISM
Perceptions from the Muslim World
Macdonald Ingrid A.
The proliferation of designated terrorist groups in majority-Muslim countries has greatly affected civilian populations. Humanitarian workers and assets have been targeted by terrorist groups through the use of violent methods. This study addresses the state of observable perceptions towards humanitarian organisations and workers among local populations. It concludes by proposing the 'humanitarian cube', which is a dynamic new tool for strengthening understanding and actions in response to local perceptions.
(29.00 euros, 288 p.)
ISBN : 978-2-343-13570-0, ISBN EBOOK : 978-2-14-005199-9

L'ORDRE SOCIAL
Giraud Claude
L'ordre social est la part absente de nombreux traités de sociologie, car il cumule les paradoxes. Il est un ordre pensé sans lieu, sans hiérarchie, sans souveraineté, alors même qu'il est un ordre, celui des interdépendances, des fonctionnalités, des solidarités sans conscience. C'est un ordre de normes où les rapports de puissance et de pouvoir sont en concurrence. Cet ouvrage interroge l'ordre social comme catégorie conceptuelle qui rend compte d'une réalité complexe, changeante et persistante.
(Coll. Logiques sociales, 17.50 euros, 158 p.)
ISBN : 978-2-343-13288-4, ISBN EBOOK : 978-2-14-004966-8

CATÉGORISER L'AUTRE
Aires anglophone et lusophone
Sous la direction de Michel Prum
Catégoriser l'Autre, du point de vue de l'ethnicité, c'est se placer soi-même au dessus de toute catégorisation et assigner celui-ci à des particularismes dont on serait exempt. Le «majoritaire»

se donne le droit de nommer et de classer les «minoritaires». Neuf contributions constituent cet ouvrage et proposent un tour d'horizon de ce qu'on a appelé la «race» dans l'aire anglophone et lusophone.
(Coll. Racisme et eugénisme, 21.50 euros, 212 p.)
ISBN : 978-2-343-13300-3, ISBN EBOOK : 978-2-14-005029-9

LA FABRIQUE DU MONDE CIVILISÉ
Étude critique de l'histoire contemporaine à travers la civilisation et la domestication des populations
Gerbin Walter
Voici une analyse novatrice sur une particularité de l'histoire transformée en universalité : «la civilisation». Si la «civilisation» induit une transformation brutale de la société et de ses membres, elle est aussi un organisme capable d'ingurgiter des corps étrangers et d'en produire pour légitimer son existence. Il importe de questionner ce processus venu annihiler la diversité des humanités et le choix de sociétés alternatives.
(Coll. Questions contemporaines, 20.50 euros, 202 p.)
ISBN : 978-2-343-11642-6, ISBN EBOOK : 978-2-14-005025-1

IDENTITÉS EN CONTEXTES PLURIELS
Sous la direction de Yvon Rolland, Jean-Pierre Tardieu, Issa Kanté, Eglantine Samouth et Melanie Mezzapesa
La mondialisation actuelle favorise les interconnexions et affecte le sentiment identitaire dans un monde globalisé où l'individu perd ses marques et/ou les multiplie. À travers l'étude de ces dynamiques identitaires en contextes pluriels, nous nous interrogeons dans cet ouvrage sur les postures de résistance à la globalisation et à l'ouverture des frontières, les crispations et replis identitaires, ou inversement les mouvements d'adhésion à l'uniformisation culturelle en cours.
(31.50 euros, 306 p.)
ISBN : 978-2-343-11172-8, ISBN EBOOK : 978-2-14-005183-8

COMMENT VIEILLISSENT PUIS MEURENT LES FORMES SOCIALES HIÉRARCHISÉES
Solans Henri
L'auteur examinait en 2008 les dispositifs vecteurs de cohésion sociale envisagés par les économistes. Il concluait à l'impossibilité de les utiliser pour raconter l'Histoire. Ce nouvel ouvrage contient une proposition pour contourner ce défaut. Le dispositif vecteur de cohésion sociale est un «Texte». Parmi ses effets, le plus important dessine le destin de toutes les formes sociales : elles mourront après avoir parcouru quatre âges. Leur description est susceptible d'épaissir l'Histoire (styles de vie, types de conflits, idéologies...). Mais ce schéma n'est pas un modèle, il prescrit les questions à poser aux historiens. Les propriétés de cet outil sont testées grâce à l'étude de la société médiévale.
(Coll. Questions contemporaines, 25.50 euros, 242 p.)
ISBN : 978-2-343-12729-3, ISBN EBOOK : 978-2-14-004954-5

LE CAPITALISME MOURRA-T-IL EN UTOPIE ?
Solans Henri
À chaque forme sociale hiérarchisée est associé un Magma : une entité faite de toutes les formes sociales susceptibles d'éliminer celle qui le porte puis de prendre sa place. Le processus d'élimination est long, la fin survient après quatre étapes. Au cours des trois premières, il est impossible de savoir quelle sera la forme sociale assassine. Et même lors de la dernière, une incertitude demeure : revanche ou utopie ? L'utopie est une des composantes du capitalisme. En est-elle la sortie la plus probable ? L'auteur propose une théorie du vieillissement du capitalisme et cherche à estimer son âge.
(Coll. Questions contemporaines, 39.00 euros, 410 p.)
ISBN : 978-2-343-13235-8, ISBN EBOOK : 978-2-14-004963-7

Structures éditoriales du groupe L'Harmattan

L'Harmattan Italie
Via degli Artisti, 15
10124 Torino
harmattan.italia@gmail.com

L'Harmattan Hongrie
Kossuth l. u. 14-16.
1053 Budapest
harmattan@harmattan.hu

L'Harmattan Sénégal
10 VDN en face Mermoz
BP 45034 Dakar-Fann
senharmattan@gmail.com

L'Harmattan Cameroun
TSINGA/FECAFOOT
BP 11486 Yaoundé
inkoukam@gmail.com

L'Harmattan Burkina Faso
Achille Somé – tengnule@hotmail.fr

L'Harmattan Guinée
Almamya, rue KA 028 OKB Agency
BP 3470 Conakry
harmattanguinee@yahoo.fr

L'Harmattan RDC
185, avenue Nyangwe
Commune de Lingwala – Kinshasa
matangilamusadila@yahoo.fr

L'Harmattan Congo
67, boulevard Denis-Sassou-N'Guesso
BP 2874 Brazzaville
harmattan.congo@yahoo.fr

L'Harmattan Mali
Sirakoro-Meguetana V31
Bamako
syllaka@yahoo.fr

L'Harmattan Togo
Djidjole – Lomé
Maison Amela
face EPP BATOME
ddamela@aol.com

L'Harmattan Côte d'Ivoire
Résidence Karl – Cité des Arts
Abidjan-Cocody
03 BP 1588 Abidjan
espace_harmattan.ci@hotmail.fr

L'Harmattan Algérie
22, rue Moulay-Mohamed
31000 Oran
info2@harmattan-algerie.com

L'Harmattan Maroc
5, rue Ferrane-Kouicha, Talaâ-Elkbira
Chrableyine, Fès-Médine
30000 Fès
harmattan.maroc@gmail.com

Nos librairies en France

Librairie internationale
16, rue des Écoles – 75005 Paris
librairie.internationale@harmattan.fr
01 40 46 79 11
www.librairieharmattan.com

Lib. sciences humaines & histoire
21, rue des Écoles – 75005 Paris
librairie.sh@harmattan.fr
01 46 34 13 71
www.librairieharmattansh.com

Librairie l'Espace Harmattan
21 bis, rue des Écoles – 75005 Paris
librairie.espace@harmattan.fr
01 43 29 49 42

Lib. Méditerranée & Moyen-Orient
7, rue des Carmes – 75005 Paris
librairie.mediterranee@harmattan.fr
01 43 29 71 15

Librairie Le Lucernaire
53, rue Notre-Dame-des-Champs – 75006 Paris
librairie@lucernaire.fr
01 42 22 67 13

www.ingramcontent.com/pod-product-compliance
Lightning Source LLC
LaVergne TN
LVHW011134061026
849535LV00003B/481